全国职业技术院校模具制造/模具设计专业教材

塑料成型工艺与模具设计（第二版）

人力资源和社会保障部教材办公室组织编写

中国劳动社会保障出版社

简 介

本书主要内容包括塑料及其成型基础知识、注射成型工艺与模具设计、其他塑料成型工艺与模具、注射成型新工艺与新技术等。

本书由洪惠良主编，王盛、陈宏、陈烨妍、孙喜兵、吉琳、王罕参加编写。

图书在版编目(CIP)数据

塑料成型工艺与模具设计/人力资源和社会保障部教材办公室组织编写. —2版. —北京：中国劳动社会保障出版社，2016

全国职业技术院校模具制造/模具设计专业教材

ISBN 978-7-5167-2599-3

Ⅰ.①塑…　Ⅱ.①人…　Ⅲ.①塑料成型-工艺-职业教育-教材②塑料模具-设计-职业教育-教材　Ⅳ.①TQ320.66

中国版本图书馆CIP数据核字(2016)第172797号

中国劳动社会保障出版社出版发行

（北京市惠新东街1号　邮政编码：100029）

*

三河市潮河印业有限公司印刷装订　　新华书店经销

787毫米×1092毫米　16开本　16.25印张　326千字

2016年7月第2版　　2025年6月第10次印刷

定价：29.00元

营销中心电话：400-606-6496

出版社网址：http://www.class.com.cn

http://jg.class.com.cn

为了更好地适应全国职业技术院校模具类专业的教学要求，全面提升教学质量，人力资源和社会保障部教材办公室组织有关学校的骨干教师和行业、企业专家，对全国中等职业技术学校和高等职业技术院校模具类专业教材进行了修订和补充开发。教材的修订和开发以人力资源社会保障部颁布的《技工院校模具制造专业教学计划和教学大纲（2016）》与《技工院校模具设计专业教学计划和教学大纲（2016）》为依据，充分调研了企业生产和学校教学情况，广泛听取了教师对现行教材使用情况的反馈意见，吸收和借鉴了各地职业技术院校教学改革的成功经验。

教材体系

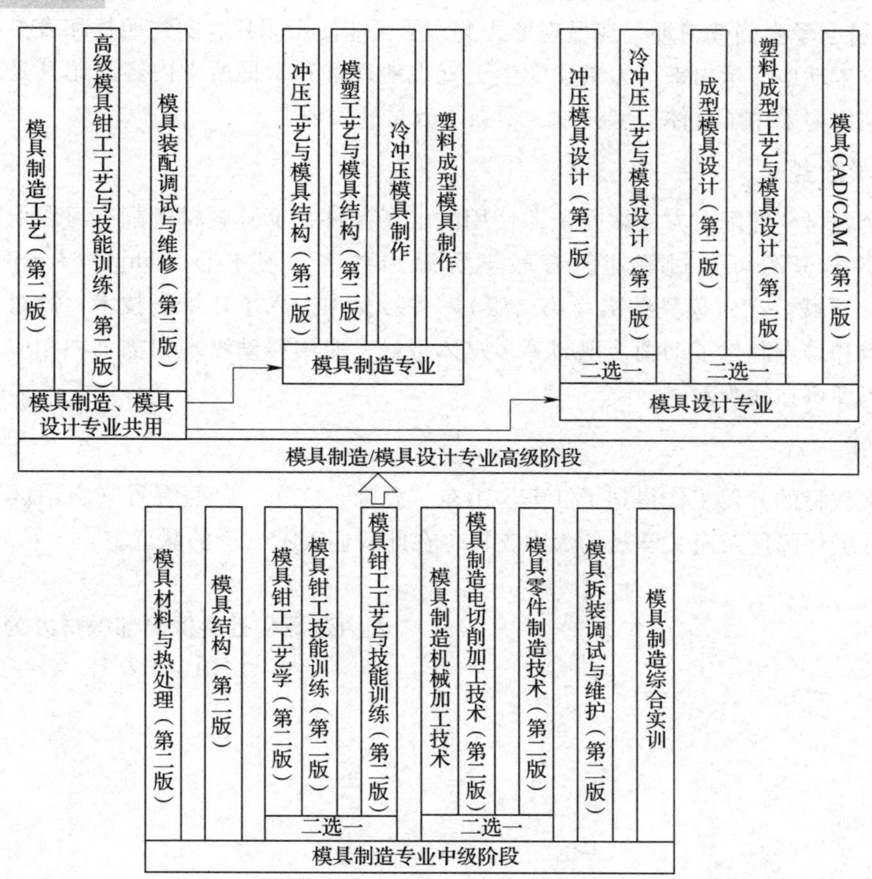

适用对象

模具制造/模具设计专业中级、高级两个层次和以下 3 种学制：

- 初中毕业生 3 年学制培养中级工
- 高中毕业生 3 年学制培养高级工
- 初中毕业生 5 年学制培养高级工

编写特色

◆ **紧贴国家职业标准**　紧密贴合《中华人民共和国职业分类大典（2015 年版）》中对模具工等职业的职业能力要求，同时参照了模具工、工具钳工等国家职业技能标准。

◆ **体现行业技术发展**　根据模具行业的最新发展，在教材中充实模具制造、设计方面的新技术，如模具 CAD/CAM/CAE 技术、快速成型技术、多轴数控加工技术、微细加工技术等，体现教材的先进性。

◆ **更新国家技术标准**　采用最新的国家技术标准，如《工模具钢》（GB/T 1299—2014）、《冲压件尺寸公差》（GB/T 13914—2013）、《冲压件角度公差》（GB/T 13915—2013）等，使教材内容更加科学和规范。

◆ **符合学生阅读习惯**　在呈现形式上，尽可能使用图片、实物照片和表格等形式将知识点生动地展示出来，力求让学生更直观地理解和掌握所学内容。尤其是在教材插图的制作中采用了立体造型技术，增强了教材的表现力。

教学服务

本套教材全部配有方便教师上课使用的电子课件，部分教材还配有习题册，电子课件等教学资源可通过职业教育教学资源和数字学习中心（http://zyjy.class.com.cn）下载。在《模具结构（第二版）》等教材中引入了二维码技术，针对书中的教学重点和难点制作了动画、视频等多媒体素材，使用移动终端扫描书中相应位置处的二维码即可在线观看。

致谢

本次教材的开发工作得到了江苏、山东、湖南、广东、广西等省（自治区）人力资源和社会保障厅及有关学校的大力支持，在此我们表示诚挚的谢意。

人力资源和社会保障部教材办公室

2016 年 6 月

目 录
Contents

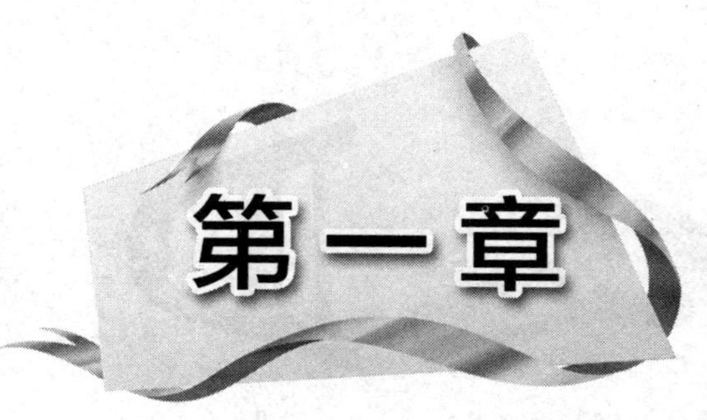

第一章

塑料及其成型基础知识

要生产外形美观、性能可靠、尺寸合格的塑料制品，离不开原材料的合理选择，合理的成型方法及正确的成型工艺，塑料制品结构的合理确定，以及成型模具的合理设计和精良制作。通常，人们将塑料原材料、塑料成型设备、塑料成型模具称为塑料成型加工的三要素，如图 1—1 所示。

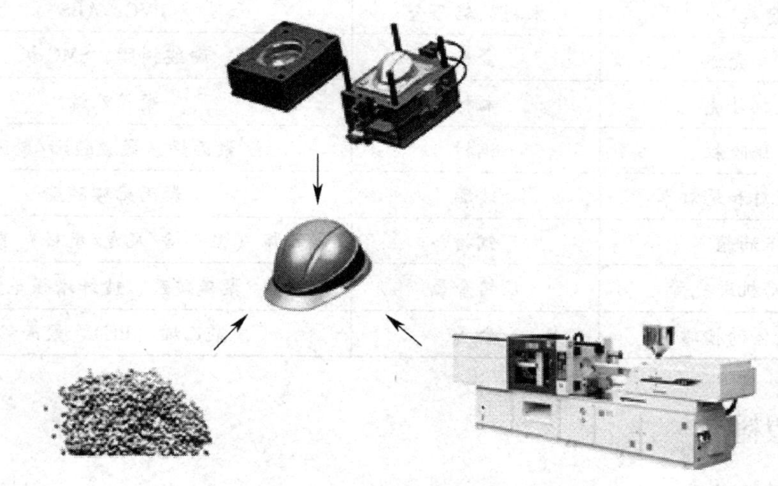

图 1—1　塑料成型加工的三要素

第一节　塑料和塑料制品

从 1907 年第一种合成树脂——酚醛塑料面世以来，世界塑料工业得到了飞速发展，塑料与钢铁、木材、水泥一起构成了现代工业的四大基础材料，在国民经济发展中占有重要地位。塑料制品（见图 1—1—1）已经渗透到人类生活的众多领域，并逐渐取代人们熟知的传统材料，具体应用示例见表 1—1—1。

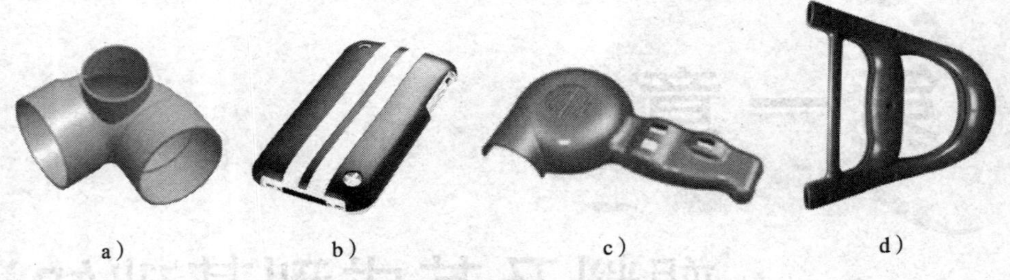

a） b） c） d）

图 1—1—1 塑料制品示例

a）三通 b）手机壳 c）吹风机外壳 d）购物车塑料件

表 1—1—1 塑料取代传统材料的应用示例

应用	传统材料	所用塑料
饮料瓶	玻璃	聚碳酸酯（PC）、聚氯乙烯（PVC）
计算机机箱	金属	ABS、PVC、PC/ABS
窗框	木材、铝合金	PVC、ABS
电熨斗壳体	金属	酚醛树脂、SMC 板
电视机外壳	木材	聚苯乙烯
汽车保险杠	钢材	聚丙烯、聚碳酸酯/聚酯
汽车前照灯和尾灯罩	玻璃	聚丙烯碳酸酯
汽车油箱	钢材	聚乙烯（聚乙烯/尼龙/填料）多层复合物
汽车发动机进气管	压铸金属	聚碳酸酯、玻纤增强尼龙
盛装液体的槽罐	金属	聚乙烯（PE）、聚丙烯

一、塑料

1. 塑料的成分

塑料是指以高聚物为主要成分，并在加工为成品的某阶段可流动成型的材料。具体来说，塑料是以树脂为基础原材料（含量一般为 40% ~100%），并辅以添加剂而制成的有机合成材料。作为塑料中最重要的成分，树脂不仅起黏结作用，而且决定着塑料的性能，正因为如此，塑料常以其中的树脂来命名。

（1）树脂

树脂是一种相对分子质量不确定但通常较高，常温下呈固态、半固态、假固态，有时也可以是液态的有机物质。树脂具有软化或熔融温度范围，软化时在外力作用下有流动倾向，这也是塑料成型的基础。

树脂有天然树脂和合成树脂之分。天然树脂包括树木分泌出的脂物（如松香）、热带昆虫分泌物中的提取物（如虫胶）或石油中的提取物（如沥青），如图 1—1—2a、b、c

所示；合成树脂则采用人工方法制得，又称聚合物，如聚乙烯、尼龙、环氧树脂等，如图 1—1—2d、e、f 所示。合成树脂不但保留了天然树脂的优点，还改善了其成型加工工艺性和使用性能，因此，目前所使用的塑料一般都是用合成树脂制成的，很少采用天然树脂，而石油是制成合成树脂的主要原料。

图 1—1—2 树脂

a）老树树脂 b）虫胶 c）石油树脂 d）聚乙烯 e）尼龙 f）环氧树脂

需要指出的是，有些树脂可以直接作为塑料使用，如聚乙烯、聚苯乙烯、尼龙等，但多数树脂必须在其中加入一些添加剂，方能作为塑料使用，如酚醛树脂、氨基树脂、聚氯乙烯等。所以，在塑料中树脂虽然起着决定性的作用，但添加剂的作用也不能忽视。

（2）添加剂

添加剂是为改善塑料的成型工艺性能、改善塑料制品的使用性能或降低塑料制品的成本而加入的一些物质。添加剂包括填充剂、增塑剂、着色剂、稳定剂等，其相关内容见表 1—1—2。

表 1—1—2　添加剂的相关内容

添加剂	相关内容
填充剂	填充剂又称填料，是塑料中重要但并非每种塑料的必需成分。填充剂与塑料中的其他成分混合，与树脂牢固地黏结在一起，但它们之间不起化学反应。填充剂的用量通常占塑料的 40% 以下 填充剂的加入可以减少树脂用量，降低塑料成本，改善塑料的某些性能，扩大塑料的使用范围 填充剂有有机填充剂和无机填充剂之分。填充剂的形态有粉状、纤维状、片状、球状、正方体状和鳞片状等，粉状、纤维状、片状是常用的三种形态

续表

添加剂	相关内容
增塑剂	增塑剂是能与树脂相溶的、低挥发性的高沸点有机化合物，它能够增强塑料的可塑性和柔韧性，改善塑料的成型性能，但降低了塑料的刚度、稳定性、介电性能和强度 常用的增塑剂有邻苯二甲酸二丁酯、樟脑等，大多数塑料一般不添加增塑剂
着色剂	着色剂是指为使塑料制品获得各种所需色彩而加入的改变合成树脂本色（大多为白色半透明或无色透明）的颜料或染料。有些着色剂还能提高塑料的光稳定性、热稳定性 颜料不能溶于普通溶剂的着色剂，要获得理想的着色效果，需用机械方法将颜料均匀地分散于塑料中。颜料有有机颜料和无机颜料之分 染料可用于大多数溶剂和被染色塑料
稳定剂	稳定剂是指在树脂中添加的能够稳定其化学性质的物质，用以防止塑料在加工和使用过程中老化（降解）和交联 根据稳定剂所发挥的作用不同，可分为热稳定剂、光稳定剂和抗氧化剂等

除上述添加剂外，在塑料中还可有选择性地加入一些其他添加剂，如润滑剂、固化剂、发泡剂、阻燃剂、防静电剂、导电剂、导磁剂等，以满足不同的需要。

2. 塑料的分类

根据塑料受热后所表现的性能不同，可将其分成热塑性塑料和热固性塑料两大类。

（1）热塑性塑料

所谓热塑性塑料，是指在特定温度范围内能反复加热软化、熔融，冷却后硬化定型的塑料，它是可重复成型的塑料。热塑性塑料成型加工时一般只有物理变化而没有化学变化。由于热塑性塑料具有可逆性，因此，在塑料加工中产生的边角料及废品可以回收粉碎成颗粒后掺入原料中利用。

常用的热塑性塑料有聚乙烯（PE）、聚氯乙烯（PVC）、聚苯乙烯（PS）、聚丙烯（PP）、丙烯腈－丁二烯－苯乙烯共聚物（ABS）、聚碳酸酯（PC）、聚酰胺（PA，俗称尼龙）、聚苯醚（PPE）、聚砜（PSU）、聚甲基丙烯酸甲酯（PMMA，俗称有机玻璃）等。

热塑性塑料又可分为结晶型塑料和无定型塑料两种。结晶型塑料分子链排列整齐、稳定、紧密，而无定型塑料分子链杂乱无章。所以，结晶型塑料一般比较耐热，不透明或半透明，具有较高的强度，而无定型塑料则与之相反。不过也有例外，例如，聚4－甲基戊烯－1为结晶型塑料，却有高透明性，而ABS为无定型塑料，却是半透明的。如图1—1—3所示为热塑性塑料制品示例。常用的结晶型塑料有聚乙烯、聚酰胺等，常用的无定型塑料有聚苯乙烯、聚氯乙烯和ABS等。

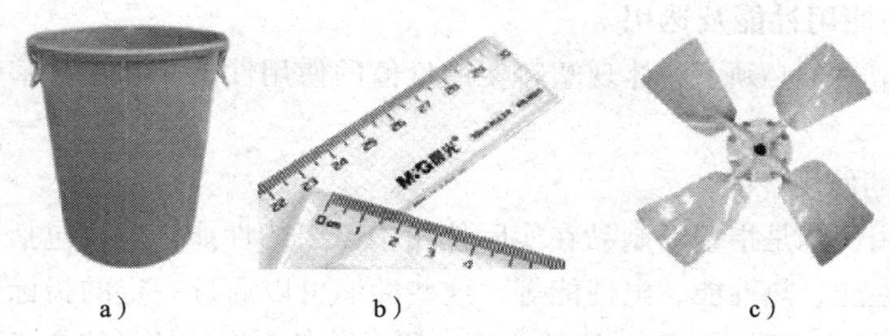

a) b) c)

图 1—1—3 热塑性塑料制品示例

a) 聚乙烯多用桶 b) 聚苯乙烯塑料尺 c) ABS 风机叶片

(2) 热固性塑料

所谓热固性塑料，是指加热到一定温度时能软化、熔融，可塑制成型，并硬化定型的塑料，这类塑料在成型过程中既有物理变化又有化学变化，成型后再次加热时不会再度软化、熔融。由于上述特性，加工中的边角料和废品不可回收再生利用。常用的热固性塑料有酚醛塑料、氨基塑料、环氧树脂（EP）、有机硅塑料、硅酮塑料、聚邻苯二甲酸二烯丙酯（PDAP）等。如图 1—1—4 所示为热固性塑料制品示例。

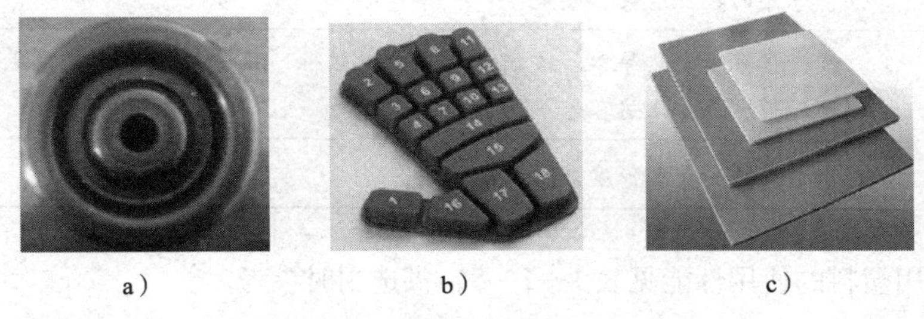

a) b) c)

图 1—1—4 热固性塑料制品示例

a) 酚醛塑料脚轮 b) 有机硅塑料按键 c) 环氧树脂板材

需要指出的是，根据塑料的性能和用途，在实际使用中还可将其分为通用塑料、工程塑料和增强塑料，有关内容见表 1—1—3。

表 1—1—3 **塑料按性能和用途分类**

类别	相关说明
通用塑料	通用塑料主要是指产量大、用途广、价格低的塑料。它主要包括聚乙烯、聚丙烯、聚氯乙烯、聚苯乙烯、酚醛塑料和氨基塑料六大品种。它们占塑料总产量的一大半以上
工程塑料	工程塑料常指强度和刚度高、可代替金属用作工程材料的塑料，如 ABS、聚碳酸酯等
增强塑料	增强塑料是指加入玻璃纤维填料或其他纤维作为增强材料，以树脂为黏结剂的塑料，热固性塑料的增强塑料又称玻璃钢

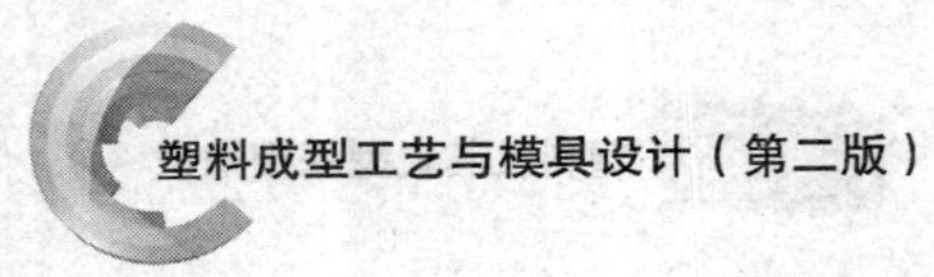

3. 塑料的使用性能及选用

要使用好塑料，必须了解体现塑料使用价值的使用性能，并在此基础上进行塑料的合理选用。

（1）塑料的使用性能

塑料的使用性能是指塑料制品在实际使用中需要的性能，主要包括物理性能、化学性能、力学性能、热性能、电性能等，这些性能可以通过一定的指标来衡量，见表1—1—4。这些指标可以用一定的实验方法来测得，各项指标的具体含义可查阅相关资料，这里不再赘述。

表1—1—4　塑料使用性能指标

使用性能	衡量指标
物理性能	密度、表观密度、透湿性、吸水性、透明性、透光性等
化学性能	耐化学性、耐老化性、耐候性、光稳定性、抗霉性等
力学性能	抗拉强度、抗压强度、抗弯强度、断后伸长率、冲击韧度、疲劳强度、耐蠕变性、摩擦因数及磨耗、硬度等
热性能	线膨胀系数、热导率、玻璃化温度、耐热性、热变形温度、热稳定性、热分解温度、耐燃性、比热容等
电性能	介电常数、介电强度、耐电弧性等

目前常用塑料的使用性能见表1—1—5，供选用时参考。

表1—1—5　常用塑料的使用性能

类型	名称	使用性能
热塑性塑料	聚乙烯	聚乙烯树脂为无毒、无味，呈白色或乳白色，柔软、半透明的大理石状粒料，密度为0.91～0.96 g/cm^3 聚乙烯吸水性极小，且介电性能与温度、湿度无关。因此，聚乙烯是最为理想的高频电绝缘材料
	聚氯乙烯	聚氯乙烯树脂为白色或浅黄色粉末，形同面粉，造粒后为透明块状，类似明矾 聚氯乙烯有较好的电气绝缘性能，可以用作低频绝缘材料，其化学稳定性也较好。由于聚氯乙烯的热稳定性较差，长时间加热会导致分解，并放出氯化氢气体，使聚氯乙烯变色，所以其应用范围较窄，使用温度一般在-15～55℃之间

续表

类型	名称	使用性能
热塑性塑料	聚丙烯	聚丙烯无色、无味、无毒，密度仅为0.90～0.91 g/cm³。它不吸水，光泽好，易着色 聚丙烯屈服强度、抗拉强度、抗压强度、硬度及弹性均好于聚乙烯 聚丙烯熔点为164～170℃，耐热性好，能在100℃以上的温度下进行消毒灭菌。其低温使用温度达-15℃，低于-35℃时会脆裂 聚丙烯的高频绝缘性能好，绝缘性能不受温度的影响，但在氧、热、光的作用下极易解聚、老化，所以必须加入防老化剂
	聚苯乙烯	聚苯乙烯无色、无毒、无味、透明、有光泽，密度为1.054 g/cm³。聚苯乙烯是目前最理想的高频绝缘材料 聚苯乙烯化学稳定性好，能耐碱、硫酸、磷酸、10%～30%的盐酸、稀醋酸及其他有机酸，对水、乙醇、汽油、植物油及各种盐溶液也有足够的耐腐蚀能力，但不耐硝酸及氧化剂的作用 聚苯乙烯耐热性差，只能在不高的温度下使用，质地硬而脆，制品由于内应力而易开裂 聚苯乙烯的透明性很好，透光率很高，光学性能仅次于有机玻璃。另外，其着色能力优良，能染成各种鲜艳的色彩
	丙烯腈-丁二烯-苯乙烯共聚物（ABS）	ABS原料易得，价格低廉，是目前产量最大、应用最广泛的工程塑料之一。ABS无毒、无味，为微黄色或白色的不透明粒料，成型的制品有较好的光泽，密度为1.02～1.05 g/cm³ ABS的热变形温度高于聚苯乙烯、聚氯乙烯、尼龙等，尺寸稳定性较好，具有一定的化学稳定性和良好的介电性能，可调配成任何颜色 ABS耐热性差，连续工作温度为70℃左右，热变形温度约为93℃。另外，ABS不透明，耐候性差，在紫外线作用下易变硬发脆
	聚碳酸酯	聚碳酸酯为无色透明粒料，密度为1.02～1.05 g/cm³。聚碳酸酯是一种性能优良的热塑性工程塑料，韧而刚，抗冲击性在热塑性塑料中名列前茅；成型制品可达到很好的尺寸精度，并在很宽的温度范围内保持其尺寸的稳定性；成型收缩率恒定为0.5%～0.8%；抗蠕变、耐磨、耐热、耐寒；脆化温度在-100℃以下，长期工作温度达120℃；聚碳酸酯吸水率较低，能在较宽的温度范围内保持较好的电性能。聚碳酸酯是透明材料，可见光的透射率接近90% 聚碳酸酯的耐疲劳强度较差，成型后制品的内应力较大，容易开裂

续表

类型	名称	使用性能
热固性塑料	酚醛塑料	酚醛塑料是一种产量较大的热固性塑料，它以酚醛树脂为基础制得。酚醛树脂很脆，呈琥珀玻璃状，必须加入各种纤维或粉末状填料后才能获得具有一定性能要求的酚醛塑料 酚醛塑料与一般热塑性塑料相比，刚度高，变形小，耐热，耐磨，能在150～200℃温度范围内长期使用；在水润滑条件下，有极低的摩擦因数；其电绝缘性能优良。不过，酚醛塑料质脆，抗冲击强度差
	氨基塑料	1. 脲－甲醛塑料（UF） 俗称电玉粉，纯净的脲－甲醛塑料无色透明，着色性能特别优异，制品形同玉石，表面硬度较高，耐电弧性较好，能耐弱酸、弱碱，但耐水性差 2. 三聚氰胺－甲醛塑料（MF） 又称密胺塑料，无毒、无味，制品外观可与瓷器媲美，硬度、耐热性、耐水性均好于脲－甲醛塑料，耐电弧性较好，耐酸、碱，但价格较高
	环氧树脂	环氧树脂是含有环氧基的高分子化合物。未固化前，它是线型的热塑性树脂，只有在加入固化剂（如胺类和酸酐等化合物）交联成体型结构的高聚物后，才有作为塑料的实用价值 环氧树脂种类繁多，应用广泛，有许多优良性能，最突出的一点是黏结能力强，是“万能胶”的主要成分。此外，环氧树脂还耐化学药品、耐热，电气绝缘性能良好，收缩率小，比酚醛塑料有更好的力学性能。耐候性差，耐冲击性差，质地脆则是它的缺点

（2）塑料的选用

面对一个要开发制品的设计图样，一旦确定可以采用塑料来制造，就要考虑究竟采用哪种塑料较为合适。通常可以从以下几个方面考虑：制品要求的使用性能、原料的可加工性、制品的成本和原料的来源。

为便于进行塑料的选用，现将常用塑料的用途归纳于表1—1—6。

表1—1—6　　常用塑料的用途

类型	名称	用途
热塑性塑料	聚乙烯	低压聚乙烯可用于制造塑料管、塑料板、塑料绳和承载不高的零件，如齿轮、轴承等；中压聚乙烯可制造瓶类、包装用薄膜以及各种注射成型制品、旋转成型制品和电线、电缆；高压聚乙烯常用于制作塑料薄膜、软管、塑料瓶、电气工业的绝缘零件和电缆外皮等

续表

类型	名称	用途
热塑性塑料	聚氯乙烯	由于聚氯乙烯的化学稳定性好，所以可用于制作防腐管道、管件、输油管等。聚氯乙烯的硬板广泛用于化学工业上制造各种储槽的衬里、建筑物的瓦楞板、门窗结构、墙壁装饰物等建筑用材 由于电绝缘性能良好，聚氯乙烯可在电气、电子工业中用于制造插头、开关和电缆 在日常生活中，聚氯乙烯可用于制造凉鞋、雨衣、玩具和人造革等
	聚丙烯	聚丙烯可用于制作各种机械零件，如法兰、接头、泵叶轮、汽车零件和自行车零件；可作为水、蒸气、各种酸碱等的输送管道，化工容器和其他设备的衬里、表面涂层；可制造盖和本体合一的箱壳、各种绝缘零件，并用于医药工业中
	聚苯乙烯	聚苯乙烯在工业上可用于制作仪表外壳、灯罩、化学仪器零件、透明模型等；在电气方面用于制作良好的绝缘材料、接线盒、电池盒等；在日用品方面广泛用于制作包装材料、各种容器和玩具等
	丙烯腈－丁二烯－苯乙烯共聚物（ABS）	ABS 在机械工业上用来制造齿轮、泵叶轮、轴承、把手、管道、电机外壳、仪表壳、仪表盘、水箱外壳、蓄电池槽、冷藏库和冰箱衬里等；汽车工业上用 ABS 制造汽车挡泥板、扶手、热空气调节导管、加热器等，还可用 ABS 夹层板制造轿车车身；ABS 还可用来制造水表壳、纺织器材、电气零件、文教体育用品、玩具、电子琴及电视机壳体、食品包装容器、农药喷雾器及家具等
	聚碳酸酯	在机械上，聚碳酸酯主要用于制作各种齿轮、蜗轮、齿条、凸轮、轴承、外壳、盖板、容器、冷冻和冷却装置的零件等 在电气方面，聚碳酸酯可用于制作电极零件、风扇部件、拨号盘、仪表壳、接线板等。聚碳酸酯还可用于制作照明灯、高温透镜、视孔镜、防护玻璃等光学零件
热固性塑料	酚醛塑料	根据所用填料不同，有各种酚醛层压塑料。布质及玻璃布酚醛层压塑料有优良的力学性能、耐油性能和一定的介电性能，可用于制作齿轮、轴瓦、导向轮、无声齿轮、轴承及用作电工结构材料和电气绝缘材料；木质层压塑料适用于制作水润滑冷却下的轴承及齿轮等；石棉布层压塑料主要用于制作高温下工作的零件 酚醛纤维状压塑料可以加热模压成各种复杂的机械零件和电气零件，具有优良的电气绝缘性能，耐热、耐水、耐磨，可制作各种线圈架、接线板、电动工具外壳、风扇叶、耐酸泵叶轮、齿轮和凸轮等

续表

类型	名称	用途
热固性塑料	氨基塑料	脲－甲醛塑料通常用于制作电子绝缘零件，如插座、开关、旋钮等，还可作为木材的黏结剂制作胶合板 三聚氰胺－甲醛塑料是制作塑料餐具和桌面装饰层压塑料板的主要材料，也广泛用于制作电子绝缘零件
	环氧树脂	环氧树脂可用作金属和非金属材料的黏结剂，用于封装各种电子元件，配以石英粉等能浇铸各种模具，还可以作为各种产品的防腐涂料

例：如图1—1—5所示为某电气产品的配套零件——连接座，有着很大的市场需求量，外形美观、质量轻、品质可靠是对它的主要要求。根据该零件的用途及主要要求，可供选用的塑料可以是聚碳酸酯、ABS、酚醛塑料等，经综合考虑，实际生产时材料最终确定为ABS。

图1—1—5　连接座零件模型

需要指出的是，塑料的选用是一项十分复杂的工作。首先，有些树脂在性能上十分接近，究竟选择哪种更为合适，需多方考虑，反复权衡；其次，资料上提供的塑料性能数据往往是在特定条件下测定的，这些条件可能与实际工作状态存在较大差异；最后，严格意义上说，塑料材料的选用不仅要选定塑料基体聚合物（树脂）种类，还要确定塑料的具体牌号、添加剂种类与用量等，例如，根据ABS中三种组分之间的比例不同，其性能也略有差异，从而可以适用于各种不同的需要（如超高冲击型、高冲击型、中冲击型、低冲击型和耐热性等）。

4. 塑料的初步鉴别

一般塑料的初步鉴别可采用外观识别法和燃烧观察法。

（1）外观识别法

外观识别法包括摸敲、投水、观色、弯折等，具体说明见表1—1—7。

表1—1—7　　常用塑料外观识别法说明

方法	说明
摸敲	聚乙烯、聚丙烯、聚酰胺等塑料具有不同程度的可弯性，手触有硬蜡样滑腻感，敲击时有软性角质类声音。与此相比，聚苯乙烯、ABS、聚碳酸酯、有机玻璃等无延展性，手触有刚性感，敲击时声音清脆
投水	聚乙烯、聚丙烯浮于水，其他绝大多数塑料沉于水。聚酰胺在水中接近悬浮状

续表

方法	说明
观色	高压聚乙烯未染色前呈乳白色，半透明，较软，柔而韧，稍能伸长；低压聚乙烯未染色前也呈乳白色，但不透明，质地较硬，不易延伸；聚丙烯未染色前呈白色，半透明，但比高压聚乙烯更透明、更轻、更硬；聚酰胺未染色前呈微黄色 在未染色前，聚苯乙烯是透明的，改性聚苯乙烯呈乳白色，而ABS呈浅象牙色
弯折	聚苯乙烯为脆性，改性聚苯乙烯和ABS为韧性。在弯折试样时，聚苯乙烯易脆裂，而后两者很难折断，且裂口发白，并有特殊气味

（2）燃烧观察法

所有热固性塑料受热或燃烧时都没有发软熔融过程，只会变脆和焦化（燃焦）。聚苯乙烯及其他所有热塑性塑料受热或燃烧时都必定先经历发软熔融过程，但不同种类的塑料有着不同的燃烧现象。常用热塑性塑料的燃烧现象见表1—1—8。

表1—1—8　　常用热塑性塑料的燃烧现象

塑料种类	燃烧现象
聚乙烯	容易燃烧，离开火源后仍能继续燃烧。燃烧时，火焰上端呈黄色，下端呈蓝色。由于燃烧比较完全，黑烟很少。靠近火焰处的塑料有熔融滴落现象，类似于靠近火焰部分的融蜡的流淌，熔融物也很少被颜色熏染。火焰熄灭后有较明显的石蜡燃烧气味
聚丙烯	燃烧现象与聚乙烯大体相同，可能有少量黑烟。火焰熄灭后，闻到的是略像煤油的气味，这是与聚乙烯特别不同的地方
聚酰胺	不像聚乙烯或聚丙烯那样容易起燃，燃烧较缓慢，移走火源后，如果环境温度不太高，或有金属附件将热带走，维持燃烧的时间不太长，稍后便自行熄灭。火焰颜色也呈上黄下蓝。在靠近火焰处的表面既熔融滴落，又会起泡。熄灭后有类似烧焦羊毛或指甲的气味
聚苯乙烯、改性聚苯乙烯和ABS	均容易燃烧，取走火源后仍会继续燃烧。由于燃烧极不完全，火焰呈黄色，并伴有浓密黑烟和炭束，随烟气飞逸，弥漫四周，不过聚苯乙烯的炭束稍少一些。燃烧时，近火焰的塑料表面软化而不易发生滴落。聚苯乙烯和改性聚苯乙烯表面会起泡，ABS不起泡而呈焦化状态。这几种塑料在火焰熄灭时发出的气味差别很大，聚苯乙烯具有同苯乙烯单体相同的气味，ABS有一种非常独特的臭味，用已知的ABS样品比较容易做出判断
聚碳酸酯	其燃烧现象接近聚苯乙烯，但燃烧速度缓慢，离火后会慢熄，熄灭后发出的是腐烂的花果臭味

续表

塑料种类	燃烧现象
原色有机玻璃与聚苯乙烯	从外观上较难识别，都有较好的透光性。即使染上颜色，其透色效果、光泽度、硬度等几乎一样。燃烧时，则情况大为不同。前者没有炭束飞逸而后者有。特别是有机玻璃，燃烧时火焰呈浅蓝色，顶端呈白色，燃烧后发出强烈的腐烂的花果臭味和腐烂的蔬菜臭味
聚氯乙烯	比上述各种塑料难燃，离开火源后容易自熄，燃烧时火焰上方呈黄色，底部呈绿色，有时还喷溅黄色或绿色小焰，冒出白烟，发出辛辣、刺鼻的气味，熔体一边燃烧一边软化，可以拉扯出丝

需要提醒的是，在实际生产中往往会遇到一些特殊情况，如聚苯乙烯与改性聚苯乙烯的混合使用，含有填充材料的聚丙烯的使用等，都有可能影响原有的识别特征。为此，可考虑采用实验的方法进行鉴别，如红外光谱分析法、顺磁共振特性法、X 射线衍射法等。

二、塑料制品

1. 塑料制品的分类

在实际生产中，一般将塑料制品分为塑件、塑料型材和其他塑料制品三类。

（1）塑件

塑件是一种最常见的塑料制品，它具有特定的使用功能、结构和形状，成型后一般无须加工或只需做少量的加工就能投入使用，塑件示例如图 1—1—6 所示。

图 1—1—6　塑件示例

（2）塑料型材

塑料型材是指按一定的截面形状和尺寸规格加工成型后供应市场的塑料制品，用户在使用时一般还需要做切割或其他加工。常用的塑料型材有实心型材、管类型材、异型截面型材和共挤复合型材，其示例如图 1—1—7 所示。

图 1—1—7 塑料型材示例

（3）其他塑料制品

其他塑料制品主要包括塑料丝、塑料绳、塑料网，塑料纤维及其纺织物，塑料薄膜及其制品（如塑料袋、胶黏带等），玻璃钢（玻璃纤维增强塑料）制品。其他塑料制品示例如图 1—1—8 所示。

图 1—1—8 其他塑料制品示例

2. 塑料制品的特点及生产

（1）塑料制品的特点

随着塑料工业的发展，塑料制品已渗透到人们生活和生产的各个领域，其应用举例见表 1—1—9。

表 1—1—9　　塑料制品的应用举例

领域	说明
农业	薄膜、管道、片板、绳索和编织袋以及农田水利工程、农舍建设等
交通运输	门把手、转向盘、仪表板等
电气工业	电线、电缆、开关、插头、插座绝缘体、家用电器、计算机键盘套件、显示器外壳、各种通信设备等
通信产品	电话机、手机、传真机等外壳
日常生活用品	塑料桶、塑料盆、热水器外壳、塑料袋、航空杯、尼龙绳等
医疗	人工血管、输液器、输血袋、注射器、插管、检验用品、手术室用品等

塑料制品在众多领域得到广泛应用的根本原因在于塑料具有优异的性能，主要表现在以下几点：低密度，一般为（0.9～2.3）$\times 10^3$ kg/m^3，约为铝的1/2，钢的1/3；高化学稳定性，如某些塑料的耐腐性优异；一般塑料都具有良好的绝缘性，有些塑料具有优良的光、电、声、磁特性；大部分塑料的摩擦因数低，有些塑料有很好的自润滑性；来源丰富，可以使用高效率的工艺方法加工成型。

塑料虽然具有许多优点和广泛的用途，但并非十全十美，有些缺陷至今未能克服，如老化（在阳光、压力等作用下，经一定时间后会“变老”、变色、变脆而易碎）、不耐高温等。所以，塑料还不能从根本上替代金属材料。

（2）塑料制品的生产

塑料制品的生产又称塑料加工，它是一个复杂而繁重的过程，其完整工序要经历的过程如图1—1—9所示，其中，塑料成型至关重要，根据塑料制品的类型可选择不同的成型方法，如注射成型、压缩成型、压注成型、挤出成型等。

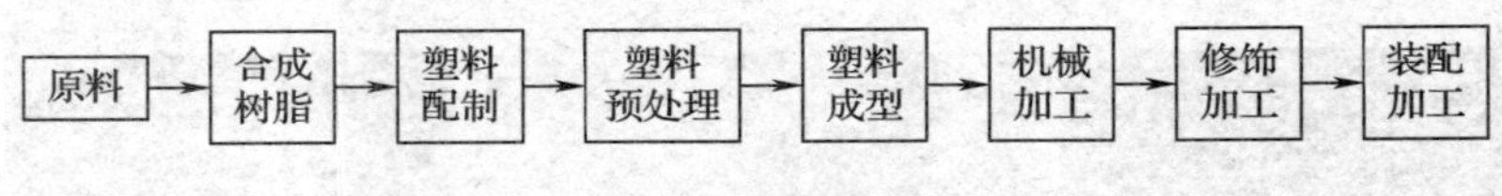

图1—1—9　塑料制品的完整生产过程

需要说明的是，并不是每个塑料制品的生产都要经过机械加工、修饰加工和装配加工阶段，因此，一般将它们统称为塑料的二次加工。

课堂练习

1. 根据塑料使用性能和用途，完成表1—1—10的填写工作。

表1—1—10　塑料名称

塑料制品	塑料名称	塑料制品	塑料名称
蒸汽输送管道		雨衣	
插座		电钻外壳	
防护玻璃		灯罩	
塑料碗筷		电子封装元件	
收音机外壳		保鲜膜	
塑料瓶		针筒	

2. 根据图1—1—10所示的电动车照片，结合日常知识和经验，指出其中的塑料制品。

3. 图1—1—11所示为2008年北京奥运会比赛场馆——国家游泳中心（水立方）外观图片，作为一件令人震撼的杰作，其“泡泡膜”的材料为乙烯－四氟乙烯共聚物（ETFE），查阅资料，列出材料特性。

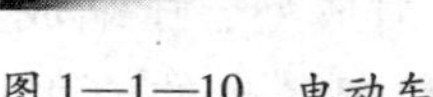

图 1—1—10 电动车

图 1—1—11 水立方外观图片

4. 根据本节学习，完成表 1—1—11 的填写工作。

表 1—1—11 聚碳酸酯的使用性能及主要用途

聚碳酸酯		
代号	使用性能	主要用途
密度		
收缩率		

第二节 塑料的成型

塑料成型在塑料制品生产乃至塑料工业中占有重要的地位。塑料成型的工艺种类很多，利用模具通过加压、加热使塑料成型的方法称为模塑成型，其中，以图 1—2—1 所示的注射成型最为典型。

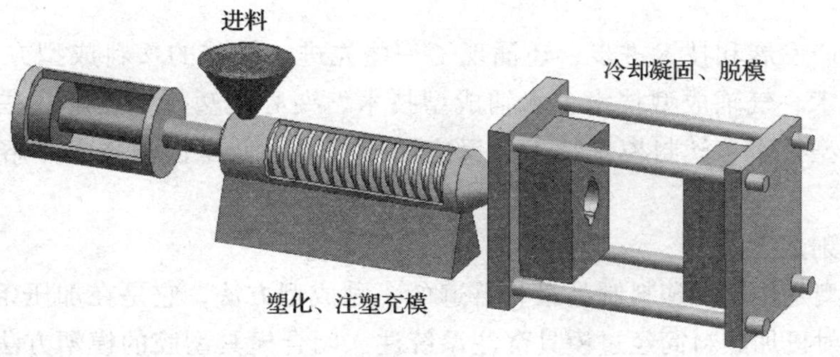

图 1—2—1 塑料模塑成型

作为一种广泛应用的、先进的塑料加工方法，模塑成型具有生产过程易于实行机械化、自动化，设备操作简单，生产效率高，成本较低，所加工的塑料制品高度一致等特点。当然，这一切与成型方法（包括成型工艺）、成型设备、成型模具密不可分。

一、成型方法和成型模具

1. 成型方法

在塑料制品生产中，主要采用的塑料成型方法包括注射成型、压缩成型、压注成型、挤出成型、吹塑成型、气压成型和发泡成型等，它们各自的应用场合见表1—2—1。

表 1—2—1　　塑料制品主要成型方法的应用场合

方法	应用场合
注射成型	主要用来成型热塑性塑料制品，从日常生活用品到各类复杂的机械、电器、交通工具等零件，几乎涵盖所有的热塑性塑料制品。另外，某些热固性塑料也可采用此法成型
压缩成型	是热固性塑料通常采用的成型方法。典型制品有树脂镜片、汽车转向盘、仪表壳、电气开关和插座等
压注成型	是热固性塑料通常采用的成型方法。该方法主要用于封装电子元器件等
挤出成型	适用于所有的热塑性塑料及部分热固性塑料（如酚醛塑料、脲醛塑料等）管材、棒材、板材、薄膜及电线、电缆的加工成型
吹塑成型	常用于生产由热塑性塑料制成的容器类中空制品，如塑料饮料瓶、塑料水桶等
气压成型	是热塑性塑料桶、瓶、罐、盒类制品采用的成型方法
发泡成型	常用作隔热材料、保温材料、隔音材料、防振材料、缓冲材料等发泡塑料的成型方法

随着生产发展和技术进步，还涌现了一些先进、特殊的塑料成型方法（工艺），如热流道技术、气辅成型技术、水辅成型技术、夹心注塑技术、重叠注塑工艺、注射—压缩成型技术、塑封模具技术、反应注射技术、低压模塑技术、熔芯模塑技术等。

（1）注射成型

注射成型是热塑性塑料制品最为普遍的一种成型方法，它是在加压条件下，将塑料物料由注射机加热料筒经过模具浇注系统注入闭合模具型腔的模塑方法，注射成型及注射成型制品示例如图 1—2—2 所示。

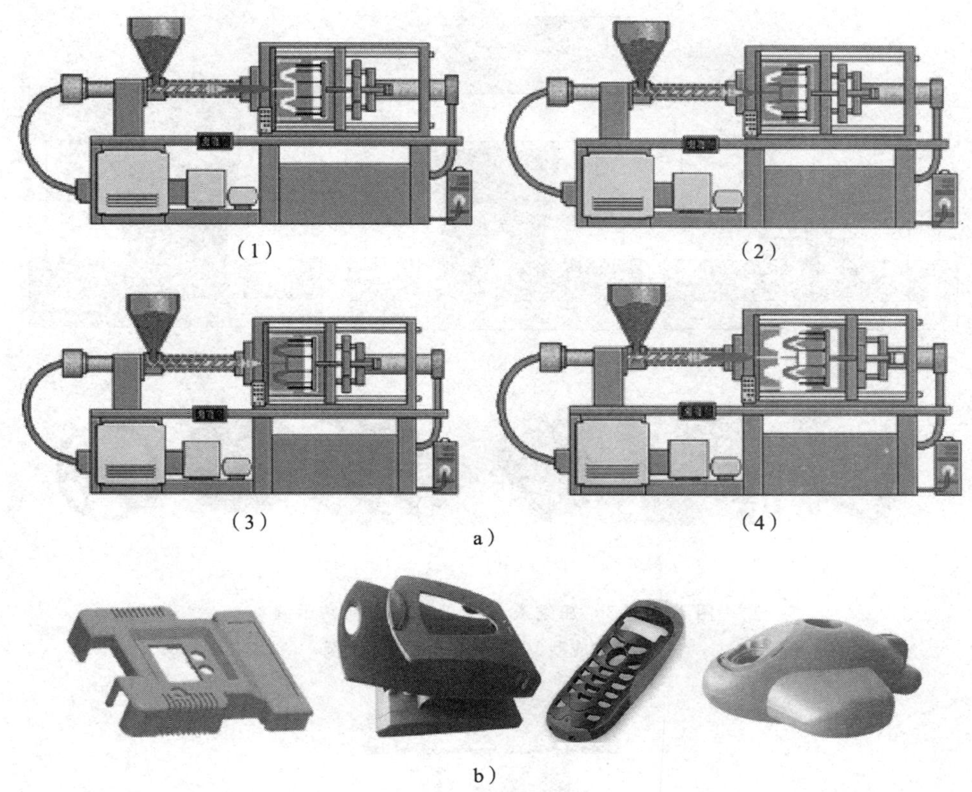

图1—2—2　注射成型及注射成型制品示例
a）注射成型　b）注射成型制品示例

注射成型又称注塑成型，它是在金属压铸法的基础上发展起来的一种成型方法，由于它与医用注射器工作原理基本相似，因而得名。由于注射成型具有对塑料的适应性比较强，可以连续、经济地大批量生产终端形状塑料制品，容易实现自动化等特点，因此，在整个塑料制品生产行业占有非常重要的地位，大约有三分之一的塑料制品是利用注射工艺制成的。

（2）压缩成型

压缩成型是指塑料物料在模具型腔中通过加压且通常需要加热的成型方法。压缩成型又称压塑成型、压制成型或模压成型，它是较早采用的塑料成型方法，其使用的设备为压力机。压缩成型及压缩成型制品示例如图1—2—3所示。

（3）压注成型

压注成型是指使塑料物料经过加热室进入热模具的闭合型腔而成型的模塑方法。压注成型又称传递成型或挤塑成型，它是在压缩成型基础上发展起来的塑料成型方法，其使用的设备同样是压力机，压注成型及压注成型制品示例如图1—2—4所示。压注成型主要用于热固性塑料制品的生产。由于能生产比较精密的带细薄嵌件的制品，因此，压注成型广泛应用于电机、电器、灯具等行业。

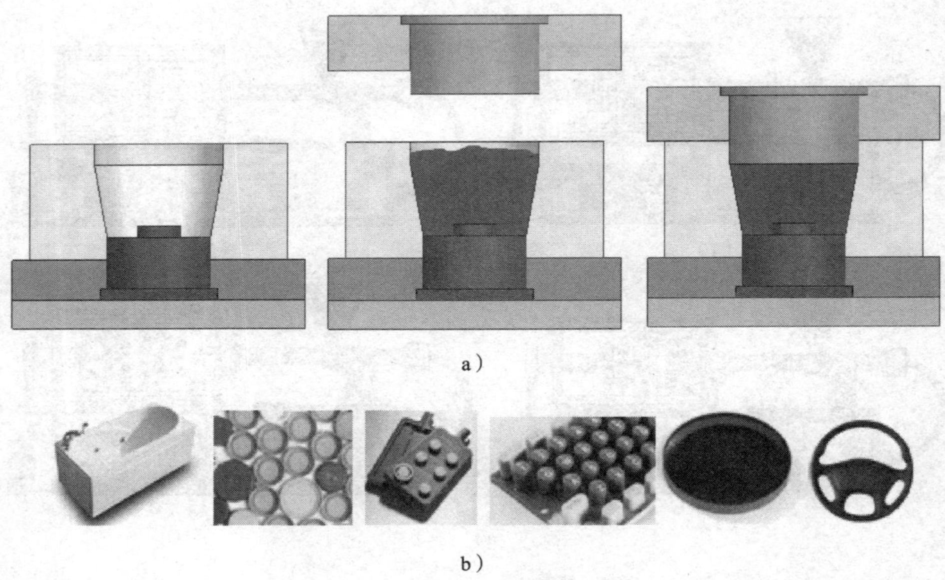

图 1—2—3　压缩成型及压缩成型制品示例
a）压缩成型　b）压缩成型制品示例

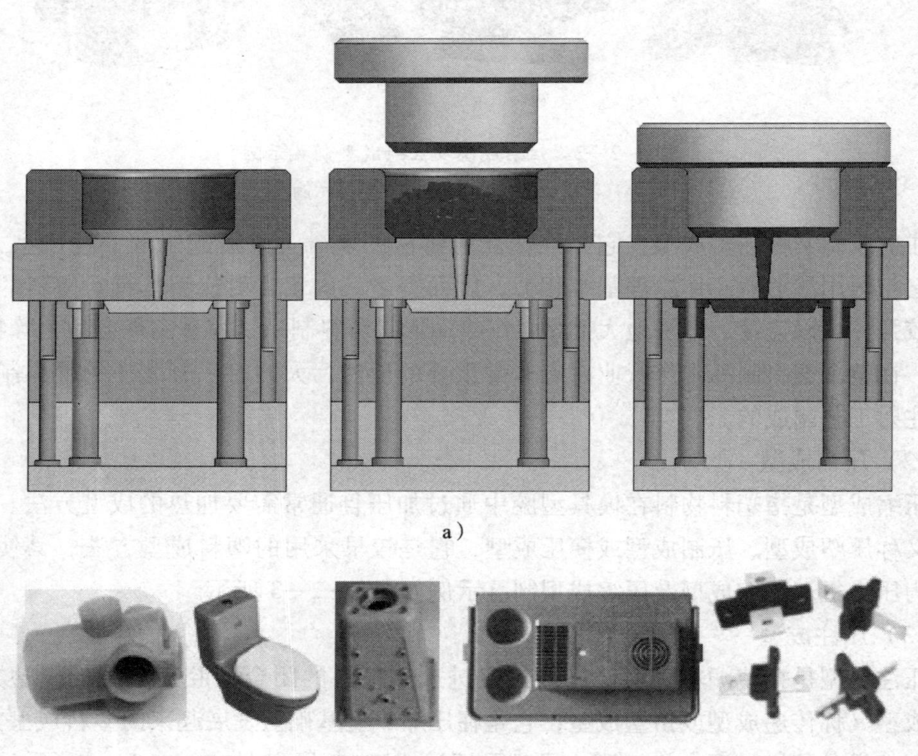

图 1—2—4　压注成型及压注成型制品示例
a）压注成型　b）压注成型制品示例

（4）挤出成型

挤出成型是指将固态塑料在一定温度和压力下熔融、塑化，利用挤出机的螺杆旋转（或柱塞）加压，使其通过特定形状的口模成为截面与口模形状相仿的连续型材的方法。

挤出成型是塑料型材的主要成型方法，轴向任何地方断面形状和尺寸一样的制品均可采用挤出成型的方法，挤出成型示意及挤出成型制品示例如图 1—2—5 所示，塑料挤出机是挤出成型所用的设备。

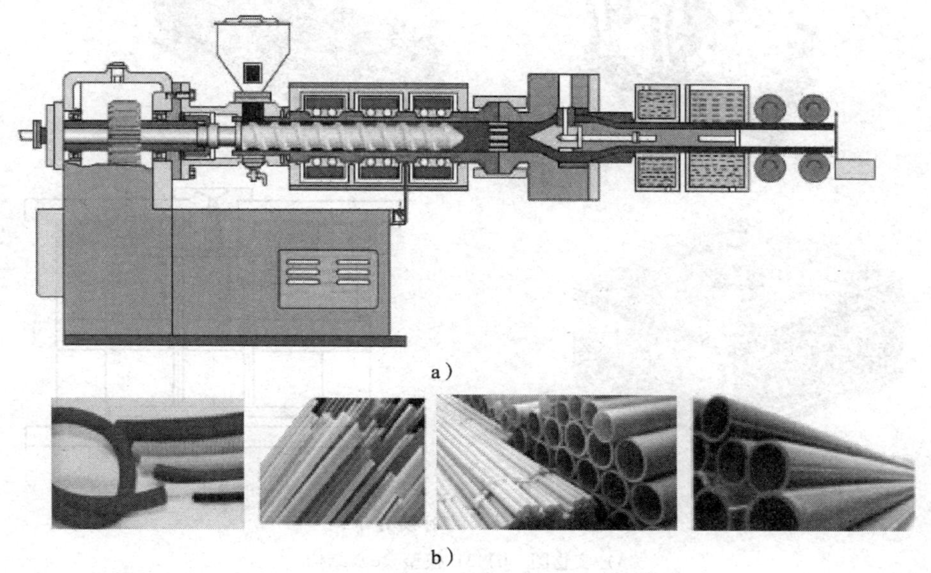

a）

b）

图 1—2—5　挤出成型示意及挤出成型制品示例

a）挤出成型　b）挤出成型制品示例

2. 成型模具

生产塑料制品的模具称为塑料成型模具，简称塑料模，如图 1—2—6 所示，它是构成塑料制品（模制品）成型空间所有零部件的组合体。

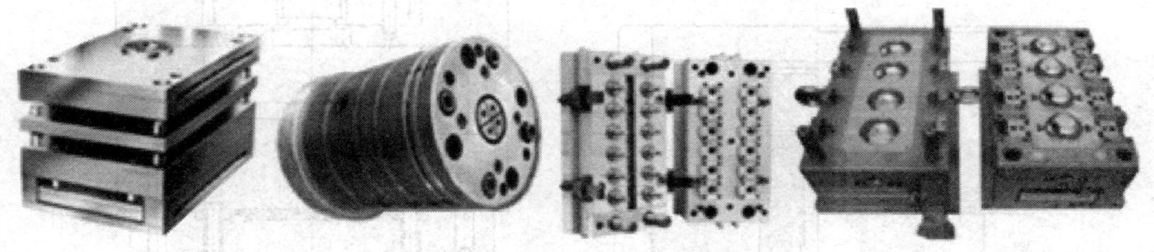

图 1—2—6　塑料成型模具

塑料成型模具是塑料成型加工三个必备物质条件之一，是塑料成型的关键工艺装备。根据塑料制品成型方法不同，通常将塑料成型模具分为注射成型模具（简称注射模，又称注塑模）、压塑成型模具（简称压塑模或压缩模）、压注成型模具（简称压注模）、挤出成型模具、气压成型模具和发泡成型模具等。

（1）注射模具

注射模具是一种生产塑料制品的工具，也是赋予塑料制品完整结构和精确尺寸的工具，其示例如图 1—2—7 所示。注射模具主要用来成型热塑性塑料制品，当然，某些热固性塑料制品也可采用注射模具成型。

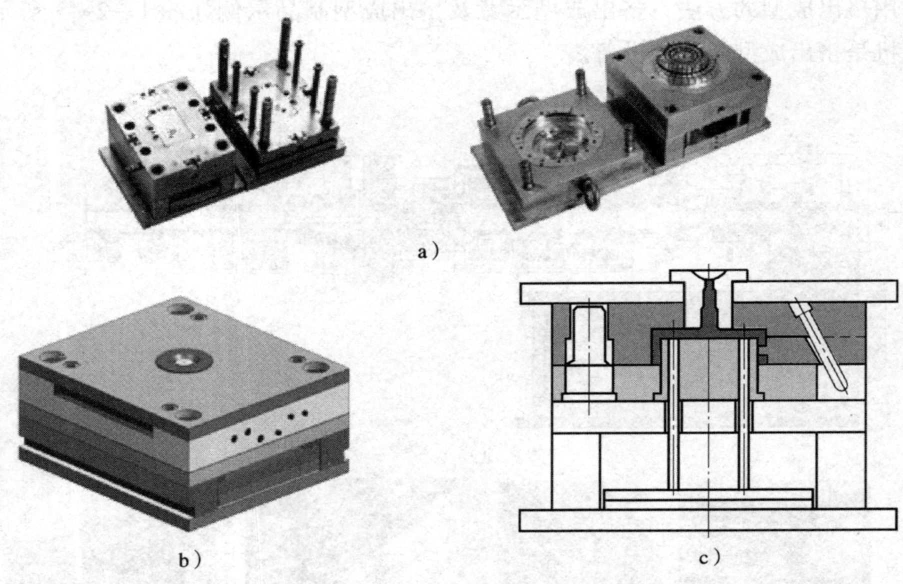

图 1—2—7 注射模具示例

a）实物图 b）3D 模型 c）结构

就结构而言，注射模具最具有代表性，应用最为广泛，是本书的学习重点。

（2）压缩模具和压注模具

压缩模具主要用于热固性塑料制品的成型，有时也用于热塑性塑料制品的成型，而压注模具则主要用于热固性塑料制品的成型，它们的结构如图 1—2—8 所示。

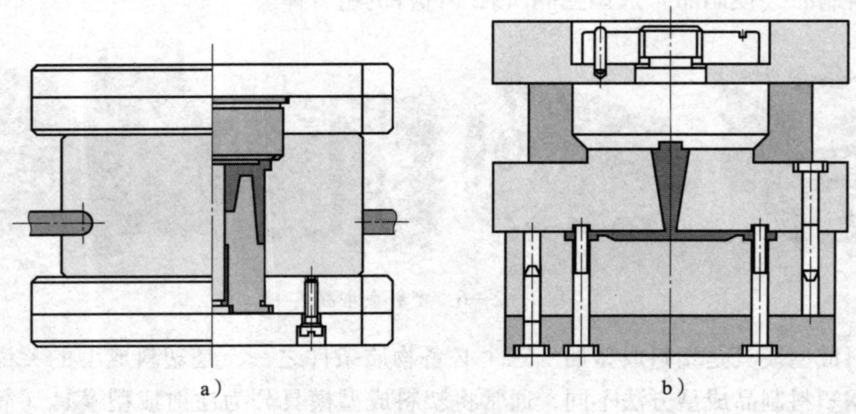

图 1—2—8 压缩模具和压注模具的结构

a）压缩模具 b）压注模具

二、成型设备

成型设备是塑料成型加工的又一个必备物质条件，它随成型工艺的不同而不同。用于塑料成型的主要设备如图1—2—9所示，其中包括：应用最多、用于注射成型工艺的注射机（又称注塑机），用于压塑成型和压注成型工艺的压力机，用于挤出成型的挤出机。

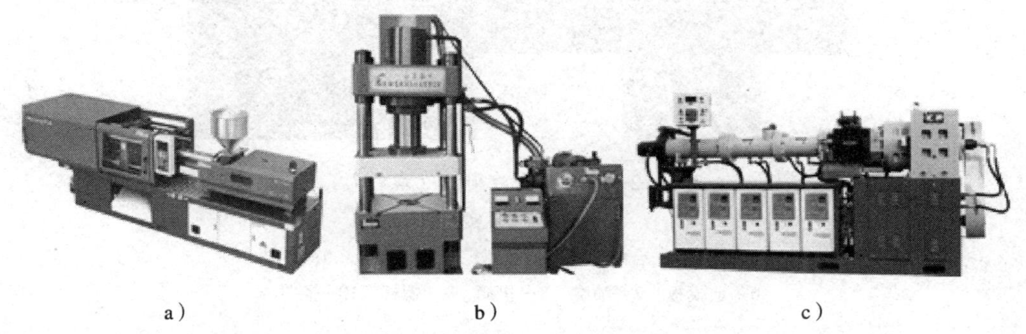

a）　　b）　　c）

图1—2—9　主要的塑料成型设备

a）注射机　b）压力机　c）挤出机

1. 注射机的结构及作用

在实际生产中，注射机有多种类型，尽管它们的外形不同，但基本上都由塑化注射系统、合模系统、液压传动系统和电气控制系统等部分组成，图1—2—10所示为卧式注射机的结构和实物图。

（1）塑化注射系统

塑化注射系统的主要作用是使塑料物料均匀地塑化成熔融状态的熔体，并以一定的注射压力和注射速度把一定量的塑料熔体注入成型模具的型腔中。塑化注射系统的组成如图1—2—11所示，其中，塑化装置主要包括螺杆、机筒（料筒）和喷嘴。

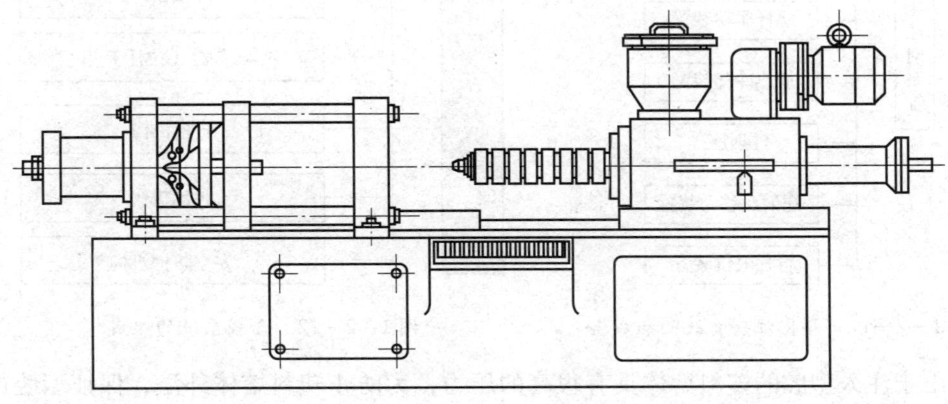

a）

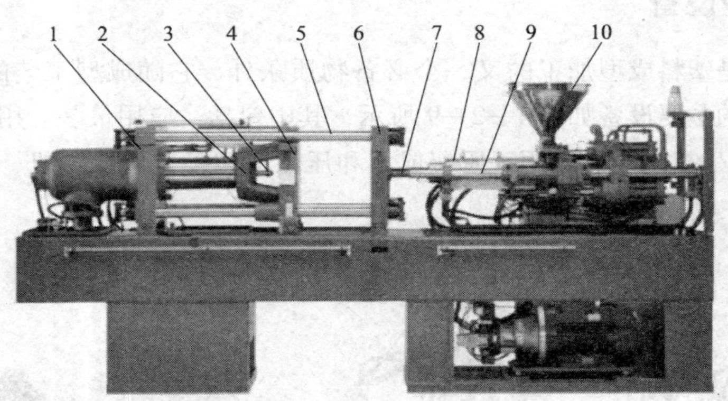

图 1—2—10　卧式注射机（螺杆式）

a）结构　b）实物图

1—后模板　2—合模系统　3—顶杆　4—动模板　5—导柱

6—前模板　7—喷嘴　8—机筒　9—螺杆　10—料斗

在塑化装置中，螺杆是关键部件，负责塑化物料并将其注入型腔；机筒是重要部件，它与螺杆共同完成对物料的输送、塑化和注射工作；而喷嘴则是机筒与模具之间的连接桥梁，是注射时熔体高速注入模具的通道。

（2）合模系统

合模系统（又称锁模系统）的作用是保证成型模具灵活、准确、迅速、可靠和安全地启闭。合模系统的组成如图 1—2—12 所示，其中，模板主要用于安装成型模具、导柱、合模机构、顶出机构等；导柱用于连接前模板、后模板，并保证动模板平行移动。

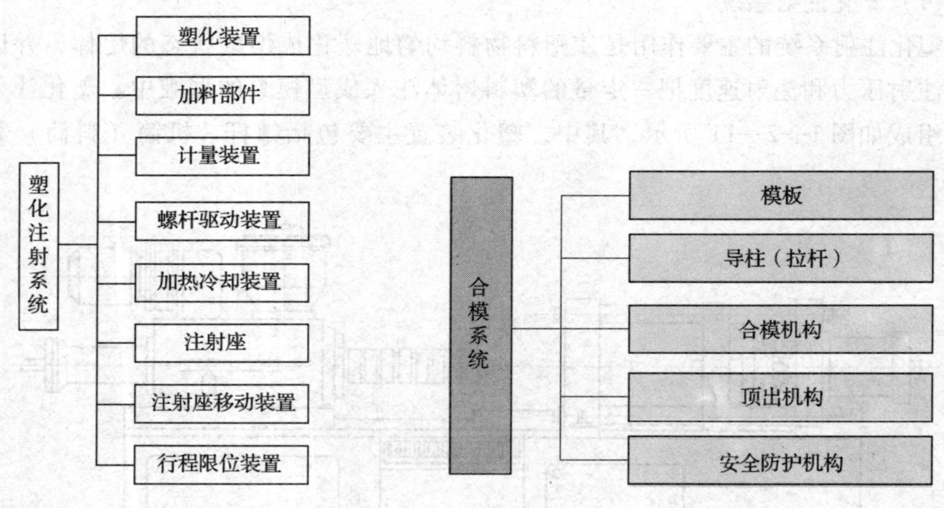

图 1—2—11　塑化注射系统的组成　　图 1—2—12　合模系统的组成

由于注入型腔的塑料熔体具有很高的压力，为防止塑料熔体外溢，保证型腔严密闭合，要求合模系统能够产生足够的合模力（锁模力）。

（3）液压传动系统

作为动力系统的液压传动系统，其作用是保证注射机能够按照预定的工艺过程要求（如压力、速度、温度、时间等）和动作顺序准确、有效地工作。

（4）电气控制系统

电气控制系统的作用是与液压传动系统相互协调，完成注射机的各项预定动作。

2. 注射机工作循环过程

注射机的工作是按照预定的塑料制品成型工艺要求，通过安装于注射机动模板和前模板（又称固定模板）间的注射模按部就班地进行的。通常遵循图1—2—13所示的工作循环过程，如此往复，不断生产出所需要的塑料制品，具体过程说明见表1—2—2。

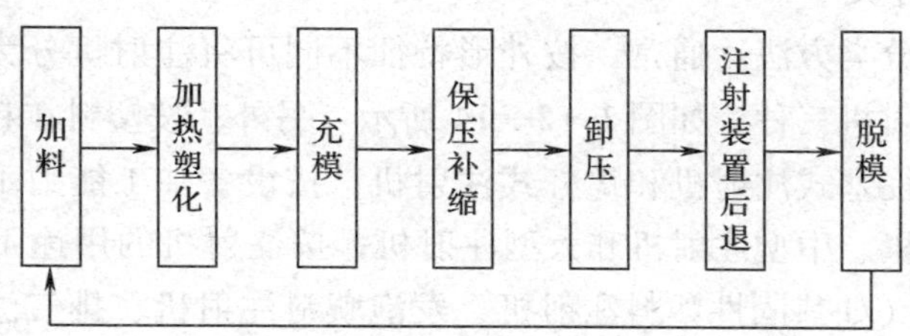

图1—2—13 注射机的工作循环过程

表1—2—2 注射机的工作循环过程说明

过程	具体说明
加料	将粒状或粉状塑料原料加入注射机料斗中，并由柱塞或螺杆带入料筒
加热塑化	加入的塑料在料筒中经过加热、压实和混料等过程，由松散的原料转变成熔融状态，并具有良好的可塑性 按塑料在料筒内的塑化方式不同，注射机分为柱塞式注射机和螺杆式注射机
充模	塑化好的熔体被柱塞或螺杆推挤至料筒前端，经过喷嘴、模具浇注系统进入并充满模具型腔
保压补缩	模具中的熔体冷却收缩，柱塞或螺杆迫使料筒中的熔料不断补充到模具中，以补充因收缩而出现的空隙，保持模具型腔内熔体的压力

续表

过程	具体说明
卸压	当模具浇口处的熔体冻结后，系统卸压 保压后，柱塞或螺杆后退，型腔中压力解除，这时型腔中熔料的压力将高于浇口前端的压力，若浇口尚未冻结，型腔中的熔料就会通过浇口流向浇注系统，这一过程称为倒流。若保压结束时浇口已经冻结，就不会存在倒流现象
注射装置后退	为下一次注射做准备
脱模	塑料制品冷却定型后，锁模机构开模，从模具中取出塑料制品

3. 注射机的分类

注射机有多种分类方法。通常，按外形特征不同可将注射机分为立式注射机、卧式注射机和角式注射机三种，如图1—2—14所示。另外，按塑料在料筒内的塑化方式不同，可将其分为柱塞式注射机和螺杆式注射机；按设备加工能力不同可分为超小型注射机、小型注射机、中型注射机和大型注射机；按注射机的用途不同可分为通用注射机、专用注射机（如热固性塑料注射机、发泡塑料注射机、排气注射机、高速注射机、多色注射机、精密注射机、气体辅助注射机等）。

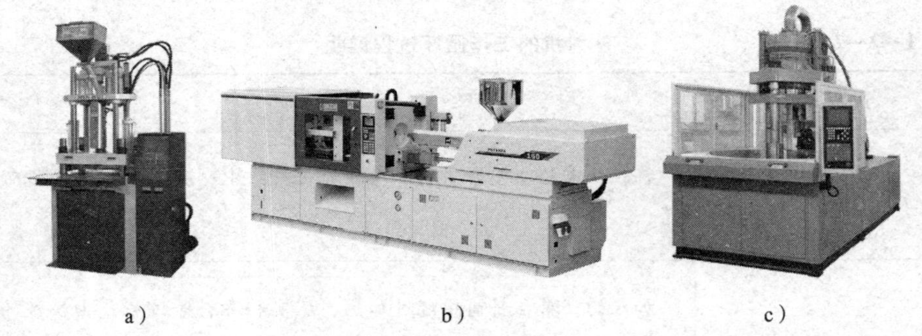

a） b） c）

图1—2—14 常用注射机的外形

a）立式注射机 b）卧式注射机 c）角式注射机

常用注射机的特点见表1—2—3，供选择时参考。

表1—2—3 常用注射机的特点

注射机类型		特点说明
外形特征	立式	立式注射机的注射系统与合模系统的轴线一致并垂直于地面，注射系统多为柱塞式结构，注射量一般小于60 cm^3。立式注射机的优点是占地面积较小，模具装卸方便，动模一侧安放嵌件便利；其缺点是机器重心高，不稳定，加料比较困难，推出的塑料制品需要用人工或其他方法取出，不易实现自动化生产

续表

注射机类型		特点说明
外形特征	卧式	卧式注射机是使用最广泛的注射机，注射系统与合模系统的轴线都呈水平布置，注射系统有柱塞式和螺杆式两种结构，注射量为60 cm^3及以上的均为螺杆式。卧式注射机的优点是机器重心低，比较稳定，操作、维修方便，塑料制品推出后可利用其自重自动落下，便于实现自动化生产，对大、中、小型模具都适用；其主要缺点是模具安装比较困难
	角式	角式注射机的注射系统与合模系统的轴线相互垂直，常见的角式注射机沿水平方向合模，沿垂直方向注射，其注射系统一般为柱塞式结构，采用齿轮、齿条传动或液压传动，注射量较小，一般小于45 cm^3。角式注射机的优点介于卧式、立式注射机之间，结构比较简单，可利用开模时的丝杆转动使有螺纹的塑件实现自动脱卸；其缺点是机械传动无法准确、可靠地注射及保持压力和锁模力，模具受冲击和振动较大
塑化方式	柱塞式	柱塞直径为20~100 mm的金属圆杆，当其后退时，物料自料斗定量地落入机筒内，柱塞前进，原料通过机筒与分流梳的腔内，塑料被分成薄片均匀加热，并在剪切作用下进一步混合和塑化，完成注射。柱塞式注射机多为立式，注射量为30~60 g，不易成型流动性差、热敏性强的塑料。柱塞式注射机由于自身结构特点，在注射成型中存在塑化不均匀、注射压力损失大等问题
	螺杆式	螺杆在机筒内旋转时，将料斗内的塑料卷入，逐渐压实、排气和塑化，将塑料熔体推向机筒的前端，积存在机筒顶部和喷嘴之间，螺杆本身受熔体的压力而缓慢后退。当积存的熔体达到预定的注射量时，螺杆停止转动，在液压缸的推动下将熔体注入模具。卧式压力机多为螺杆式

4. 注射机的选用

(1) 注射机型号及主要技术规范

注射机型号主要有注射量表示、合模力表示、注射量与合模力同时表示三种标准表示方法，它们是注射机工作能力的表示。

注射机型号中的字母S表示塑料机械，Z表示注射机，X表示成型，Y表示螺杆式（无Y表示柱塞式）。

常用注射机技术规范及特性见表1—2—4。

(2) 注射机的选用与参数校核

注射机的选用涉及两方面内容：第一，确定注射机型号，使注射机规格参数满足塑料、塑料制品、注射模具及注射工艺等要求；第二，调整注射机技术参数，直至满足所需要求。其具体过程分为以下三个阶段：

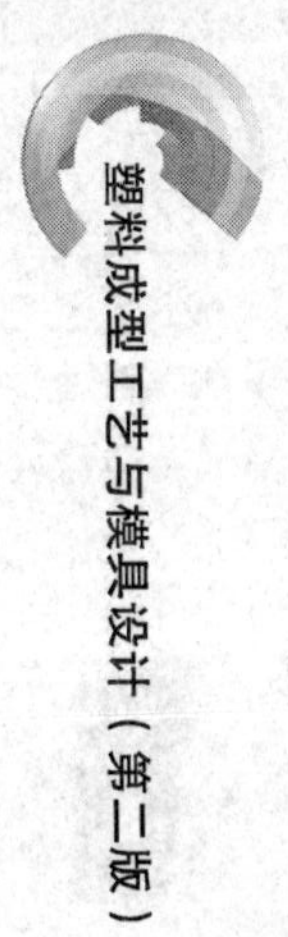

表 1—2—4　常用注射机技术规范及特性

项目＼型号	XS－ZS－22	XS－Z－30	XS－Z－60	XS－ZY－125	G54－S200/400	SZY－300	XS－ZY－500	XS－ZY－1000	SZY－2000	XS－ZY－4000
额定注射量（cm^3）	30、20	30	60	125	200～400	300	500	1 000	2 000	4 000
螺杆直径（mm）	25、20	28	38	42	55	60	65	85	110	130
注射压力（MPa）	75、115	119	122	120	109	77.5	145	121	90	106
注射行程（mm）	130	130	170	115	160	150	200	260	280	370
注射方式	双柱塞式		柱塞式		螺杆式					
锁模力（kN）	250	250	500	900	2 540	1 500	3 500	4 500	6 000	10 000
最大成型面积（cm^2）	90	90	130	320	645	—	1 000	1 800	2 600	3 800
最大开、合模行程（mm）	160	160	180	300	260	340	500	700	750	1 100
模具最大厚度（mm）	180	180	200	300	406	355	450	700	800	1 000
模具最小厚度（mm）	60	60	70	200	165	285	300	300	500	700
喷嘴圆弧半径（mm）	12	12	12	12	18	12	18	18	18	—
喷嘴孔直径（mm）	2	2	4	4	4	—	3、5、6、8	7.5	10	—
顶出形式	四侧设有顶杆，机械顶出		中心设有顶杆，机械顶出	两侧设有顶杆，机械顶出	动模板设有顶杆，机械顶出	中心及两侧设有顶杆，机械顶出	中心液压顶出，两侧顶杆机械顶出			
动模、定模固定板尺寸（mm×mm）	250×280		330×340	428×458	532×634	620×520	700×850	900×1 000	1 180×1 180	
拉杆空间（mm×mm）	235		190×300	260×290	290×368	400×300	540×440	650×550	760×700	1 050×950
合模方式	液压—机械							两次动作液压式	液压—机械	两次动作液压式

第一阶段，根据塑料的品种、塑料制品的结构、成型方法、生产批量、现有设备及注射工艺，选择注射机类型。

第二阶段，根据以往的经验和注射模具大小，初步选择注射机型号。

第三阶段，进行注射机参数校核，以满足生产的要求。注射机参数校核通常包括最大注射量校核、注射压力校核、锁模力校核、安装部分尺寸校核、开模行程和顶出机构校核五个方面，相关要求见表1—2—5。

表1—2—5 注射机参数的校核要求

校核参数	校核要求
最大注射量	塑料制品连同浇注系统凝料在内的质量一般应不大于注射机公称注射量的80%
注射压力	注射机的公称注射压力要大于塑料制品成型的压力
锁模力	高压塑料熔体充满型腔时产生的推力应小于注射机的公称锁模力，否则将产生溢料现象
安装部分尺寸	模具的设计应校对喷嘴尺寸、定位圈尺寸、最大模具厚度、最小模具厚度和模板上的螺孔尺寸
开模行程和顶出机构	塑料制品从注射模具中取出时所需的开模距离必须小于注射机的最大开模距离，否则塑料制品无法从模具中取出

例：某材料为ABS的底座零件如图1—2—15所示，拟采用注射工艺成型（一模两件），其注射机选用过程及相关内容说明见表1—2—6。

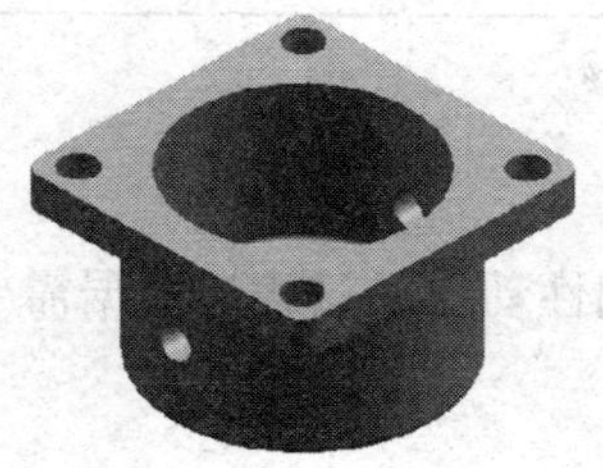

图1—2—15 底座零件

表1—2—6 注射机选用过程及相关内容说明

过程	相关内容说明
注射量估算	为确定注射机型号，需要计算塑料制品用料。经采用UG软件建模分析，并将浇注系统流道凝料的质量按塑料制品0.6倍估算，注射量大约为90 cm^3

续表

过程		相关内容说明
注射机初选		根据注射量大小，结合企业现有设备情况，初步选择 XS - ZY - 125 型注射机 查得该型号注射机的主要参数如下： 公称注射量 125 cm^3 公称注射压力 120 MPa 公称锁模力 900 kN 最大成型面积 320 cm^2 模具最大厚度 300 mm 模具最小厚度 200 mm 拉杆空间 260 mm×290 mm
参数校核	最大注射量	注射机的公称注射量为 125 cm^3，其 80% 为 100 cm^3，超过预估的注射量 90 cm^3，满足要求
	注射压力	一般来说，塑料熔体在型腔内的平均压力为 20～40 MPa，而所选注射机的公称注射压力为 120 MPa，远远超过塑料制品成型所需的实际注射压力
	锁模力	经采用 UG 软件建模分析，该塑料制品和浇注系统在分型面上的投影面积约为 4 800 mm^2，故高压塑料熔体充模时产生的最大推力为 4 800×40 = 192 000 N = 192 kN，大大低于所选注射机的公称锁模力 900 kN

注：未进行安装部分尺寸、开模行程和顶出机构参数校核。

5. 注射机的操作方式

注射成型是一个按照预定顺序，进行周期性动作的过程。根据需要，注射机通常有以下四种操作方式：

（1）调整

调整也称点动，是为装卸注射模具、螺杆或检修注射机而设置的。在调整方式下，注射机的所有动作都必须在按住相应按钮的情况下慢速进行。放开按钮，动作停止。

（2）手动

手动方式是为试模或开始阶段试生产而设置的操作方式。手动操作时，按动相应的按钮便进行相应的动作并进行到底。当然，在自动生产有困难的情况下，也可采用手动操作方式。

（3）半自动

半自动操作，是指将注射机安全门关闭后，注射成型工艺过程中的各个动作按照一定的顺序自动进行，直至取出塑料制件为止。半自动操作可减轻操作人员的体力劳动，避免因操作错误而造成事故。

（4）全自动

全自动操作是指注射机的全部操作过程都由自动控制装置控制，操作过程自动往复进行，直至取出塑料制件为止。全自动操作方式可大大提高生产效率，它是注射机最好的操作方式。

三、成型技术发展方向

近年来，塑料成型技术获得了十分迅速的发展，其发展方向可概括为以下几个方面：

1. 理论研究不断发展，设计计算日趋成熟

随着对塑料成型加工原理研究的深入，作为成型加工装备的模具，其设计已经由经验设计逐步向理论设计发展。

2. 高效率、自动化模具结构的发展和应用

大力发展和应用各种高效率、自动化模具结构，例如，多层多型腔注射模具结构，能自动脱出产品和流道凝料的脱模机构，自动分型抽芯机构，热流道浇注系统和产品的高效冷却结构。

3. 塑料制品向着大型方向发展

随着塑料应用领域日益扩大，在建筑、机械、汽车、仪器、家用电器上采用了许多大型塑料制品，如汽车壳体、保险杠、洗衣机桶和大型周转箱等。同时，新型的塑料成型设备也不断涌现，如适用一次注射量达 96 kg 的大型注射机等。

4. 模具 CAD/CAM/CAE 的广泛应用

模具设计人员和组织模具产品制造的工艺设计人员，在 CAD/CAM/CAE 系统的辅助下，根据模具的设计和制造程序进行设计及制造；同时可以在模具加工前，在计算机上对整个成型过程进行模拟分析，减少甚至避免模具返修报废，提高模具质量和降低成本等。

5. 模具的标准化与专业化生产

模具的标准化将给模具设计和制造带来极大的方便，使模具设计和制造者集中精力精心设计及加工型芯、型腔，从而大大缩短模具的设计和制造周期，降低成本并保证质量。

6. 高精度、长寿命和简易制模工艺的研究

研究和推广易切削结构钢、预硬钢、耐蚀钢和模具表面强化新技术，使塑料模具的精度大大提高，使用寿命延长。同时，为了适应及时更新产品花色品种，降低成本及小批量生产的需要，开展了简易制模工艺的研究，所用材料包括木材、陶瓷、石膏、塑料等非金属，也有铸钢、铜合金、铝合金、锌合金和易熔合金，制模方法有浇铸、喷涂和交联固化等。

7．特殊成型工艺、模具及设备的应用

对于一些特殊塑料制品，采用了各种特殊成型工艺、模具及设备，如低发泡制品注射成型、双色注射成型、大型塑料零件的热压成型、流动性差难以成型塑料的锻造成型等。

课堂练习

1．根据已学知识，完成表1—2—7的填写工作。

表1—2—7　　塑料制品成型方法的选择

塑料制品	成型方法	塑料制品	成型方法

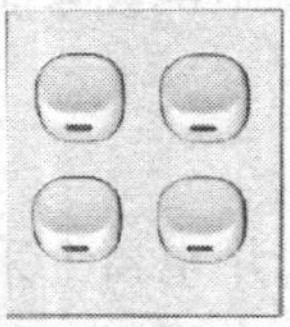			
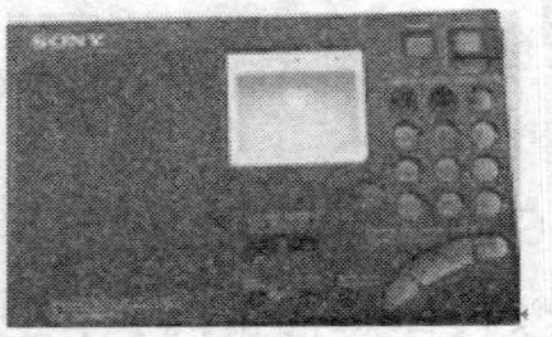			
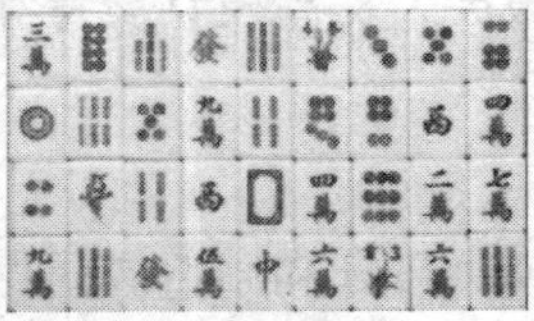			
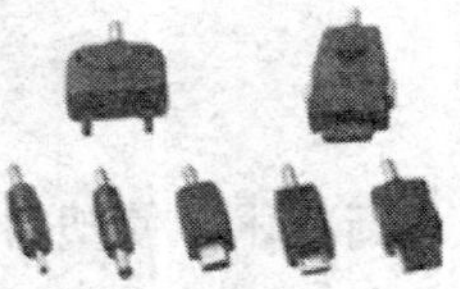			

2. 图1—2—16所示为某名片盒产品，材料为ABS，产量为10万件，试为其选择成型方法。

3. 某塑料零件如图1—2—17所示，材料为ABS，大批量生产，采用注射成型工艺，一模一件的模具结构，初步选用XS-Z-60型注射机，试判断是否合适。

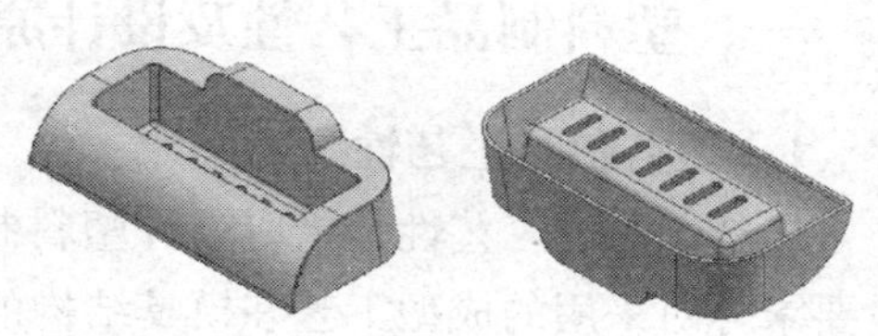

图1—2—16 名片盒产品模型

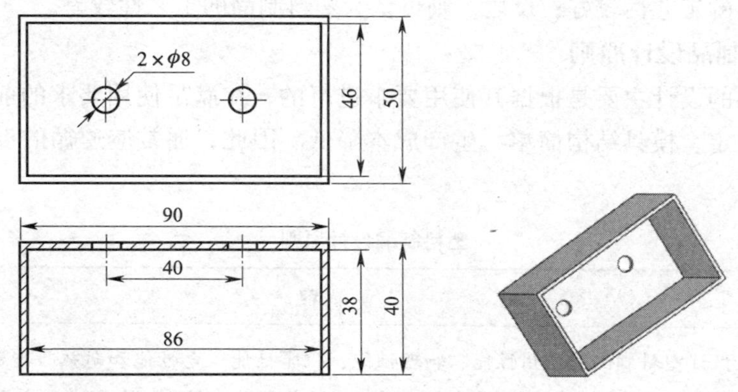

图1—2—17 塑料零件图及模型

第三节 塑料制品工艺性分析

在人们的生产、生活中存在着大量的塑料制品（见图1—3—1），要想把塑料加工成满足人们需要的塑料制品，除了要考虑选用合适的塑料原材料外，还要考虑塑料制品的工艺性，良好的塑料制品工艺性是获得合格塑料制品的基础，也是成型工艺顺利进行的基本保证。

图1—3—1 塑料制品示例

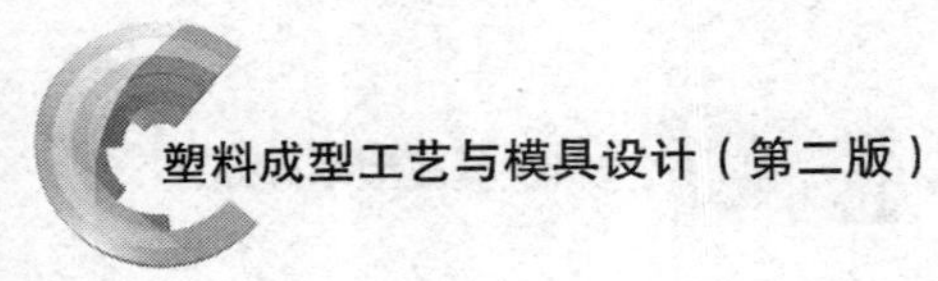

一、塑料制品工艺性及设计原则

1. 塑料制品工艺性

塑料制品的工艺性是指所设计塑料制品的形状、结构、尺寸大小、精度和表面质量要求等对采用的成型工艺和模具结构的适应程度。它反映了塑料制品加工成型的难易程度，如果塑料制品的形状和结构简单、尺寸适中、精度要求低、表面质量要求不高，则成型就比较容易，所需的工艺条件就比较宽松，模具结构将相对简单，就可以认为塑料制品的工艺性较好；反之，则可认为塑料制品的工艺性较差。

2. 塑料制品设计原则

塑料制品的设计主要是根据其使用要求进行的，在满足使用要求的前提下，应确保成型工艺稳定，模具结构简单，生产成本降低。因此，通常应遵循的设计原则见表1—3—1。

表 1—3—1　　塑料制品设计原则

原则	内容
1	在保证塑料制品的使用性能、物理性能、化学性能、电性能和耐热性能的前提下，尽量选用价格低廉和成型性好的塑料，并力求结构简单、壁厚均匀和成型方便
2	在设计塑料制品结构时应考虑模具结构，使模具零件易于制造，模具抽芯和推出机构简单
3	设计塑料制品应考虑原料的成型工艺性，塑料制品形状应有利于分型、排气、补缩和冷却
4	当设计的塑料制品外观要求较高时，可先通过造型，然后逐步绘制图样

二、塑料制品工艺性分析

塑料制品工艺性分析涉及的内容主要包括：塑料制品原材料分析、塑料制品的尺寸和精度分析、塑料制品的表面质量分析、塑料制品的几何形状及结构分析、塑料制品的特殊结构（如文字、螺纹、齿轮、嵌件）分析等。

满足使用性能和成型工艺要求，力求做到结构合理、造型美观、便于模具制造，是对塑料制品工艺性的根本要求。

1. 塑料制品原材料分析

塑料制品原材料分析是从使用性能和成型性能的角度对塑料制品所选塑料原材料进行分析。例如，某仪表外壳件（见图 1—3—2）需大批量生产，材料为 ABS，拟采用注射成型，其原材料分析如下：

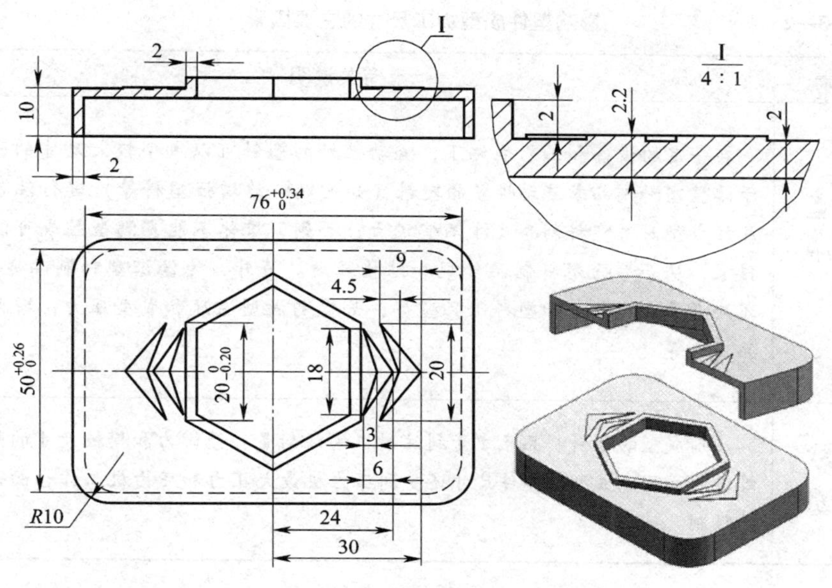

图 1—3—2 仪表外壳件

该塑料制品的材料为 ABS，属于热塑性塑料。就使用性能而言，该材料刚度高，耐水、耐热性强，其介电性能与温度和频率无关，为理想的绝缘材料；就成型性能而言，该材料吸水性小，熔体的流动性较好，成型容易，但收缩率大。另外，该材料成型时易产生缩孔、凹陷、变形等缺陷。成型温度低时，方向性明显，凝固速度较慢，易产生内应力。因此，在成型时应注意控制好成型温度，浇注系统应缓慢散热，冷却速度不宜过快。

2. 塑料制品的尺寸和精度分析

（1）塑料制品的尺寸

塑料制品的尺寸是指塑料制品的总体尺寸，而不是结构尺寸（如壁厚、孔径等）。塑料制品尺寸的大小由其结构及使用要求决定。一般来说，要求承载大的塑料制品，其尺寸也大。在同样承载的情况下，塑料制品的尺寸与塑料品种有关，塑料强度高，尺寸可相应小些。

成型加工时，塑料制品的尺寸主要受两个因素的影响，即塑料的流动性和塑料成型设备的工作能力，有关内容见表 1—3—2。总之，从原料性能、模具制造成本和成型工艺性等角度考虑，在满足塑件使用要求的前提下，应将塑料制品的尺寸设计得尽量小一些。

（2）塑料制品的尺寸精度

塑料制品的尺寸精度是指所获得的塑料制品的尺寸与产品图样中尺寸的符合程度，即所获得的塑料制品尺寸的准确度。塑料制品在成型过程中不可避免地会产生尺寸误差，其原因可概括为材料、成型工艺和模具状态三个方面，具体影响因素见表 1—3—3。

表 1—3—2　　影响塑件成型加工尺寸的主要因素

主要因素	有关说明
塑料流动性	在一定的设备和工艺条件下，流动性好的塑料可以成型较大尺寸的塑件，对于薄壁塑料制品或流动性差的塑料（如玻璃纤维增强塑料等）进行注射成型和压注成型时，塑料制品尺寸不宜过大；否则，熔体不能充满型腔或可能形成熔接痕，从而影响塑料制品外观和结构强度。另外，为保证塑料制品成型良好，还应考虑成型工艺和塑料制品壁厚，如提高成型温度和成型压力，增大塑料制品壁厚等
成型设备工作能力	注射成型的塑料制品尺寸受到注射机的注射量、锁模力和模板尺寸的限制；压缩成型和压注成型的塑件尺寸还受到压力机最大压力和压力机工作台面最大尺寸的限制

表 1—3—3　　影响塑料制品尺寸精度的因素

原因	具体因素
材料	模塑材料的非均一性
成型工艺	1. 操作工艺条件发生变化 2. 成型设备的控制精度误差
模具状态	1. 模具尺寸的制造公差 2. 模具的磨损 3. 模具可动零件间的配合位置误差 4. 模具的温度波动 5. 模具在成型压力下发生的弹性变形

考虑到上述影响塑料制品尺寸精度的因素，并根据大量的实际测量结果，我国确定并颁布了塑料模塑件的尺寸公差标准。现行国家标准为《塑料模塑件尺寸公差》（GB/T 14486—2008），该标准对模塑件尺寸公差的代号、等级及数值（见教材附录一），公差等级的选用，标注公差的尺寸、未注公差的尺寸等进行了基本规定。

根据基本规定，模塑件尺寸公差的代号为 MT，公差等级分为 7 级，MT1 级精度最高，且一般不采用，MT7 级精度最低；标准只规定公差，基本尺寸的上、下偏差可根据实际需要分配。常用材料模塑件尺寸公差等级的选用见表 1—3—4。需要注意的是，该标准只适用于注射、压缩、压注和浇注成型的塑料模塑件。

表 1—3—4 常用材料模塑件尺寸公差等级的选用

材料代号	模塑材料		公差等级		
			标注公差尺寸		未注公差尺寸
			高精度	一般精度	
ABS	丙烯腈－丁二烯－苯乙烯共聚物		MT2	MT3	MT5
CA	乙酸纤维素		MT3	MT4	MT6
EP	环氧树脂		MT2	MT3	MT5
PA	聚酰胺	无填料填充	MT3	MT4	MT6
		30%玻璃纤维填充	MT2	MT3	MT5
PBT	聚对苯二甲酸丁二酯	无填料填充	MT3	MT4	MT6
		30%玻璃纤维填充	MT2	MT3	MT5
PC	聚碳酸酯		MT2	MT3	MT5
PDAP	聚邻苯二甲酸二烯丙酯		MT2	MT3	MT5
PEEK	聚醚醚酮		MT2	MT3	MT5
PE－HD	高密度聚乙烯		MT4	MT5	MT7
PE－LD	低密度聚乙烯		MT5	MT6	MT7
PESU	聚醚砜		MT2	MT3	MT5
PET	聚对苯二甲酸乙二酯	无填料填充	MT3	MT4	MT6
		30%玻璃纤维填充	MT2	MT3	MT5
PF	苯酚－甲醛树脂	无机填料填充	MT2	MT3	MT5
		有机填料填充	MT3	MT4	MT6
PMMA	聚甲基丙烯酸甲酯		MT2	MT3	MT5
POM	聚甲醛	≤150 mm	MT3	MT4	MT6
		>150 mm	MT4	MT5	MT7
PP	聚丙烯	无填料填充	MT4	MT5	MT7
		30%无机填料填充	MT2	MT3	MT5
PPE	聚苯醚，聚亚苯醚		MT2	MT3	MT5

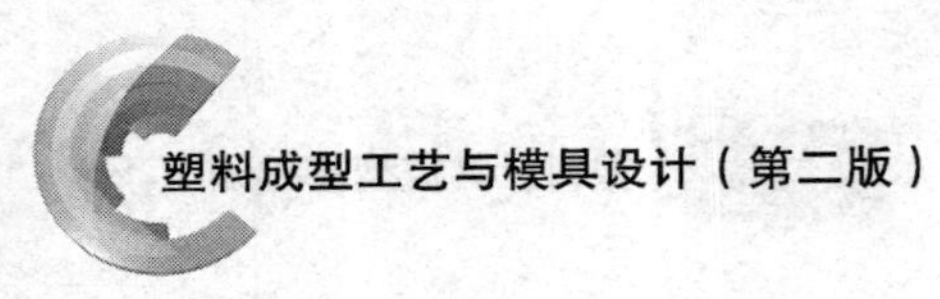

续表

<table>
<tr><th rowspan="3">材料代号</th><th rowspan="3" colspan="2">模塑材料</th><th colspan="3">公差等级</th></tr>
<tr><th colspan="2">标注公差尺寸</th><th rowspan="2">未注公差尺寸</th></tr>
<tr><th>高精度</th><th>一般精度</th></tr>
<tr><td>PPS</td><td colspan="2">聚苯硫醚</td><td>MT2</td><td>MT3</td><td>MT5</td></tr>
<tr><td>PS</td><td colspan="2">聚苯乙烯</td><td>MT2</td><td>MT3</td><td>MT5</td></tr>
<tr><td>PSU</td><td colspan="2">聚砜</td><td>MT2</td><td>MT3</td><td>MT5</td></tr>
<tr><td>PUR - P</td><td colspan="2">热塑性聚氨酯</td><td>MT4</td><td>MT5</td><td>MT7</td></tr>
<tr><td>PVC - P</td><td colspan="2">软聚氯乙烯</td><td>MT5</td><td>MT6</td><td>MT7</td></tr>
<tr><td>PVC - U</td><td colspan="2">未增塑聚氯乙烯</td><td>MT2</td><td>MT3</td><td>MT5</td></tr>
<tr><td>SAN</td><td colspan="2">丙烯腈 - 苯乙烯共聚物</td><td>MT2</td><td>MT3</td><td>MT5</td></tr>
<tr><td rowspan="2">UF</td><td rowspan="2">脲 - 甲醛树脂</td><td>无机填料填充</td><td>MT2</td><td>MT3</td><td>MT5</td></tr>
<tr><td>有机填料填充</td><td>MT3</td><td>MT4</td><td>MT6</td></tr>
<tr><td>UP</td><td>不饱和聚酯</td><td>30%玻璃纤维填充</td><td>MT2</td><td>MT3</td><td>MT5</td></tr>
</table>

对于图 1—3—2 所示塑料仪表外壳件而言，零件图样上有三个尺寸标注公差，分别是 $76^{+0.34}_{0}$ mm、$50^{+0.26}_{0}$ mm、$20^{0}_{-0.20}$ mm，其余尺寸属于未注公差尺寸。对于三个标注公差的尺寸，根据基本尺寸及其公差数值，查阅附录一可知，它们的公差等级均为 MT2（注：制品成型时，三个尺寸均可按不受模具活动部分影响的尺寸考虑）；根据表 1—3—4，对于 ABS 模塑件，MT2 属于高精度等级；所以，在模具设计和制造过程中要严格保证这三个尺寸精度的要求。至于其余尺寸，根据表 1—3—4，可按 MT5 级塑料制品精度来要求，它们各自的尺寸公差值可从附录一中查得。

3. 塑料制品的表面质量分析

塑料制品的表面质量要求涵盖塑料制品的表面结构、光亮程度、色彩均匀性、表面缺陷（如缩孔、凹陷等）、推杆痕迹、对拼缝、熔接痕、毛刺等。塑料制品外观要求越高，表面粗糙度值应越低。塑料制品表面粗糙度 *Ra* 值一般为 1.6 ~ 0.8 μm。

塑料制品表面质量主要取决于模具型腔表面质量，一般要求模具成型零件表面质量比塑料制品的要求高 1 ~ 2 级。成型工艺也影响塑料制品的表面质量。例如，成型温度过高，塑料制品成型后易起泡，甚至出现凹痕。另外，原料中杂质的存在也会使表面质量变差。不同成型方法和不同塑料所能达到的表面粗糙度值见表 1—3—5。

表 1—3—5　　不同成型方法和不同塑料所能达到的表面粗糙度值

成型方法	塑料		Ra 值参数（μm）										
			0.025	0.050	0.100	0.200	0.40	0.80	1.60	3.20	6.30	12.50	25
注射成型	热塑性塑料	PMMA	●	●	●	●	●	●	●				
		ABS	●	●	●	●	●	●	●				
		AS	●	●	●	●	●	●	●				
		聚碳酸酯		●	●	●	●	●	●				
		聚苯乙烯		●	●	●	●	●	●	●			
		聚丙烯			●	●	●	●	●				
		尼龙			●	●	●	●	●				
		聚乙烯			●	●	●	●	●	●	●		
		聚甲醛		●	●	●	●	●	●	●			
		聚砜				●	●	●	●	●			
		聚氯乙烯				●	●	●	●	●			
		氯苯甘醚				●	●	●	●	●			
		氯化聚醚				●	●	●	●	●			
		PBT				●	●	●	●	●			
	热固性塑料	氨基塑料				●	●	●	●	●			
		酚醛塑料				●	●	●	●	●			
		密胺塑料				●	●	●	●	●			
压塑和压注成型	氨基塑料					●	●	●	●	●			
	酚醛塑料					●	●	●	●	●			
	密胺塑料				●	●	●	●					
	硅酮塑料					●	●	●					
	DAP						●	●	●	●			
	不饱和聚酯						●	●	●	●			
	环氧塑料					●	●	●	●	●			

注：表格中的“●”表示可达到该表面粗糙度值。

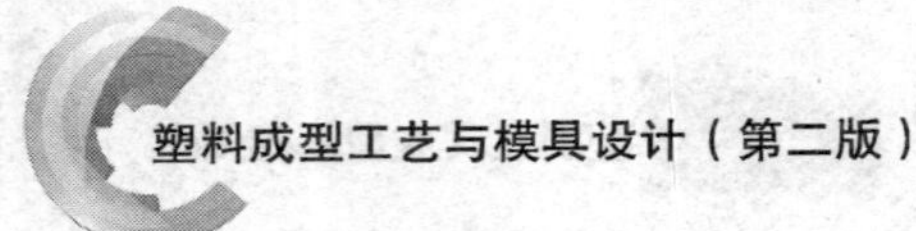

对于图 1—3—2 所示塑料仪表外壳件而言，要求外表美观、无斑点、无熔接痕，表面粗糙度 Ra 值可取 1.6 μm，而塑料制品内部并不需要较高的表面质量要求，在注射工艺参数控制较好的情况下，塑料制品的成型要求可以得到保证。

4. 塑料制品的几何形状及结构分析

塑料制品的几何形状及结构与成型方法、模具分型面的选择、塑料制品是否能顺利成型和出模等有直接关系，所以，在设计塑料制品时应认真考虑。

(1) 几何形状

在满足使用功能的前提下，塑料制品上应尽可能避免出现影响和阻碍脱模的表面，如侧孔或侧凹等。为便于塑料制品的成型和脱模，必要时可以考虑改变其几何形状，相关典型示例见表 1—3—6。

表 1—3—6　　改变塑料制品形状以利于成型的典型示例

原设计	更改后	原设计	更改后

将侧孔容器改为侧凹容器，则不需要采用侧抽芯或瓣合分型的模具		应避免塑料制品表面横向凹台，以便于脱模	
		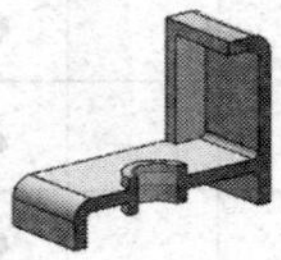	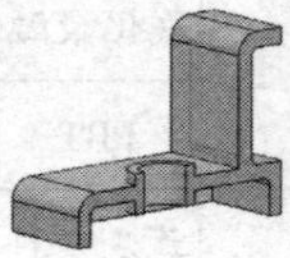
外侧凹的塑料制品必须采用瓣合凹模，使塑料模具结构复杂，塑料制品表面有接缝		塑料制品内侧凹，抽芯困难	

改变塑料制品形状，避免采用侧向抽芯机构		将横向侧孔改成垂向孔，可免去侧向抽芯机构	
	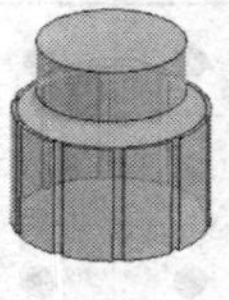		
将滚花改成直纹，便于脱模			

对于具有较浅的内、外侧凹槽或凸台（并带有圆角）的塑料制品，可利用塑料在脱模温度下具有足够弹性的特性强行脱模，如图 1—3—3 所示，而不必采用组合型芯的方式。具体来说，对于聚乙烯、聚丙烯、聚甲醛等塑料制品，5% 的内凹或外凸均可采用强行脱模方式，其结构尺寸如图 1—3—4 所示。

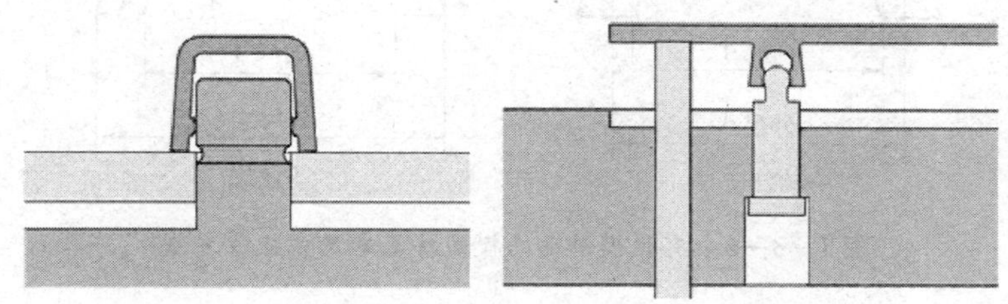

图 1—3—3 强行脱模

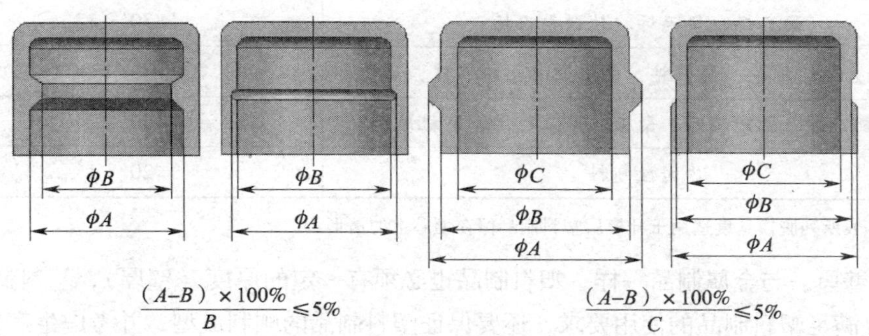

$\frac{(A-B)\times 100\%}{B}\leqslant 5\%$　　$\frac{(A-B)\times 100\%}{C}\leqslant 5\%$

图 1—3—4 可强行脱模的结构尺寸

对于多数情况下的塑件侧向凹凸不能强行脱模，此时应采用带有侧向分型抽芯机构的模具，但这样会使模具结构复杂，制造成本提高。

（2）制品结构

塑料制品结构包括脱模斜度、壁厚、加强肋、支承面、圆角和孔，必须认真对待。

1）脱模斜度。脱模斜度是指使塑料制品顺利脱模、防止擦伤其表面而允许的斜度量。塑料制品上与脱模方向平行的表面一般应设计有合理的脱模斜度，如图 1—3—5 所示的“α”。国家标准《塑料模塑件尺寸公差》（GB/T 14486—2008）对脱模斜度规定如下：

脱模斜度一般不包括在模塑件公差范围内，脱模斜度的大小应在图样上单独标出，并且应标明基本尺寸所在位置。有脱模斜度的模塑件的基本尺寸的标注方法如图 1—3—6 所示。如果要求脱模斜度包括在该尺寸的公差范围内，应加以特别说明。

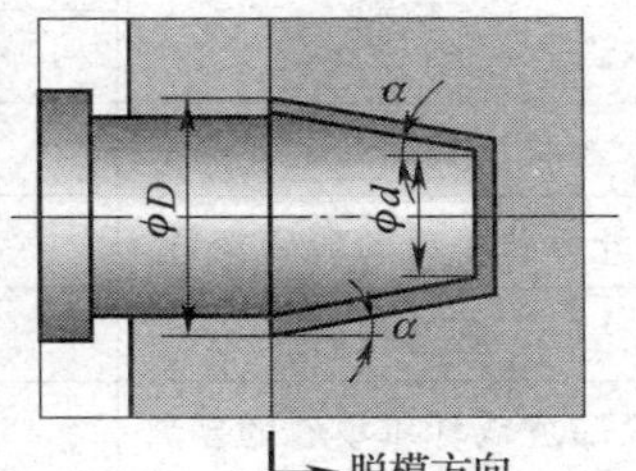

图 1—3—5 塑件的脱模斜度

脱模斜度的大小取决于塑料的收缩率、塑料制品的形状、塑料制品脱模方向长度、塑料制品壁厚、塑料制品的部位等。由于目前尚无精确的计算公式，主要凭经验或查表，常用塑料的脱模斜度推荐值见表1—3—7。

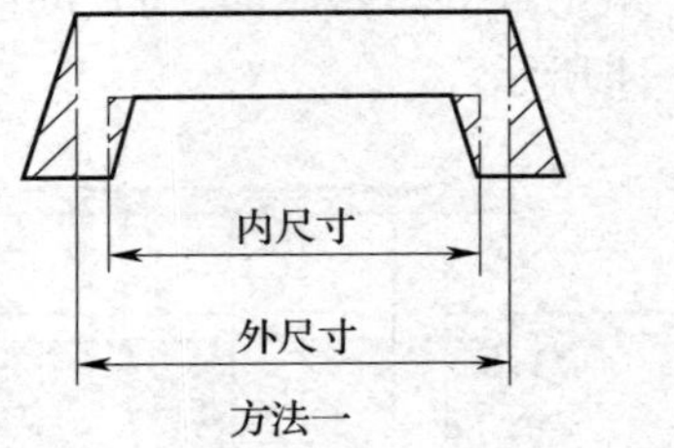

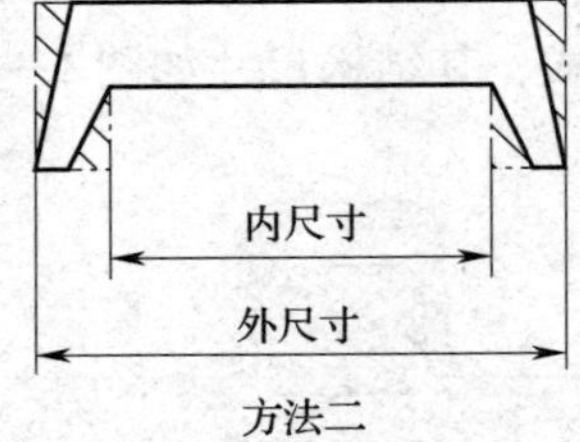

图1—3—6　有脱模斜度的模塑件基本尺寸标注方法

表1—3—7　常用塑料的脱模斜度推荐值

材料	脱模斜度
聚乙烯、聚丙烯、软聚氯乙烯	30′~1°
ABS、尼龙、聚甲醛、氯化聚醚、聚苯醚	40′~1°30′
硬聚氯乙烯、聚碳酸酯、聚砜、聚苯乙烯、有机玻璃	50′~2°
热固性塑料	20′~1°

注：本表所列脱模斜度适用于开模后塑料制品留在型芯上的情形。

2）壁厚。与金属制品一样，塑料制品也必须有一定的厚度（壁厚），塑料制品的壁厚不仅要满足塑料制品的使用要求，还要保证塑料制品的顺利成型，并考虑生产效率。

设计塑料制品时应尽量使各部分壁厚均匀，避免太薄；否则，会因收缩不均匀而使塑料制品变形或产生气泡、凹陷等成型质量问题。壁厚取值一般在1~6 mm范围内，最常用的数值为2~3 mm，大型塑料制品的壁厚则可达8 mm。对图1—3—2所示塑料仪表外壳件来说，其各部分壁厚基本为2 mm，非常符合塑料制品壁厚的设计要求，有利于模塑成型质量的保证。

表1—3—8所列为根据塑料制品外形高度尺寸推荐的热固性塑料制品的壁厚值，热塑性塑料制品的最小壁厚及常用壁厚推荐值可参考表1—3—9。

表1—3—8　热固性塑料制品的壁厚推荐值　mm

材料	塑料制品外形高度尺寸		
	小于50	50~100	大于100
粉状填料的酚醛塑料	0.7~2	2~3	5~6.5
纤维状填料的酚醛塑料	1.5~2	2.5~3.5	6~8
氨基塑料	1	1.3~2	3~4
聚酯玻璃纤维填料的塑料	1~2	2.4~3.2	>4.8
聚酯无机物填料的塑料	1~2	3.2~4.8	>4.8

表 1—3—9　　热塑性塑料制品的最小壁厚及常用壁厚推荐值　　mm

材料	最小壁厚	小型塑件推荐壁厚	中型塑件推荐壁厚	大型塑件推荐壁厚
尼龙	0.45	0.76	1.5	2.4～3.2
聚乙烯	0.6	1.25	1.6	2.4～3.2
聚苯乙烯	0.75	1.25	1.6	3.2～5.4
改性聚苯乙烯	0.75	1.25	1.6	3.2～5.4
有机玻璃（372#）	0.8	1.5	2.2	4～6.5
硬聚氯乙烯	1.2	1.6	1.8	3.2～5.8
聚丙烯	0.85	1.45	1.75	2.4～3.2
氯化聚醚	0.9	1.35	1.8	2.5～3.4
聚碳酸酯	0.95	1.8	2.3	3～4.5
聚苯醚	1.2	1.75	2.5	3.5～6.4
乙酸纤维素	0.7	1.25	1.9	3.2～4.8
乙基纤维素	0.9	1.25	1.6	2.4～3.2
丙烯酸类	0.7	0.9	2.4	3～6
聚甲醛	0.8	1.4	1.6	3.2～5.4
聚砜	0.95	1.8	2.3	3～4.5

3）加强肋。加强肋是指在塑料制品某个需要提高强度或刚度的部位设置的工艺肋或肋板，如图 1—3—7 所示，加强肋的采用不但可以减少或避免塑料制品的变形，有时还可以改善成型时塑料熔体的流动状况，避免气泡、缩孔、凹痕、翘曲等缺陷的产生。

加强肋通常与塑件本体垂直相贯，其尺寸（见图 1—3—8）不宜过大，以矮一些、多一些为佳。具体来讲，加强肋的厚度尺寸应不大于塑料制品壁厚的 1/2，这是因为加强肋厚度与塑料制品壁厚相等时，加强肋的根圆面积将增加 50%，从而导致底部产生凹陷现象，只有当加强肋厚度不大于塑件壁厚的 1/2 时，才不致产生凹陷；加强肋的高度不宜过高（常取小于壁厚的 3 倍），以免肋部受损。

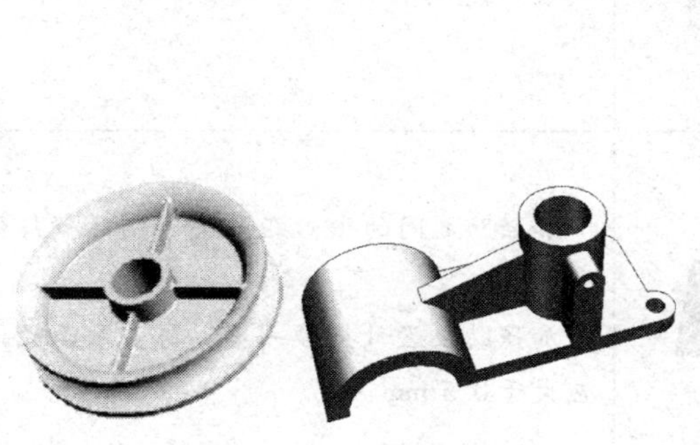

图 1—3—7　带有加强肋的塑料制品

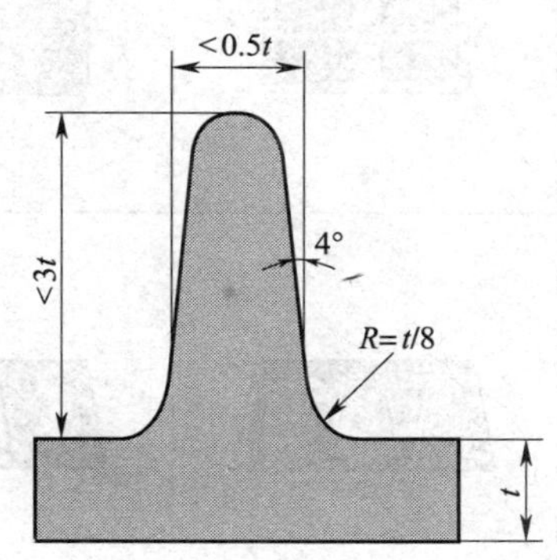

图 1—3—8　加强肋推荐尺寸

加强肋设计的典型示例见表1—3—10，供进行工艺性分析时参考。当然，除了采用加强肋外，薄壳状塑料制品可制成球面或拱形曲面，以有效地提高刚度和减少变形。

表1—3—10　　加强肋设计的典型示例

序号	不合理	合理	说明
1	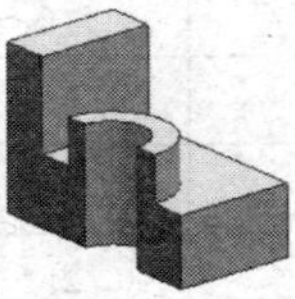	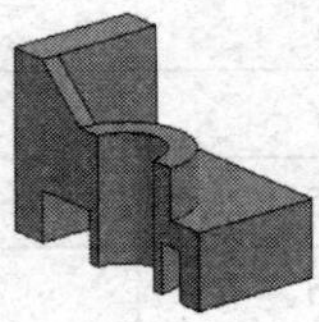	过厚处应减薄并设置加强肋，以保持原有强度
2	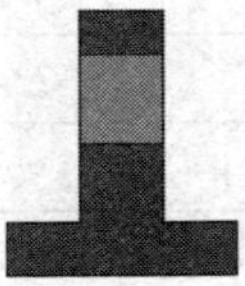	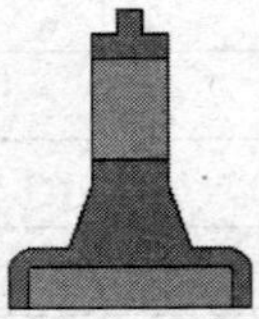	过高的塑料制品应设置加强肋，以减薄塑料制品壁厚
3		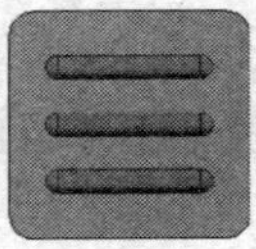	对于平板状塑料制品，加强肋应与塑料流动方向平行，以免造成充模阻力过大及降低塑料制品韧性
4	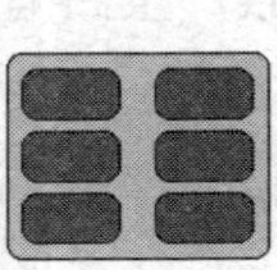	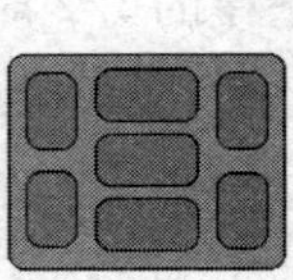	对于非平板状塑料制品，加强肋应交错排列，以免塑料制品产生翘曲变形
5			加强肋之间的中心距应大于制品壁厚的两倍 加强肋应设计得矮一些，与支承面的间隙应大于0.5 mm

4）支承面。当塑料制品需要有一个表面作为支承面（基准面）时，以整个底平面作为支承面是不合理的，因为塑料制品的少许翘曲或变形就会造成底面不平。为此，通常采用凸起的边框或底脚（三点或四点）来代替整个支承面，如图 1—3—9 所示，凸起的边框或底脚高度一般取 0. 3 ~0. 5 mm。

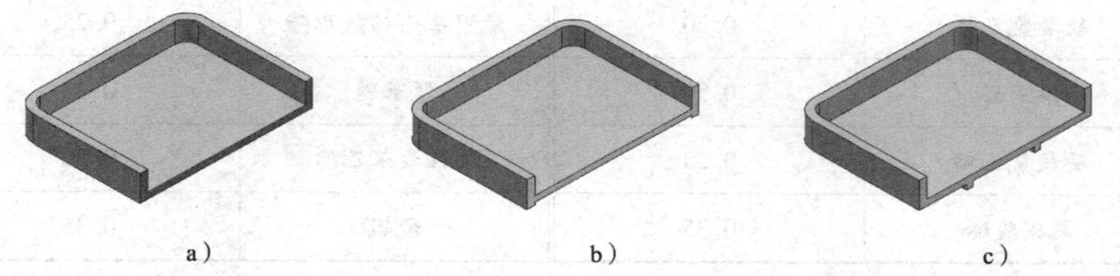

图 1—3—9 塑料制品的支承面

a）平面支承 b）凸起的边框支承 c）底脚支承

5）圆角。设计塑料制品时，转角连接处应尽可能采用圆角过渡，这样可避免塑料制品应力集中引起的变形或裂纹，提高强度，改善熔体在型腔中的流动，有利于充模（尤其对增强塑料），有利于改善塑料制品外观和便于脱模。此外，有了圆角，模具在淬火或使用时不致因应力集中而开裂。

理想的圆角半径应为壁厚的 1/3 以上，通常圆角半径应不小于 0. 5 mm。

当然，对于塑料制品的某些部位，如分型面处、型芯与型腔配合处以及使用上有特殊要求的或不便于设计圆角的部位，必须以尖角过渡。

6）孔。塑料制品上孔的使用非常广泛，如紧固连接用孔、定位用孔、安装传动件用孔等，如图 1—3—10 所示。

原则上，这些孔都通过模具的型芯来成型，采用拼合的型芯，还可以成型塑料制品上的斜孔或复杂异型孔，如图 1—3—11 所示。但是，为避免增加模具的制造难度，孔的形状的设计应力求简单（如尽量采用圆柱孔），尺寸（如孔径和孔深）尽量合适，同时，孔的位置应尽可能开设在强度高或厚壁部位，孔与孔之间、孔与壁之间应有足够的距离。

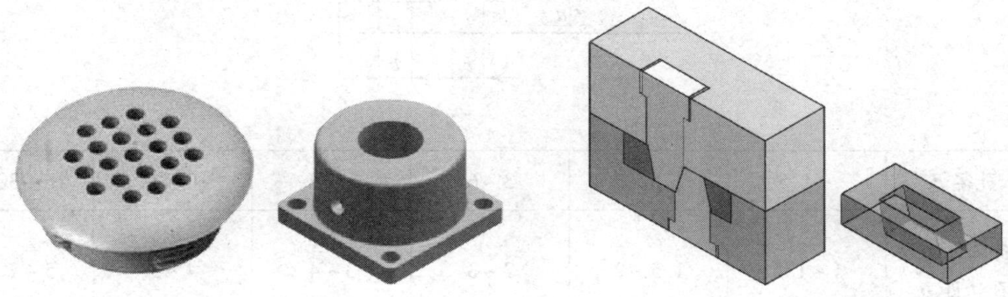

图 1—3—10 带有孔的塑料制品示例

图 1—3—11 斜孔、异型孔成型

热塑性塑料制品孔径的极限尺寸见表 1—3—11，孔径与孔深的关系见表 1—3—12，孔间距、孔边距与孔径的关系见表 1—3—13。

表 1—3—11　　热塑性塑料制品孔径的极限尺寸　　mm

材料	孔的最小直径 d	材料	孔的最小直径 d
聚酰胺	0.20	聚乙烯	0.20
软聚氯乙烯	0.20	聚甲基丙烯酸甲酯	0.25
聚甲醛	0.30	聚苯醚	0.30
硬聚氯乙烯	0.25	改性聚苯乙烯	0.30
聚碳酸酯	0.35	聚砜	0.35

表 1—3—12　　孔径与孔深的关系

成型方式		孔深	
		通孔	盲孔
压缩	横孔	2.5 d	<1.5 d
	竖孔	5 d	<2.5 d
注射或挤塑		10 d	4 ~ 5 d

注：1. d 为孔径，单位为 mm。

2. 采用纤维状塑料时，取表中数值的 75%。

表 1—3—13　　孔间距、孔边距与孔径的关系　　mm

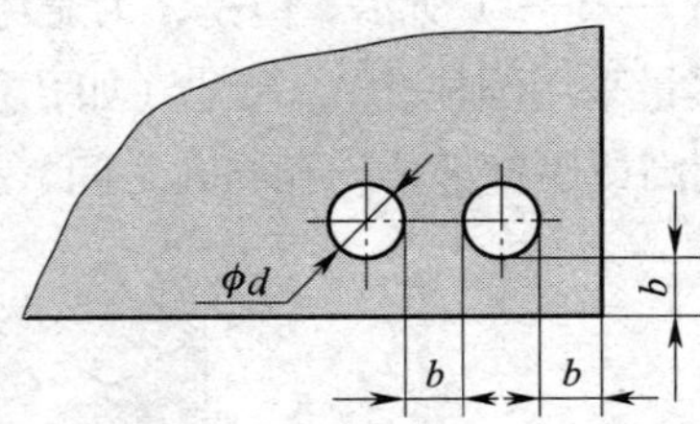

孔径 d	<1.5	1.5 ~ 3	3 ~ 6	6 ~ 10	10 ~ 18	18 ~ 30
孔间距或孔边距 b	1 ~ 1.5	1.5 ~ 2	2 ~ 3	3 ~ 4	4 ~ 5	5 ~ 7

注：1. 表中数值适用于热固性塑料，热塑性塑料按表中数值的 75% 确定。

2. 增强塑料宜取大值。

3. 两孔径不一致时，以大孔孔径查表。

在塑料制品上设计孔时还有一些注意事项，有关说明见表 1—3—14。

表 1—3—14 在塑料制品上设计孔时的注意事项

合理	不合理	说明
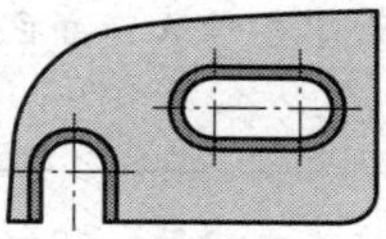	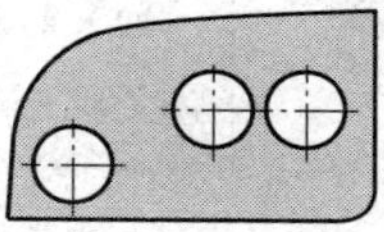	孔间距或孔边距小于规定值时的改进设计
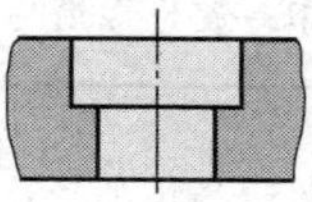	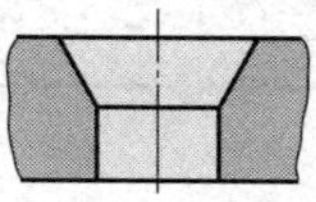	对于固定用螺钉孔，如果不需要露出螺钉头时，应使用圆柱头螺钉且孔做成沉头孔，而不用锥孔
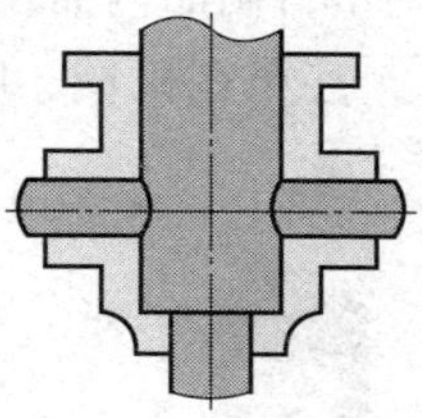	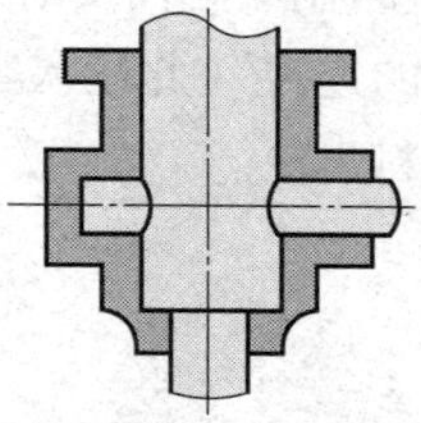	对穿孔应注意设计成能设置型芯的结构
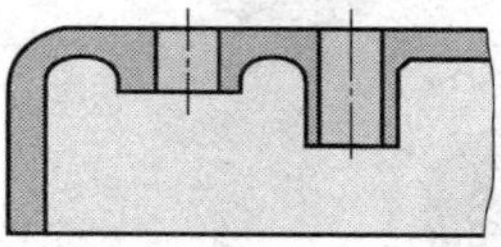	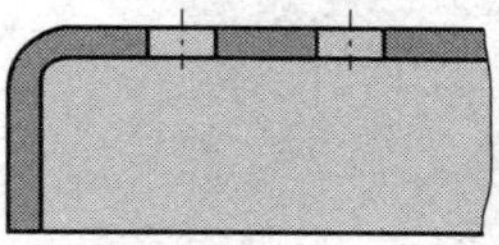	对于紧固用孔或其他受力的孔，应设计凸边或凸台予以加强

5. 塑料制品的特殊结构分析

（1）花纹、标记与文字

塑料制品上常有花纹、标记与文字等，如凸纹、凹纹、皮革纹、生产厂名、产品商标、图案、日期等。

塑料制品上所设计的花纹，无论是使用上的需要，还是为了装饰，应易于成型和脱模，便于模具的制造；而塑料制品上的标记和文字则可采用凸形、凹形、凹框凸形三种类型，它们各自的特点见表 1—3—15。

表 1—3—15 不同类型标记和文字的特点

类型	图例	特点
凸形		模具制造方便，文字可用刻字机刻制，图案可用手工雕或电加工 使用过程中凸字容易损坏

续表

类型	图例	特点
凹形		模具用一般的机械加工难以满足要求，需要采用电火花、电铸或冷挤压成型 凹入的标记、文字等可涂印各种装饰颜色，以增添美观感
凹框凸形		在凹框内设置凸起的标记、文字等，可把凹框制成镶块嵌入模具内，这样既易于加工，在使用时标记、文字等又不易被磨损破坏，最为常用

（2）螺纹、嵌件与齿轮

如图 1—3—12 所示，有些塑料制品上需要有螺纹结构，有些塑料制品内需压入金属或非金属零件以形成不可拆卸的连接（此压入零件称为嵌件），甚至在机械、电子、仪表等工业部门还广泛应用着塑料齿轮。

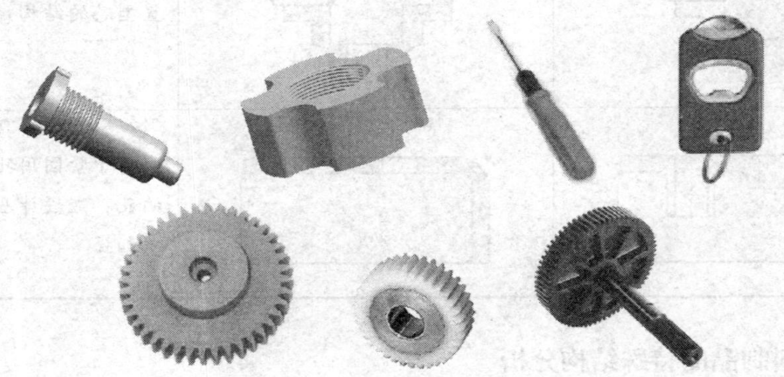

图 1—3—12 螺纹、嵌件、齿轮的应用

当在塑料制品上直接成型螺纹时，需要利用型环或型芯，如图 1—3—13 所示，其优点是生产效率高，具有较好的质量，但螺纹精度一般不高（低于 IT8 级）；必要时，可考虑采用带螺纹的金属嵌件来替代，或采用机械加工方法来成型（如车削或攻螺纹）。

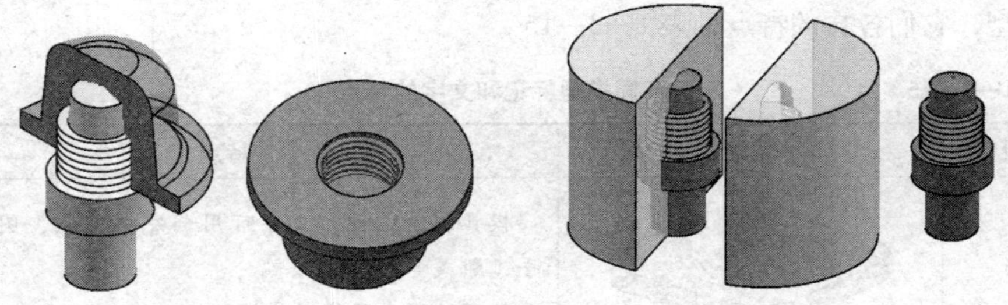

图 1—3—13 螺纹成型

塑料制品中的金属嵌件能起到提高塑料制品局部强度及耐磨性，保证电气性能、尺寸稳定性和制造精度的作用。不过，嵌件的采用一般会增加塑料制品的成本，使模具结构变得复杂，并降低塑料制品的生产效率。另外，设计带有金属嵌件的塑料制品时还有一些问题必须加以注意，具体事项见表 1—3—16。

表 1—3—16　　设计带有金属嵌件的塑料制品时的注意事项

<table>
<tr><th>注意事项</th><th>说明</th></tr>
<tr><td>包裹金属嵌件的外周塑料厚度必须保证一定的壁厚</td><td>金属嵌件外裹塑料参考厚度如下：
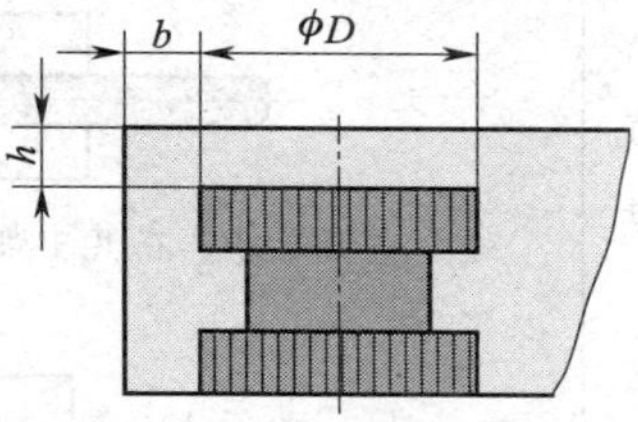

mm
<table>
<tr><td>D</td><td><4</td><td>4 ~ 8</td><td>8 ~ 12</td><td>12 ~ 16</td><td>16 ~ 25</td></tr>
<tr><td>h</td><td>1</td><td>1.5</td><td>2.0</td><td>2.5</td><td>3.0</td></tr>
<tr><td>b</td><td>1.5</td><td>2.0</td><td>3.0</td><td>4.0</td><td>5.0</td></tr>
</table></td></tr>
<tr><td>嵌件的截面形状以圆形为宜，以便收缩均匀</td><td>如为非圆形，其相贯面上不得有锐角，宜用 $R \geqslant 0.5$ mm 的圆弧过渡</td></tr>
<tr><td>对于圆柱形或套管形截面的金属嵌件，必须考虑防止脱出及旋转措施</td><td>推荐形状及尺寸如下：
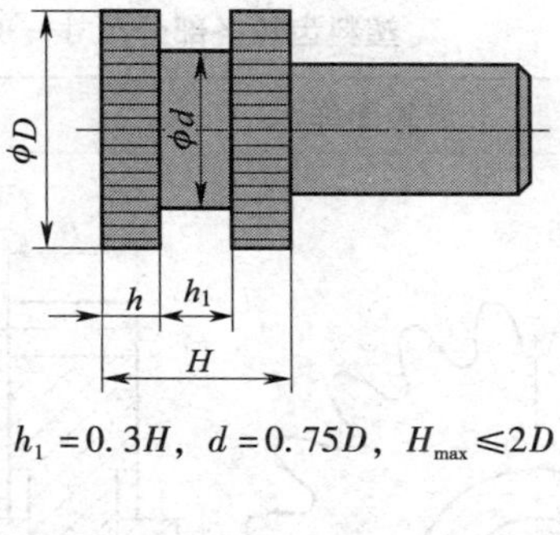

$H = D$，$h = 0.3H$，$h_1 = 0.3H$，$d = 0.75D$，$H_{max} \leqslant 2D$</td></tr>
<tr><td>对于板状或片状嵌件、小圆柱体、圆线或扁线形嵌件的固定方法</td><td>片状嵌件以孔、缺口或弯头嵌于塑件内
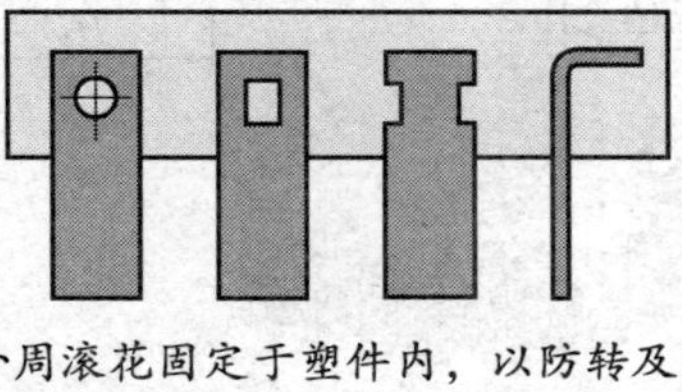
小直径圆柱体以外周滚花固定于塑件内，以防转及防脱出</td></tr>
</table>

续表

注意事项	说明
对于板状或片状嵌件、小圆柱体、圆线或扁线形嵌件的固定方法	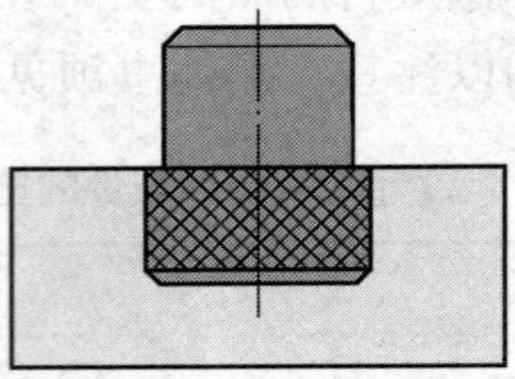 圆线或扁线以压扁部分嵌入塑件内，防止旋转或脱出 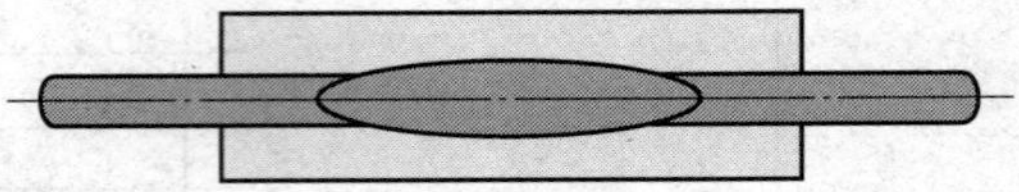 对于细长嵌件，在其中部应加支承（型芯），嵌件脱出后，该处留有孔 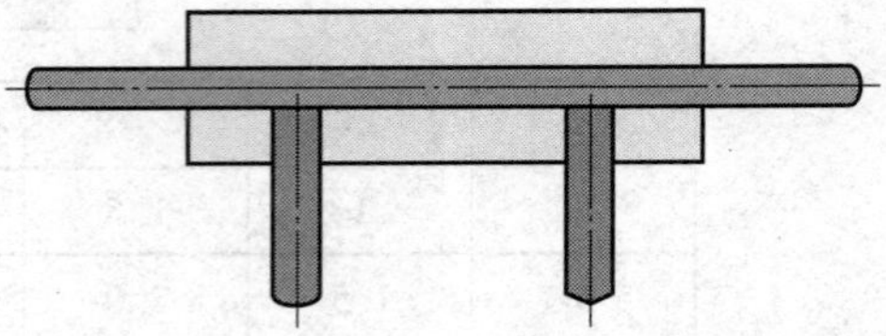

塑料齿轮的常用材料有聚酰胺、聚碳酸酯、聚甲醛、聚砜等。为了使塑料齿轮适应注射成型工艺，齿轮的轮缘、轮辐和轮毂应满足一定的尺寸要求，见表 1—3—17。除此以外，还有一些其他要求，使用时可查阅相关资料和手册，此处不再赘述。

表 1—3—17　　塑料齿轮各部分尺寸一般应满足的要求

齿轮图样	齿轮尺寸	满足要求
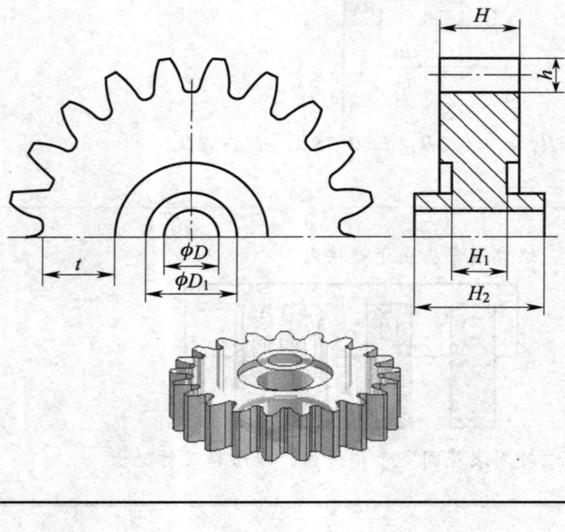 H h t φD φD₁ H₁ H₂	轮缘宽度 t	≥3 倍齿高 h
	轮辐厚度 H_1	≤轮缘厚度 H
	轮毂厚度 H_2	≥轮缘厚度 H 或 H_2 = 轴孔直径 D
	轮毂外径 D_1	1~3 倍轴孔直径 D

课堂练习

1. 如图 1—3—14 所示为某电气产品配套零件——连接座，该制品材料为 ABS，拟采用注射成型，试完成其尺寸精度的分析工作。

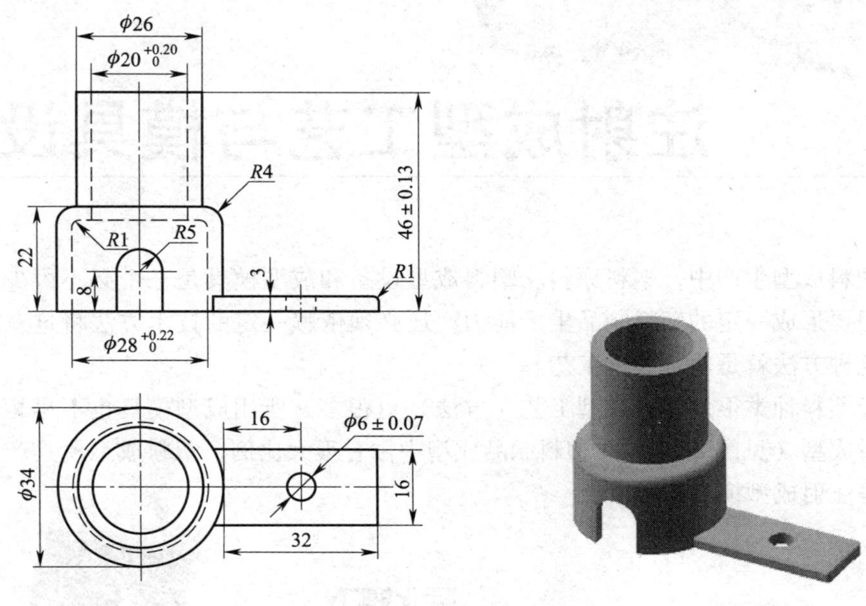

图 1—3—14 连接座

2. 试指出图 1—3—15 所示塑料制品结构设计不合理之处，并予以修改。

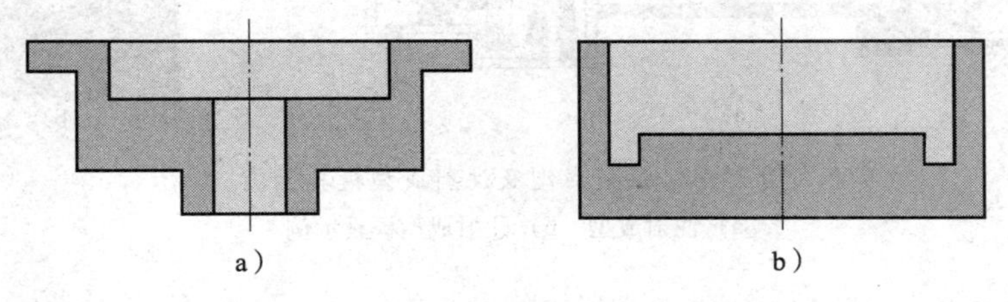

图 1—3—15 塑料制品

第二章

注射成型工艺与模具设计

在塑料成型生产中，塑料原料、塑料成型设备和成型模具是三个必不可少的物质条件，但要形成一定的塑料制品生产能力，还必须依赖一定的技术方法将这三者联系起来，这种方法就是塑料成型工艺。

由于塑料种类很多，其成型工艺（方法）也很多，所用成型模具也不尽相同，其中，注射成型（见图 2—1）在塑料制品成型中占有很大比例，塑料成型模具产量中半数以上是注射成型模具。

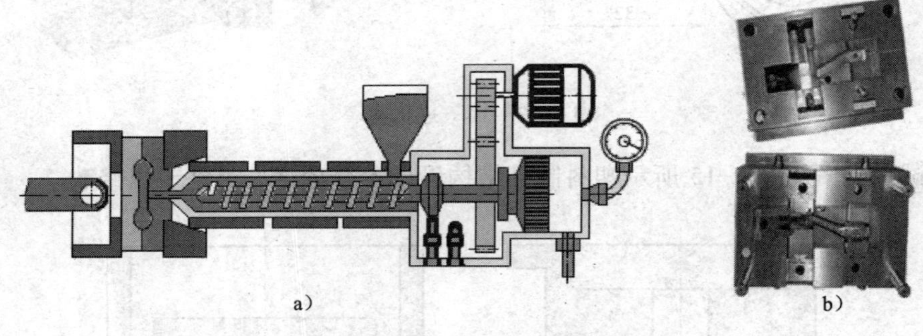

图 2—1　注射成型及注射成型模具示例

a）注射成型　b）注射成型模具示例

第一节　注射成型工艺

注射成型是将塑料原料转变为塑料制品的主要工艺方法，几乎所有的热塑性塑料都可以采用此方法成型。另外，某些热固性塑料也可采用此方法成型。

一、考虑因素和常用塑料的成型特性

1. 考虑因素

采用注射成型工艺必须充分考虑影响塑料制品成型工艺的因素，主要包括塑料形

态、收缩性、流动性、吸水性、结晶性、热敏性、应力开裂及熔体破裂等。

（1）塑料形态

随着成型温度的变化，热塑性塑料将呈现图 2—1—1 所示的不同形态，它们分别是玻璃态（坚硬固体）、高弹态（橡皮状弹性体）和黏流态（黏性流体）。

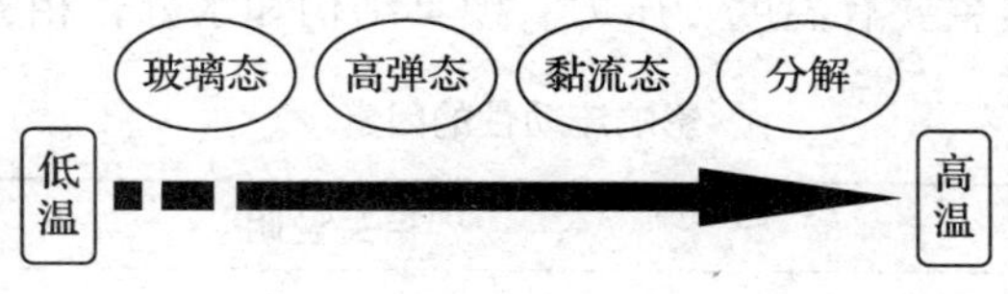

图 2—1—1　塑料形态

处于不同形态的塑料，适宜于采用不同的成型方法。当成型温度在黏流温度或结晶温度以上时，塑料将成为黏性流体，这时可以对其进行注射、吹塑、挤出等成型加工。所以，对于注射成型来说，成型温度的选择必须确保塑料呈黏性流体状态。

（2）收缩性

塑料制品从模具中取出冷却后，一般都会出现尺寸收缩，这种特性称为塑料的成型收缩性，简称收缩性。收缩性的大小可用（模塑）收缩率来表示，根据国家标准《塑料术语及其定义》（GB/T 2035—2008）的规定，它是在（23 ±2）℃时，型腔尺寸与模塑件相应尺寸（在标准环境下放置 24 h 后）之差同型腔尺寸的比值，以百分数表示。

影响收缩率的因素很多，如塑料品种、成型特征、成型条件及模具结构等，有关内容见表 2—1—1。

表 2—1—1　影响塑料收缩率的因素

基本因素	相关说明
塑料品种	不同种类的塑料的收缩率不同；同一种塑料，由于塑料的型号不同，收缩率也会发生变化
成型特征	收缩率与所成型塑料制品的形状、内部结构的复杂程度以及是否有嵌件等都有很大的关系
成型条件	成型工艺条件也会影响塑件的收缩率，成型温度过高，塑件的收缩率增大；成型压力增大，塑件的收缩率减小
模具结构	需要考虑模具设计

需要指出的是，塑料制品的收缩往往具有方向性，且受添加剂分布均匀性的影响。收缩不均匀，将造成塑料制品的翘曲、变形甚至开裂。由于影响塑料收缩的因素较为复杂，只有认真分析，才能使设计的模具成型出合格的塑料制品。

（3）流动性

塑料的流动性是指塑料熔体在一定的温度和压力下充满模具型腔的能力。热塑性塑料的流动性可用熔体指数来衡量，所谓熔体指数，是指热塑性塑料在一定温度和压力下，熔体在 10 min 内通过标准毛细管的质量。

影响流动性的因素主要有温度、压力、模具结构和水分，相关说明见表 2—1—2。

表 2—1—2　影响流动性的因素

影响因素	相关说明
温度	塑料熔体温度高，熔体的流动性大，但温度对不同塑料流动性的影响程度不一样。聚乙烯、聚甲醛的流动性受温度变化的影响较小
压力	一般来说，成型压力增大，流动性增大，但压力增大会增大熔体的黏度，导致流动性降低，故单纯依靠增大压力来提高塑料的流动性是不可取的
模具结构	模具浇注系统的形式、尺寸及其布置，冷却系统和排气系统的设置，型腔的形状及表面结构等都会影响熔体的流动性
水分	成型前对塑料进行过分干燥会降低熔体的流动性

就流动性而言，常用塑料大致可分为流动性好、流动性中等和流动性差三类。聚酰胺、聚乙烯、聚丙烯、乙酸纤维素等属于流动性好的热塑性塑料；流动性差的热塑性塑料有聚碳酸酯、硬聚氯乙烯、聚苯醚、聚砜、氟塑料等；改性聚苯乙烯、ABS、聚甲基丙烯酸甲酯、聚甲醛、氯化聚醚等则属于流动性中等的热塑性塑料。

（4）吸水性

吸水性是指塑料对水分的吸收能力。在实际生产中，通常可将塑料归纳为具有吸水或黏附水分倾向和不具有吸水或黏附水分倾向两类。

具有吸水或黏附水分倾向的塑料包括聚甲基丙烯酸甲酯、聚酰胺、聚碳酸酯、聚砜、ABS 等，对于这类塑料，成型之前必须进行干燥，使水分含量在 0.5% 以下，并要在成型过程中继续保温，避免重新吸潮；否则，成型时水分在成型设备的高温料筒中将产生气体并促使塑料发生水降解，使塑料制品出现气泡、银丝和斑纹等缺陷。

不具有吸水或黏附水分倾向的塑料包括聚乙烯、聚丙烯、聚甲醛等，对于这类塑料，成型之前可不进行干燥。

（5）结晶性

塑料由熔融状态到冷凝时，其分子从无序状态变成正规排列的倾向称为结晶倾向。在实际生产中，通常用结晶性表示这种结晶倾向，并据此将热塑性塑料划分为结晶型塑料与非结晶型（又称无定型）塑料两大类。属于结晶型塑料的有聚乙烯、聚丙烯、聚四氟乙烯、聚甲醛、聚酰胺、氯化聚醚等，属于非结晶型塑料的有聚苯乙烯、聚甲基丙烯酸甲酯、聚碳酸酯、ABS、聚砜等。

结晶型塑料加热熔化时需要较多的热量，冷却凝固时放出的热量也多，必须注意成型设备的选用和模具中冷却装置的设计；结晶型塑料收缩大，易产生缩孔或气孔；结晶型塑料各向异性显著，内应力大，脱模后制品易变形、翘曲；结晶型塑料结晶和熔化温度范围窄，易发生未熔塑料注入模具或堵塞浇口的现象。所以，在模具设计及选择注射机时应对结晶型塑料特别注意。

（6）热敏性

热敏性是指某些塑料对热较为敏感，在高温和长时间受热情况下易发生变色、降解、分解的倾向。具有上述倾向的塑料称为热敏性塑料，如硬PVC、聚偏氯乙烯、醋酸乙烯共聚物、POM、聚三氟氯乙烯等。

热敏性塑料在分解时产生单体、气体、固体等副产物，特别是有的分解气体对人体、设备、模具都有刺激、腐蚀作用或毒性。所以，在模具设计、选择注射机及成型时都应注意，应选用螺杆式注射机，模具和料筒应镀铬，且必须严格控制成型温度及在塑料中加入稳定剂，以减弱其热敏性。

（7）应力开裂及熔体破裂

聚苯乙烯、聚碳酸酯、聚砜等塑料比较脆，成型时又容易产生内应力，故成型后的制品在外力作用下容易产生应力开裂。为此，除了在原料内加入添加剂提高抗开裂性外，还应注意原料的干燥，合理地选择成型条件，以减小内应力及增加抗裂性。另外，进行合理的塑件设计、模具设计和适宜的后处理等均可以提高抗开裂性。

熔体破裂是指塑料熔体在恒温下通过喷嘴或浇口等狭窄部位且流速超过一定值时，挤出的熔体表面产生明显的横向凹凸不平或外形畸变以致破裂的现象。对于熔体指数高的塑料，在模具设计时应增大喷嘴、流道和浇口的截面积，防止产生熔体破裂现象。

2. 常用塑料的成型特性

塑料的成型特性是塑料成型工艺性能的体现，它不仅关系到塑料能否顺利成型及塑件质量，同时也影响着模具的设计要求。

尽管塑料品种繁多，但常用的热塑性塑料主要为聚乙烯、聚氯乙烯、聚丙烯、聚苯乙烯、丙烯腈－丁二烯－苯乙烯共聚物、聚碳酸酯等，它们各自的成型工艺特性见表2—1—3。

表2—1—3　　常用热塑性塑料的成型工艺特性

塑料名称	成型工艺特性
聚乙烯（PE）	1. 结晶型塑料，吸水性小 2. 流动性极好，溢边值为0.02 mm左右，流动性对压力变化敏感 3. 可能发生熔融破裂，与有机溶剂接触可发生开裂 4. 加热时间长则发生分解、烧伤 5. 冷却速度慢，因此必须充分冷却，宜设冷料穴，模具应有冷却系统

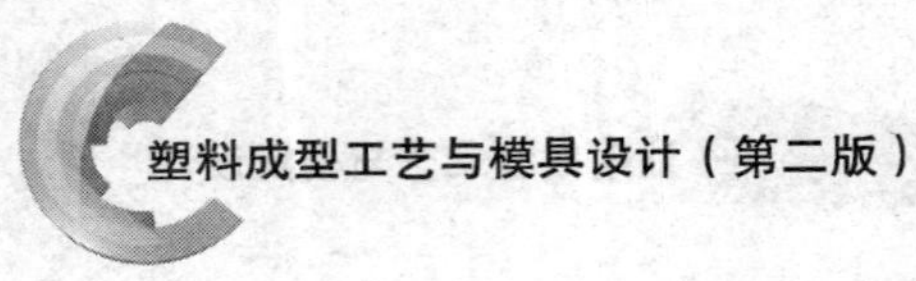

续表

塑料名称	成型工艺特性
聚乙烯（PE）	6. 收缩率范围大，收缩率大，方向性明显，易变形、翘曲，结晶度及模具冷却条件对收缩率影响大，应控制模温，保持冷却均匀、稳定 7. 宜用高压注射，料温均匀，应快速填充，充分保压 8. 不宜采用直接进料口，否则易增大内应力或收缩不均匀，方向性明显而增大变形。应注意选择进料口位置，防止产生缩孔、变形 9. 质软，易脱模，塑料制品有浅侧凹时可考虑强行脱模
聚氯乙烯（PVC）	1. 无定型塑料，吸水性小，但为了提高流动性，防止产生气泡，宜先进行干燥处理 2. 流动性差，极易分解，特别是在高温下与钢、铜等金属接触更易分解，分解温度为200℃，分解时有腐蚀及刺激性气体产生 3. 成型温度范围小，必须严格控制料温 4. 用螺杆式注射机及直通喷嘴，孔径宜大，以防止死角滞料，滞料必须及时清除 5. 模具浇注系统应短粗，进料口截面宜大些，不得有死角滞料，模具应冷却，且其表面应镀铬处理
聚丙烯（PP）	1. 结晶型塑料，吸水性小，可能发生熔融破裂，长期与热金属接触易发生分解 2. 流动性极好，溢边值为0.03 mm左右 3. 冷却速度快，浇注系统及冷却系统应缓慢散热 4. 成型收缩范围大，收缩率大，易发生缩孔、凹痕、变形，方向性强 5. 应注意控制成型温度。模具温度低于50℃时塑料制品无光泽，易产生熔接不良、流痕；模具温度高于90℃时塑料制品则易发生翘曲、变形 6. 塑料制品应壁厚均匀，避免缺口、尖角，否则易产生应力集中
聚苯乙烯（PS）	1. 无定型塑料，吸水性小，不易分解，性脆、易裂，易产生内应力 2. 流动性较好，溢边值为0.03 mm左右 3. 塑料制品厚度应均匀，不宜有嵌件（如有嵌件应预热）、缺口、尖角，各面应圆滑连接 4. 可用螺杆式或柱塞式注射机成型，喷嘴可用直通式或自锁式 5. 宜采用高料温、高模温、低注射压力并延长注射时间，以利于降低内应力，防止缩孔和变形（尤其对厚壁塑料制品），但料温高易出现银丝，料温低或脱模剂多则透明性差 6. 可采用各种形式的进料口，进料口与塑件应圆弧连接，防止去浇口时损坏塑件，脱模斜度宜取2°以上，顶出应均匀，以防脱模不良导致变形、开裂，可用于热流道结构

续表

塑料名称	成型工艺特性
丙烯腈－丁二烯－苯乙烯共聚物（ABS）	1. 无定形料，其品种牌号很多，各品种的性能及成型特性各有差异，应按品种确定成型方法和成型条件 2. 吸水性强，含水量应小于0.3%，必须充分干燥，要求表面光泽的塑料制品应长时间预热干燥 3. 流动性中等，溢边值为0.04 mm左右。流动性比聚苯乙烯、丙烯腈－苯乙烯共聚物（AS）差，但比聚碳酸酯、聚氯乙烯好 4. 比聚苯乙烯成型困难，宜取高料温、高模温，对耐热、高抗冲击和中抗冲击型树脂，料温更宜取高值。料温对物性影响较大，料温过高易分解（分解温度为250℃左右，比聚苯乙烯易分解），对要求精度较高的塑料制品，模温宜取50～60℃，要求光泽及耐热型塑料制品宜取60～80℃。注射压力应比成型聚苯乙烯高，一般用柱塞式注射机时料温为180～230℃，注射压力为1 000～1 400 kg/cm^2；螺杆式注射机则取160～220℃和700～1 000 kg/cm^2 5. 设计模具时要注意浇注系统对料流阻力要小。进料口处外观不良时易产生熔接痕，应注意选择进料口位置、形式。顶出力过大或机械加工时塑件表面呈现“白色”痕迹（但在热水中加热可消失），脱模斜度宜取2°以上
聚碳酸酯（PC）	1. 无定型塑料，热稳定性好，成型温度范围宽，超过330℃才出现严重分解，分解时产生无毒、无腐蚀性气体 2. 吸水性极小，但水敏性强，含水量不得超过0.2%，成型前必须进行干燥处理；否则会出现银丝、气泡及强度显著下降的现象 3. 流动性差，溢边值为0.06 mm左右，流动性对温度变化敏感，冷却速度快 4. 成型收缩率小，如成型条件适当，塑料制品尺寸可控制在一定公差范围内，塑料制品精度高 5. 可能发生熔融开裂，易产生应力集中，应严格控制成型条件，塑件宜进行退火处理，以消除内应力 6. 熔融温度高，黏度高。对大于200 g的塑料制品应采用螺杆式注射机成型，喷嘴应加热，宜采用敞开式延伸喷嘴 7. 由于黏度高，对剪切作用不敏感，冷却速度快，模具浇注系统应以粗、短为原则，并设置冷料穴。宜采用直接进料口、圆片或扇形等截面较大的进料口，但应防止内应力增大，料口附近产生残余应力，必要时可采用调节式进料口。模具宜加热，模温一般取70～120℃为宜，应注意均匀顶出，模具应采用耐磨钢并经淬火处理 8. 塑料制品壁不宜太厚，并应均匀，避免尖角、缺口及金属嵌件造成应力集中，脱模斜度宜取2°，若有金属嵌件，则应进行预热，预热温度一般为110～130℃ 9. 料筒温度对控制塑料制品质量是一个重要因素，温度低会造成缺料，表面无光泽，出现银丝紊乱；温度高易溢边，出现银丝暗条，塑件变色、起泡

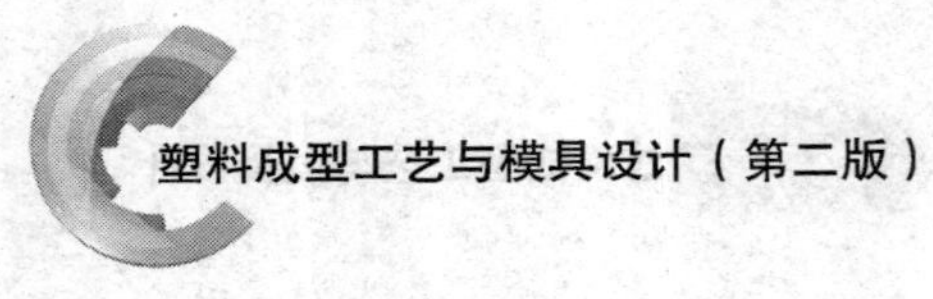

续表

塑料名称	成型工艺特性
聚碳酸酯（PC）	10. 模温对塑料制品质量影响很大，薄壁塑料制品宜取 80～100℃，厚壁塑料制品宜取 80～120℃。模温太低，则收缩率、伸长率、抗弯强度、抗压强度低；模温超过 120℃，则塑料制品冷却变慢，易变形、粘模，脱模困难，成型周期变长

二、注射成型的三个阶段

塑料制品注射成型生产工艺过程循环如图 2—1—2 所示，其过程可概括成三个阶段，即成型前的准备、注射过程、塑料制品的后处理。

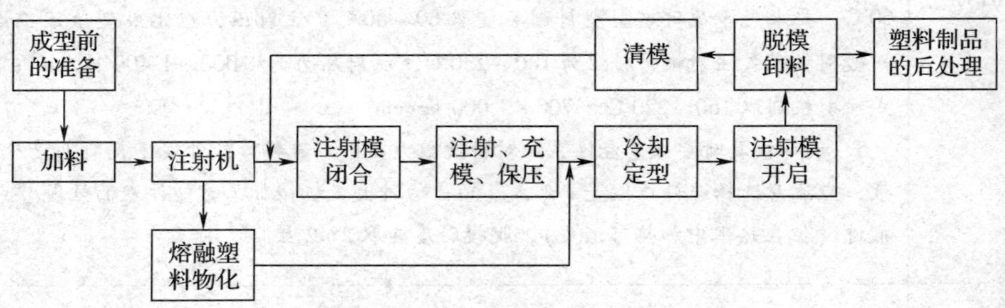

图 2—1—2　注射成型生产工艺过程循环

注：图中“物化”为“发生物理反应和化学反应”。

1. 成型前的准备

注塑成型前的准备工作应根据具体塑料制品的成型需要，从多方面做起，其可能涉及的内容及说明见表 2—1—4。

表 2—1—4　成型前的准备工作

工作内容	相关说明
原料检验和工艺性能测定	成型前应对原料的种类、外观（色泽、粒度及均匀性等）进行检验，并进行流动性（熔体指数和黏度）、热稳定性、收缩率、水分含量等方面的测定
原料着色	根据塑料制品颜色，加入一定剂量的色母粒（见图 2—1—3），满足着色要求
原料预热干燥	针对吸水性强的塑料，应根据注射成型工艺允许的含水量要求进行适当的预热干燥（采用红外线烘箱或热风烘箱，时间为 0.5～4 h 不等，甚至更长，如 6 h 以上，温度由具体塑料材料而定），去除原料中过多的水分及挥发物，防止塑料制品出现斑纹、气泡，甚至发生降解等

续表

工作内容	相关说明
嵌件的预热	减少塑料和嵌件的温度差，降低嵌件周围塑料的收缩应力，保证塑料制品质量。预热应根据塑料的性能和嵌件大小而定。对于成型时容易产生应力开裂的塑料（如聚碳酸酯、聚砜、聚苯醚等），其制品的金属嵌件，尤其是较大的嵌件，一般都要预热。对于成型时不易产生应力开裂的塑料，且嵌件较小时，则可不进行预热
料筒的清洗	在改变成型产品、更换原料和颜色时进行料筒的清洗。通常，柱塞式注射机的料筒可拆卸清洗，螺杆式注射机的料筒采用对空注射法清洗
脱模剂的选用	脱模剂是使塑料制品容易从成型模具中脱出而喷涂在模具型腔表面的一种助剂。注射成型时，塑料制品的脱模主要依赖于合理的成型工艺条件和正确的成型模具设计。然而，由于塑料制品本身的复杂性或工艺条件控制不稳定，不可避免地会出现脱模困难的情况，因此，在生产中经常使用脱模剂，如图2—1—4所示。常用的脱模剂有硬脂酸锌、液体石蜡（白油）和硅油三种。硬脂酸锌可用于除聚酰胺外的塑料制品脱模；液体石蜡用于聚酰胺制品脱模效果较好；硅油具有较好的润滑效果，但价格稍高，使用也较麻烦，需配制成甲苯溶液涂抹于型腔表面，还要加热干燥

图2—1—3　色母粒

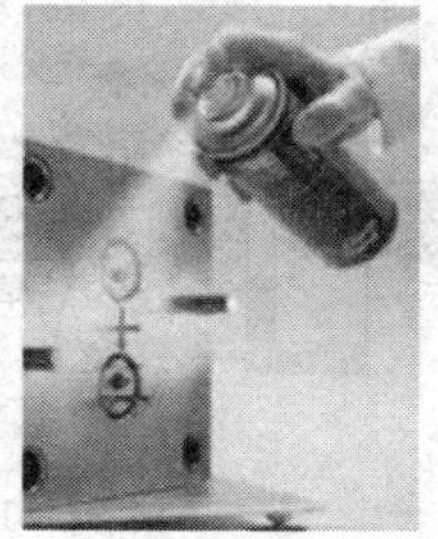

图2—1—4　脱模剂的使用

2. 注射过程

注射过程是一个间歇过程，是塑料原料转变为塑料制品的最主要阶段，加热塑化、加压注射、冷却定型是其三个基本工步。

（1）加热塑化

塑料的塑化是一个比较复杂的物理过程。简单地说，加热塑化是塑料在料筒内经过加热达到熔融流动状态并具有良好可塑性的过程（见图2—1—5），通过塑化，物料由松散的粉状或粒状固体转变成连续的均化熔体。生产中对该工步的要求如下：在规定时间内提供足够的熔融塑料；塑料在进入型腔前应达到规定的成型温度，且熔体各点温度应尽可能均匀。

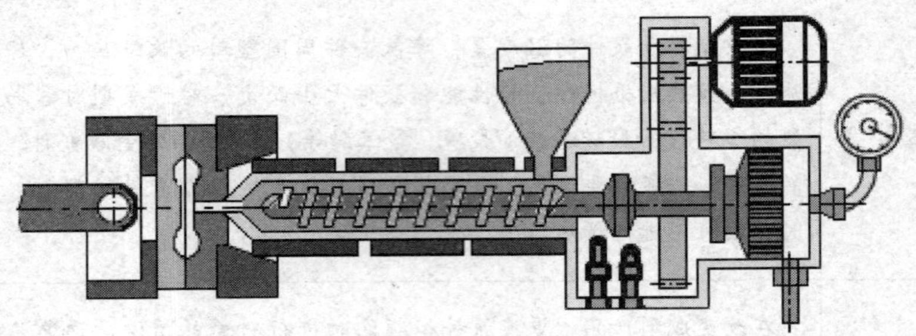

图 2—1—5 加热塑化

需要指出的是，塑化进行得如何，将直接关系到塑料制品的质量，而塑化质量受到众多因素的影响，如塑料种类、注射机类型和工艺条件、成型前的准备工作、料筒温度、螺杆转速等。

（2）加压注射

加压注射是指通过注射机柱塞或螺杆，按要求的压力和速度将已经塑化好的塑料熔体推挤至料筒前端，经喷嘴和模具的浇注系统高速注射入型腔的过程，如图 2—1—6 所示。该工步经历的时间虽短，但熔体在其间所发生的变化却不少，而且这些变化对塑料制品的质量有着重要影响。

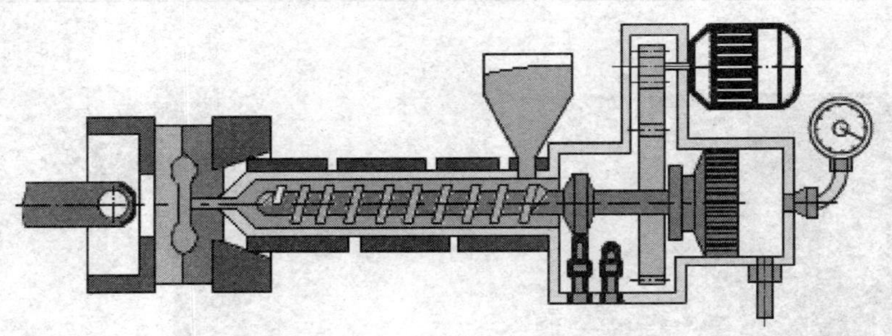

图 2—1—6 加压注射（螺杆式注射机）

由于塑料熔体与料筒、喷嘴、模具浇注系统和型腔的外摩擦以及熔体内部的摩擦，塑料熔体自料筒注入型腔需要克服一系列的流动阻力；与此同时，还需要对熔体进行压实。因此成型压力很高。

（3）冷却定型

冷却定型是自塑料熔体完全冷凝，至塑料制品从型腔中脱出时的过程。在该工步内，模具内的塑料主要是继续冷却、凝固、定型，以使塑料制品在脱模时具有足够的强度和刚度，而不至于破坏及变形。

当塑料制品完全冷却凝固后，即可打开模具，在推出机构的作用下塑料制品被推出模外，完成一个注射工作循环，如图 2—1—7 所示。

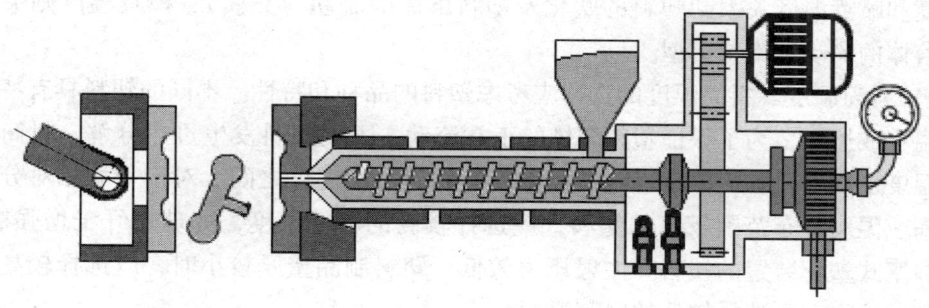

图 2—1—7 塑料制品脱模

3. 塑料制品的后处理

成型过程中，塑料熔体在温度和压力作用下的变形流动行为非常复杂，再加上流动前塑化不均匀及充模后冷却速度不同，塑料制品内经常出现不均匀的结晶（对于结晶型塑料）、取向和收缩，从而导致塑料制品内产生相应的结晶、取向和收缩应力，除引起脱模后时效变形外，还使塑料制品的力学性能、光学性能及表观质量变差，严重时还会开裂。为此，需对塑料制品进行适当的后处理。

根据塑料的特性和使用要求，塑料制品的后处理包括退火处理和调湿处理，相关内容见表 2—1—5，当然，如果塑料制品要求不高，可以不进行后处理。

表 2—1—5 塑料制品的后处理

方法	相关说明
退火处理	退火处理是指将注射成型的塑料制品在一定温度的加热液体介质（如热水和热的矿物油、甘油、乙二醇、液体石蜡等）或热空气循环烘箱中静置一段时间，然后缓慢冷却的过程，其目的是消除塑料制品的内应力。退火温度控制在塑料制品使用温度以上 10～20℃，或塑料热变形温度以下 10～20℃
调湿处理	调湿处理是指将刚脱模的塑料制品放在热水中，以隔绝空气，防止塑料制品氧化，加快吸湿平衡速度的一种后处理方法，其目的是使塑料制品的颜色、性能、尺寸得到稳定。通常聚酰胺类塑料需要进行调湿处理

三、成型工艺条件及工艺参数的确定

在塑料制品的注射成型生产中，工艺条件的选择及控制是保证顺利成型和制品质量的关键。注射工艺最主要的工艺条件是温度、压力和时间，它们被称为注射成型工艺条件的三大要素。

1. 成型工艺条件

（1）温度

注射成型过程中需要控制的温度包括料筒温度、喷嘴温度和模具温度，其中，料筒温度和喷嘴温度关系到塑料的塑化及塑料熔体的流动（充模），模具温度则关系到塑料熔体的流动和冷却定型。

1）料筒温度。料筒温度的选择应考虑塑料的品种和特性。不同的塑料具有特定的黏流温度或熔点，为了保证塑料熔体的正常流动，不使塑料发生过热分解，料筒最适合的温度范围应在黏流温度（或熔点温度）和热分解温度之间。对于平均相对分子质量偏高、温度分布范围较窄的塑料，应选择较高的料筒温度，如玻璃纤维增强塑料。采用柱塞式塑化装置的塑料和注射压力较低、塑料制品壁厚较小时，应选择较高的料筒温度；反之，则选择较低的料筒温度。

料筒温度的分布一般采用前高后低的原则，即料筒的加料口（后段）处温度较低，喷嘴处的温度较高。料筒后段温度应比中段、前段温度低 5 ~ 10℃。对于吸水性偏高的塑料，料筒温度应偏高一些；对于螺杆式注射机，由于螺杆的剪切摩擦热有助于塑化，料筒前段温度可略低于中段，以防止塑料的过热分解。表 2—1—6 列出了常用热塑性塑料聚丙烯和聚碳酸酯的料筒温度参数的推荐值，从中可以粗略体会料筒温度的选择。

表 2—1—6　　料筒温度参数的推荐值

材料		聚丙烯	聚碳酸酯	
料筒温度	一区（℃）	150 ~ 170	260 ~ 290	240 ~ 270
	二区（℃）	180 ~ 190	—	260 ~ 290
	三区（℃）	190 ~ 205	270 ~ 300	240 ~ 280
注射机类型		螺杆式	柱塞式	螺杆式
吸水性倾向		不具有	具有	

2）喷嘴温度。喷嘴温度的影响因素很多，在实际生产中可根据经验数据，结合实际条件，初步确定适当的温度，然后通过对塑料制品的直观分析或熔体“对空注射”进行检查及调整。

喷嘴温度一般略低于料筒的最高温度，例如，采用螺杆式注射机注射成型聚丙烯制品时，喷嘴温度推荐值为 170 ~ 190℃，而采用柱塞式或螺杆式注射机注射成型聚碳酸酯制品时的喷嘴温度推荐值分别为 240 ~ 250℃或 230 ~ 250℃。喷嘴温度太高，熔体在喷嘴处产生流涎现象，塑料易发生热分解；但喷嘴温度也不能太低，否则易产生冷块或僵块，使熔体产生早凝，其结果不是凝料堵塞喷嘴，就是将冷料注入模具型腔，导致塑料制品缺陷。

3）模具温度。模具温度取决于塑料的特性（有无结晶性）、塑料制品的结构和尺寸、塑料制品的性能要求及其成型工艺条件（如熔体温度、注射速度、注射压力和成型周期）等，例如，对于高黏度塑料，由于其流动性较差，充模能力较弱，为获得致密的组织结构，必须采用较高的模具温度。选择模具温度还要考虑塑料制品的壁厚，壁厚大的塑料制品模具温度一般应较高，以减小内应力和防止塑料制品出现凹陷等缺陷。

模具温度一般采用通入一定温度的冷却介质来控制，也可依靠熔料注入模具自然升温或自然散热达到平衡而保持一定的模具温度，在特殊情况下还可以采用电加热器加热模具来保持模具温度。不过，无论采用哪种方法使模具保持模具温度，对塑料熔体而言都是冷却，因此，模具温度应低于塑料的玻璃化温度或热变形温度，以保证塑料熔体的凝固定型和脱模。以注射成型聚丙烯制品为例，其模具温度推荐值为 40 ~ 60℃，而注射成型聚碳酸酯制品时，其模具温度推荐值为 90 ~ 110℃。

（2）压力

注射成型过程中需要控制的压力包括塑化压力、注射压力和保压压力，它们选择得合适与否，将直接影响塑料的塑化和塑料制品的质量。

1）塑化压力。塑化压力又称螺杆背压，它是指采用螺杆式注射机注射时，螺杆头部的熔体在螺杆转动时所受到的压力。

塑化压力的选择随所用塑料的品种而定，例如，注射成型聚甲醛制品时，较高的塑化压力会使塑料制品的表面质量提高，但也可能导致塑料变色、塑化速率降低和流动性下降；又如，注射成型聚酰胺制品时，塑化压力必须降低，否则塑化速率将很快降低，这是因为螺杆中逆流和漏流增加的缘故；再如，聚乙烯的热稳定性较高，提高塑化压力不会有降解的危险，这有利于混料和混色，不过塑化速率会随之降低。

一般来说，在保证塑料制品质量的前提下可选用较低的塑化压力，并在实际操作中通过液压系统中的溢流阀进行调整。

2）注射压力。注射压力是指柱塞或螺杆轴向移动时其头部对塑料熔体所施加的压力。其大小由注射机上的压力表指示，并可通过控制系统调整。

注射压力的大小取决于注射机的类型、塑料的品种、模具浇注系统（如结构、尺寸与表面质量）、模具温度、塑料制品的壁厚和流程长短等。在其他条件相同的情况下，柱塞式注射机的注射压力应比螺杆式注射机的注射压力大，这是因为塑料在柱塞式注射机料筒内的压力损耗较大的缘故，以注射成型聚碳酸酯制品为例，采用柱塞式注射机的注射压力推荐值为 100 ~ 140 MPa，而采用螺杆式注射机的注射压力推荐值则为 80 ~ 130 MPa。

确定注射压力的原则是选用低压慢速注射。对于一般热塑性塑料，注射压力一般为 40 ~ 130 MPa；对聚砜、聚酰亚胺等，注射压力则应高些。当然，熔体黏度高、冷却速度快的塑料以及成型薄壁和流程长的制品，不采用高压注射不能充满型腔，或者成型玻璃纤维增强制品，不用高压注射，其表面可能产生不均匀、不光滑等情况除外。

3）保压压力。型腔充满后，继续对模内熔体施加的压力称为保压压力。保压压力的作用是使熔体在压力下固化，并在收缩时进行补缩，从而确保获得完整的塑料制品。

保压压力通常不大于注射时的注射压力，例如，注射成型聚碳酸酯制品时，其保压压力仅需 50 ~ 60 MPa（采用柱塞式注射机）或 40 ~ 60 MPa（采用螺杆式注射机）。

过大的保压压力易产生溢料、溢边，并增大塑料制品的应力。

（3）时间

在注射成型生产中，完成一次注射成型过程所需要的时间称为成型周期。成型周期包括合模时间、注射时间、保压时间、模内冷却时间和其他时间，其中，注射时间和模内冷却时间最重要，对塑料制品的质量有着决定性影响。

注射成型周期的有关时间说明见表 2—1—7，在保证塑料制品质量的前提下，应尽量缩短成型周期中各个阶段的有关时间。

表 2—1—7　注射成型周期的有关时间说明

注射成型周期有关时间	相关说明
合模时间	注射之前模具闭合的时间。合模时间太长，则模具温度过低，熔体在料筒中停留时间过长；合模时间太短，模具温度相对较高
注射时间	从注射开始到充满模具型腔的时间，即柱塞或螺杆前进的时间。生产中，小型塑料制品注射时间一般为 3 ~ 5 s，大型塑料制品可达几十秒。注射时间中的充模时间与充模速度成反比。注射时间缩短，充模速度提高，取向下降，剪切速率增加，绝大多数塑料的表观黏度下降，对剪切速率敏感的塑料尤为明显
保压时间	型腔充模后继续施加压力的时间，即柱塞或螺杆停留在前进位置的时间，一般为 20 ~ 25 s，特厚塑料制品可长达 5 ~ 10 min。保压时间过短，塑料制品不紧密，易产生凹痕和尺寸不稳定等缺陷；保压时间过长，会加大塑料制品的应力，产生变形、开裂，脱模困难。保压时间的长短不仅与塑料制品的结构、尺寸有关，还与料温、模具温度以及浇注系统的大小有关
模内冷却时间	塑料制品保压结束至开模以前所需的时间（包含柱塞后撤或螺杆转动后退的时间）。冷却时间主要取决于塑料制品的厚度、塑料的热性能、结晶性能、模具温度等。冷却时间的长短应以脱模时塑料制品不变形为原则，一般为 30 ~ 120 s。冷却时间过长，不仅延长生产周期，降低生产效率，对复杂塑料制品还会造成脱模困难、易变形、结晶度高等；冷却时间过短，塑件易产生变形等缺陷
其他时间	其他时间是指开模、脱模、喷涂脱模剂、安放嵌件等时间

2. 工艺参数的确定

成型合格的塑料制品离不开合理工艺参数的确定，而合理工艺参数的确定，是在充分了解并分析塑料的使用性能、塑料制品工艺性、塑料成型性能的基础上进行的。

图 2—1—8 所示为某注射成型塑料制品——聚碳酸酯（PC）灯座，制品质量约为 250 g，其成型性能分析及工艺参数确定如下：

图 2—1—8 塑料灯座

（1）成型性能分析

聚碳酸酯虽然吸水率较低，但在高温时对水比较敏感，会出现银丝、气泡及强度下降现象，故注射成型前必须进行干燥处理，且最好采用真空干燥法。由于聚碳酸酯熔融温度高（超过 330℃才严重分解），熔体黏度高，流动性差（溢边值为 0.06 mm），故成型时要求有较高的温度和压力。另外，聚碳酸酯熔体黏度对温度十分敏感，冷却速度快，故一般用提高温度的方法来增加熔融塑料的流动性。成型工艺性能分析结论如下：

1）熔融温度高且熔体黏度高，对于 200 g 的制件应用螺杆式注射机成型，采用敞开式延伸喷嘴并加热。应严格控制模具温度。模具应采用耐磨钢制造，并经淬火处理。

2）材料水敏性强，加工前必须进行干燥处理，否则会出现银丝、气泡及强度显著下降现象。

3）易产生应力集中，应严格控制成型条件，制件应经退火处理，以消除内应力。

（2）成型工艺参数的确定

常用热塑性塑料注射成型工艺参数的选择可查阅本教材附录二或有关资料。

成型本制品时，采用螺杆式注射机，螺杆转速为 20 ~ 40 r/min；成型前对材料预干燥 6 h 以上。

1）成型温度

料筒前端：240 ~ 270℃

料筒中部：260 ~ 290℃

料筒后端：240 ~ 280℃

喷嘴：230 ~ 250℃

模具：90 ~ 110℃

2）成型压力

注射压力：80 ~ 130 MPa

保压压力：40 ~ 60 MPa

3）成型时间

注射时间：1 ~ 5 s

保压时间：20 ~ 80 s

冷却时间：20 ~ 50 s

成型周期：40 ~ 120 s

上述工艺参数在试模时可做适当调整。

课堂练习

1. 聚甲醛（POM）具有很低的摩擦因数和很好的几何稳定性，比较适合作为管道器材、联轴器等制品用材料，如图 2—1—9 所示。查阅资料，完成表 2—1—8 的填写工作。

图 2—1—9　塑料管道阀门和联轴器

表 2—1—8　聚甲醛塑料制品注射成型工艺

影响成型工艺性能因素	模具设计建议

2. 如图 2—1—10 所示大批量生产塑料制品外壳，材料为 ABS，试进行成型性能分析，并确定成型工艺参数。

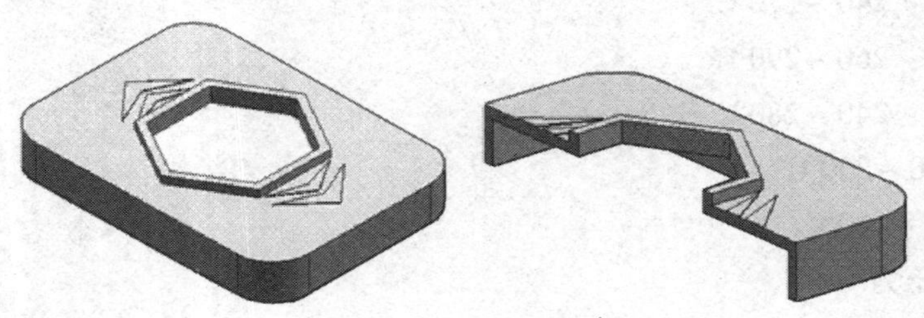

图 2—1—10　ABS 制品外壳

第二节　注射模具结构

作为完成注射成型工艺所使用的工艺装备，注射成型模具（见图 2—2—1）结构的选用对塑料制品的成型起着极其关键的作用，结构合理、成型可靠、制造方便、操作简便、经济实用是模具结构选择的基本要求。

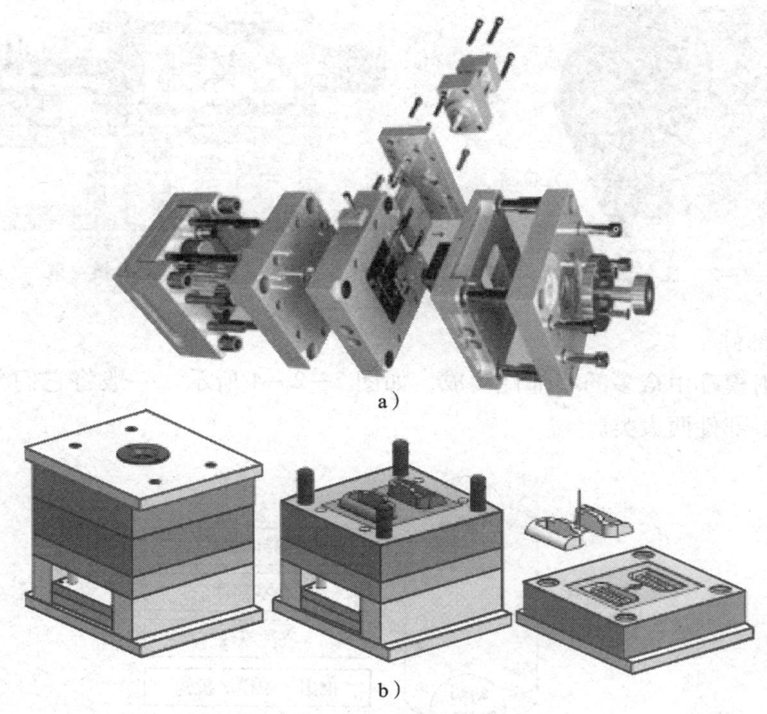

a）

b）

图 2—2—1 注射成型模具

a）实样 b）3D 模型

尽管塑料注射成型模具结构多样，但在工作原理和基本结构组成方面有着普遍规律和共同特点，并与成型塑料制品的结构和形状、精度要求、生产批量及注射工艺条件和注射机等因素密不可分。

一、注射模具的结构及分类

1. 注射模具的结构

（1）基本结构

注射模具的结构是由注射机的形式和塑料制品的复杂程度等因素决定的。就基本结构而言，注射模由定模和动模两部分组成，如图 2—2—2 所示，两部分的接触面为分型（模）面。

通常情况下注射模采用固定式结构。如图 2—2—3 所示，注射机固定模板中心有一个起定位作用的基准孔，孔中心与注射机料筒和喷嘴中心一致。定模部分通过定位圈等定位于注射机的前模板（固定模板），并用垫板、螺钉压紧或用螺钉固定；动模部分则通过垫板、螺钉压紧或用螺钉固定在注射机的动模板上。注射成型时，通过动模部分的移动完成开模或合模动作。

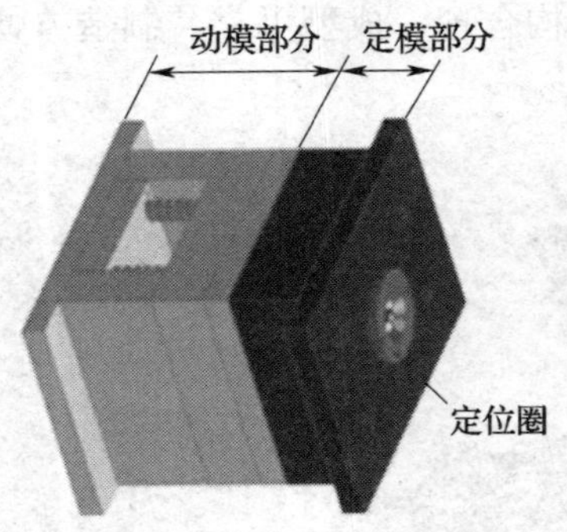

图 2—2—2　注射模基本结构

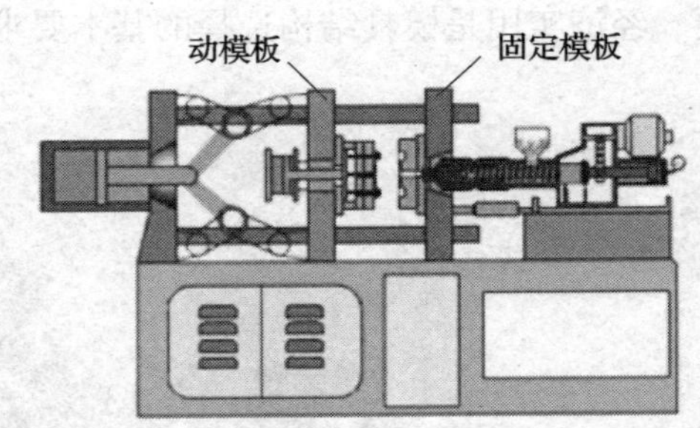

图 2—2—3　注射模安装

（2）零部件

每副注射模都由众多的零部件构成，如图 2—2—4 所示。一般将它们分为成型零部件和结构零部件两大类。

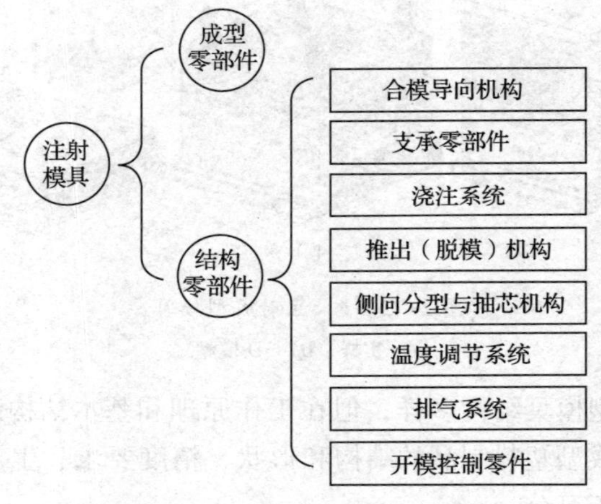

图 2—2—4　注射模具零部件构成

成型零部件构成模具型腔，成型时，形成塑料制品的形状和尺寸。结构零部件构成模具的完整结构并各司其职，它通常包括合模导向机构、支承零部件、浇注系统、推出（脱模）机构、侧向分型与抽芯机构、温度调节系统、排气系统、开模控制零件等组成部分。

需要指出的是，在注射模具中，侧向分型与抽芯机构是非必需的，而合模导向机构与支承零部件通常合称为注射模架（也称模坯），所以，任何注射模具都是以注射模架为基础，再添加成型零部件和其他必要的功能结构零件构成的。

（3）注射模架

模架是注射模具的骨架，典型的点浇口注射模模架如图 2—2—5 所示，主要由定模座板、定模板、动模板、支承板、垫块、推杆固定板、推板、动模座板、导柱和导套等零件组成。

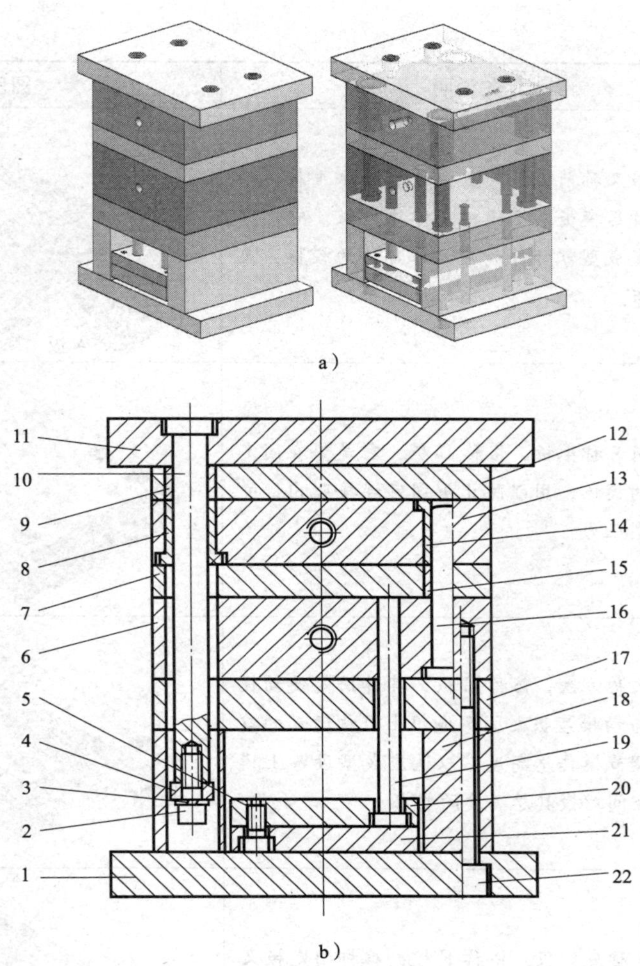

图 2—2—5 典型的点浇口注射模模架

a）3D 模型 b）结构图

1—动模座板 2、5、22—内六角螺钉 3—弹簧垫圈 4—挡环 6—动模板 7—推件板 8、14—带头导套 9、15—直导套 10—拉杆导柱 11—定模座板 12—推料板（水口推板） 13—定模板 16—带头导柱 17—支承板 18—垫块 19—复位杆 20—推杆固定板 21—推板

注射模架主要组成零件的相关说明见表 2—2—1。

表 2—2—1 注射模架主要组成零件的相关说明

模架零件	相关说明	图例
定模座板和动模座板	定模座板又称面板或上固定板，俗称 T 板；动模座板又称底板或下固定板，俗称 L 板。它们分别是动模和定模的基座，也是连接注射模与成型设备的模板	T板 L板

续表

模架零件	相关说明	图例
定模板和动模板	定模板又称前模板或上模板，俗称 A 板；动模板又称后模板或下模板，俗称 B 板。它们分别是固定成型零部件和导向零部件的模板，又称固定板	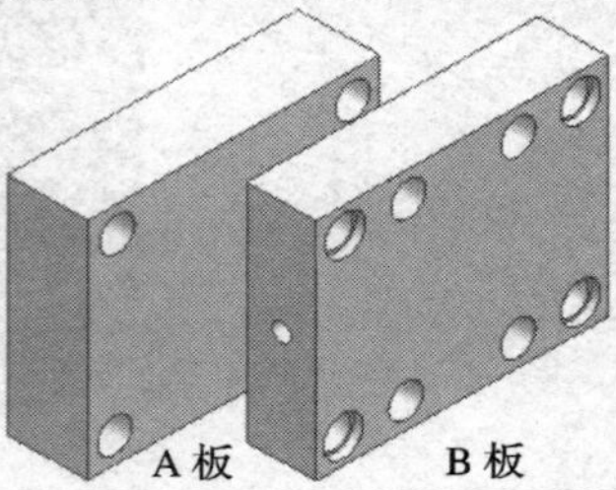 A 板　B 板
支承板	支承板又称承板，俗称 U 板，它是垫在固定板背后的模板，用以防止被固定连接脱出，并传递成型压力	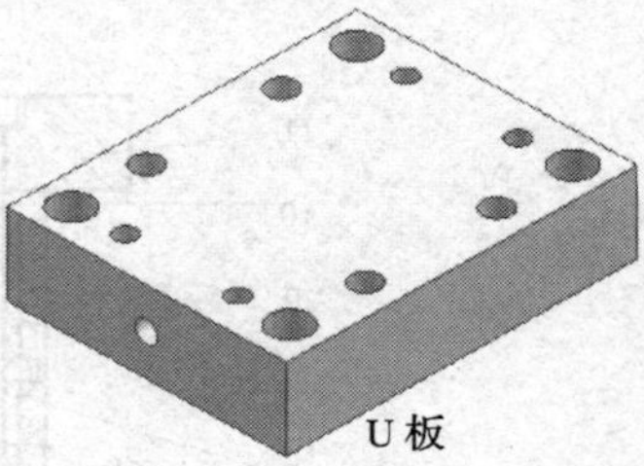 U 板
垫块	垫块又称方铁，俗称 C 板，其作用是使动模支承板与动模座板之间形成推出机构运动的空间，或调节模具总高度，以适应成型设备上模具安装空间对模具总高度的要求	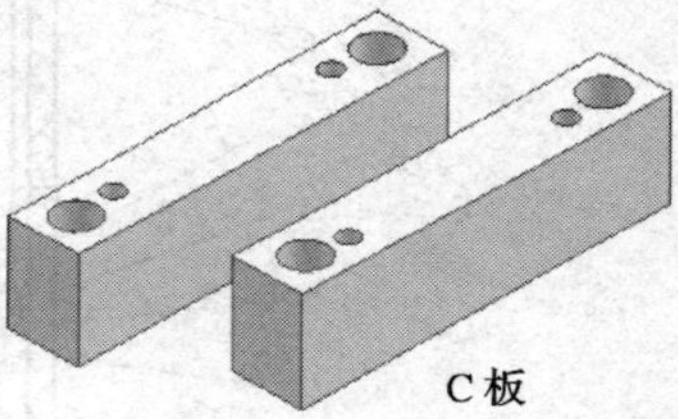 C 板
推板和推杆固定板	推板又称底针板，俗称 F 板；推杆固定板又称面针板，俗称 E 板。它们配合其他零部件构成推出机构	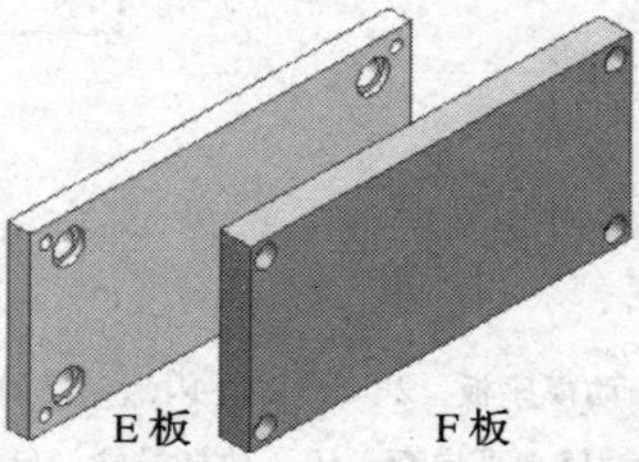 E 板　F 板
导柱和导套	保证动模、定模合模时正确定位和导向，并承受一定的侧向力，一般每副模具需要 2 ~ 4 个导柱和导套	

2. 注射模具的分类

注射模具有很多分类方法。按塑料制品所用塑料不同，注射模具可分为热塑性塑料注射模和热固性塑料注射模；按所用注射机的类型不同，注射模具可分为卧式注射机用注射模、立式注射机用注射模和直角式注射机用注射模；按模具的型腔数目不同，注射模具可分为单型腔注射模和多型腔注射模；按使用目的不同，注射模具可分为普通模具和特殊模具，如图 2—2—6 所示。

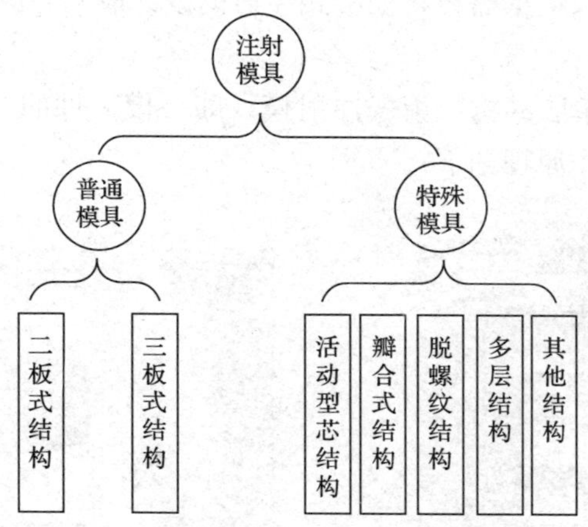

图 2—2—6　注射成型模具结构分类

由于影响注射模结构的因素很多，实际上并不可能简单地把所有注射模具按其总体结构统统划归分类，一些复杂模具可能会同时并存多种结构。

二、注射模具典型结构

注射模具的典型结构包括二板式结构、三板式结构、侧向分型与抽芯结构、带有活动镶件结构、带有脱螺纹结构等，它们结构不同，用途不一，应根据塑料制品的结构、形状和成型要求等进行选择。

1. 二板式注射模

（1）结构特征

二板式注射模又称单分型面注射模，其模架的结构如图 2—2—7 所示。

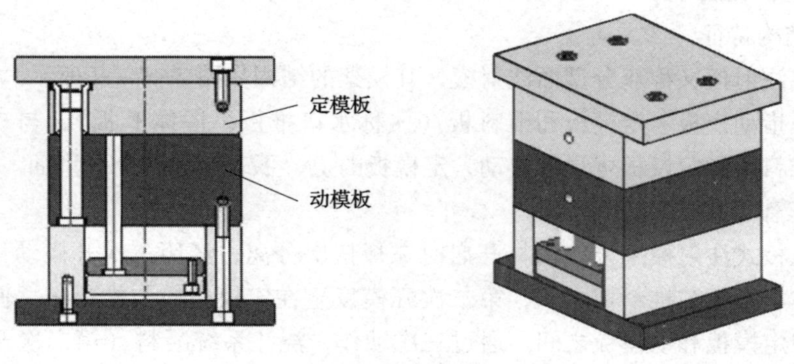

图 2—2—7　二板式注射模模架的结构

二板是指定模板和动模板，其最大特征是模具上只有一个将动模、定模部分分开的分型面，型腔由开设或固定于动模板和定模板上的成型零件构成，当然，成型零件通常都采用镶件结构（俗称前模仁、后模仁）形式。二板式注射模是注射模具中最简单、最基本的一种结构形式，由于其适应性较强，因而应用广泛。

在实际生产中，可以根据需要将二板式注射模设计成单腔或多腔结构。

（2）工作原理

图2—2—8所示为单腔结构二板式注射模，即一模一件的二板式注射模，其模架只有一次开模动作，工作原理如下：

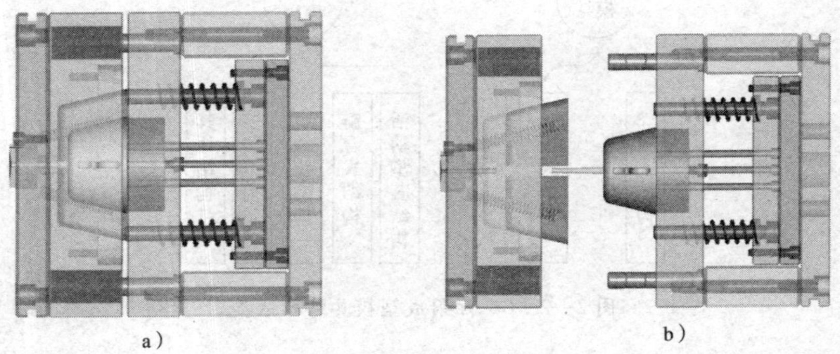

图2—2—8　二板式注射模
a）开模前　b）推出塑料制品

开模时，动模后退，模具从分型面分开，包裹在成型零件（型芯）上的塑料制品（连同浇注系统凝料）随动模部分一起右移而脱离成型零件（型腔）。移动一定距离后，通过注射机的顶杆及模具推出机构的作用，使塑料制品脱离型芯。

闭模时，通过注射机合模机构带动，在导柱和导套的导向定位作用下，动模和定模闭合。

需要说明的是，为了便于动模一侧的推出机构推出塑料制品和浇注系统凝料，设计上一般要保证开模后塑料制品和浇注系统凝料留在动模一侧。

2. 三板式注射模

（1）结构特征

三板式注射模又称双分型面注射模，其模架的结构如图2—2—9所示。

三板是指动模板、定模板和推料板（又称水口推板，俗称F板），与二板式注射模相比，推料板和定模板可局部移动，定模板的上、下表面为两个分型面。

（2）工作原理

对于三板式注射模来说，模具开启时三板依次分离，经历三次开模动作：第一次开模发生在定模板与推料板之间，第二次开模发生在定模座板与推料板之间，第三次开模发生在定模板和动模板之间。通过三次动作，浇注系统凝料（第二次开模）和塑料制品（第三次开模）分别在不同的分型面取出，如图2—2—10所示。

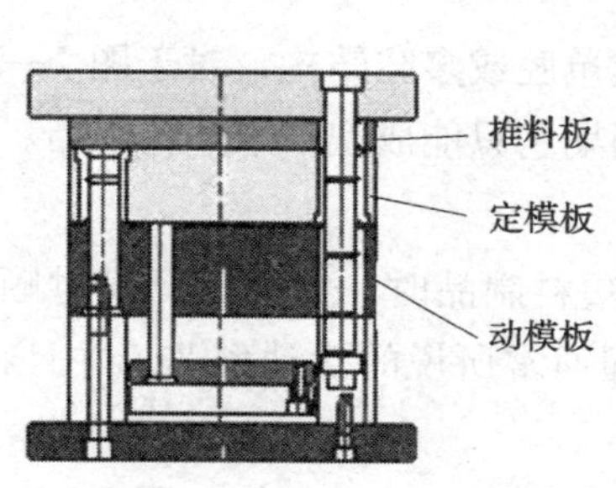

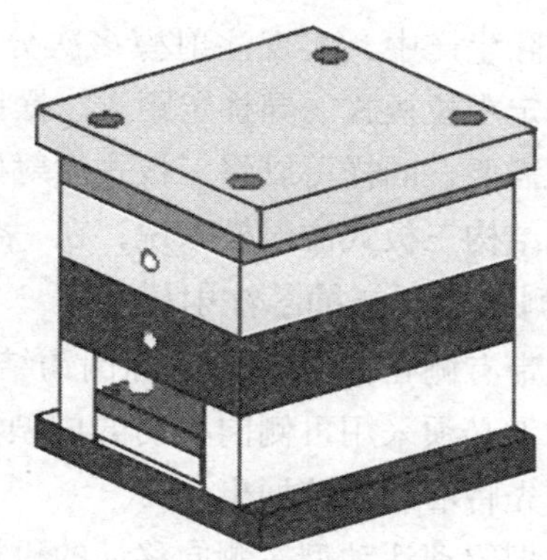

图 2—2—9　三板式注射模模架的结构

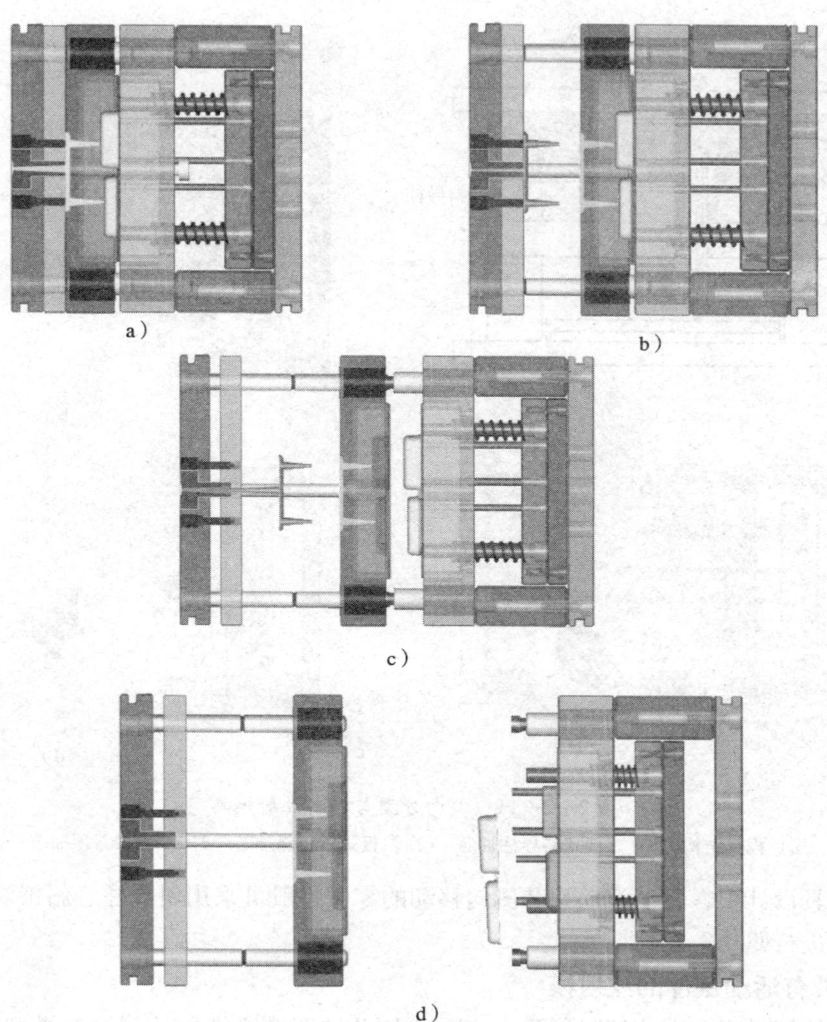

图 2—2—10　三板式注射模

a）开模前　b）第一次开模　c）第二次开模　d）第三次开模

在实际生产中，实现注射模多次分型的方法包括弹簧分型定距拉杆（螺钉）式、弹簧分型定距拉板式、导柱定距式、摆钩式等。

根据需要，同样可以将三板式注射模设计成单腔或多腔结构，对于图 2—2—10 所示的单腔结构三板式注射模来说，在一个成型周期它只能成型一个塑料制品。

3. 侧向分型与抽芯注射模

成型带有侧孔或侧凹（俗称倒钩结构）的塑料制品时，为确保开模时顺利脱模，模具结构上必须采用可侧向移动的成型零件，即通常所说的活动型芯，并且在塑料制品脱模前先将活动型芯抽出。

通常把驱动活动型芯侧向移动的机构称为侧向分型与抽芯机构，图 2—2—11 所示为侧向分型与抽芯注射模具。

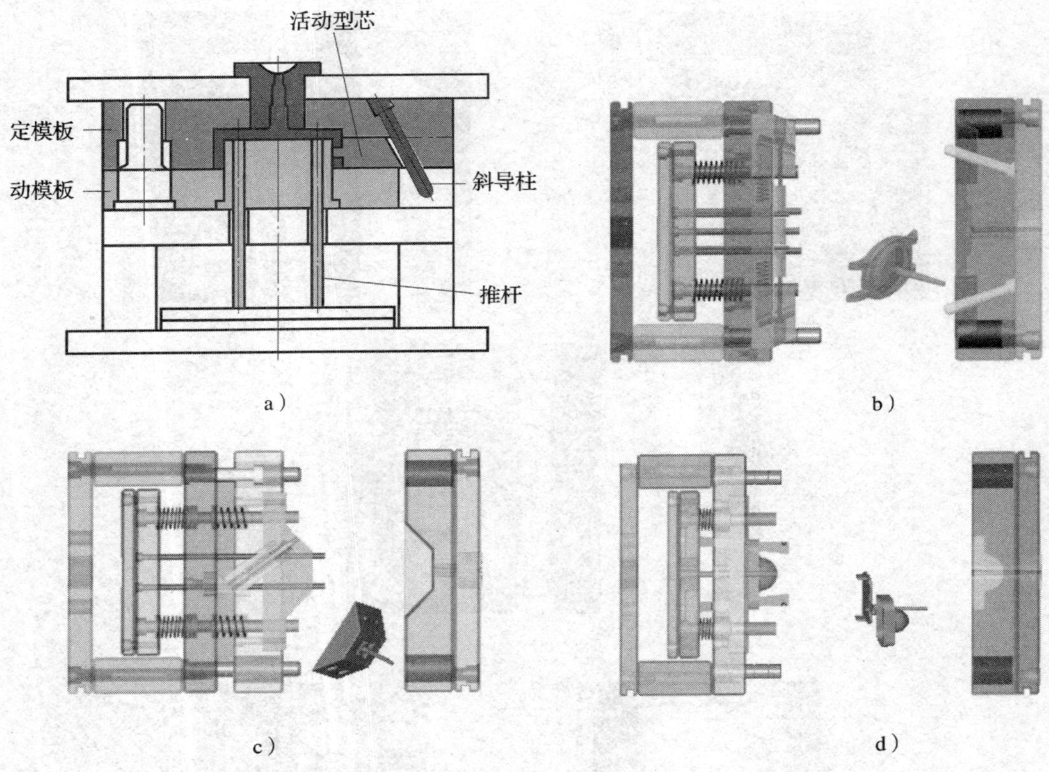

图 2—2—11　侧向分型与抽芯注射模具

a）模具结构　b）二板式斜导柱抽芯　c）二板式后模斜抽芯　d）二板式斜顶抽芯

在模具设计中，驱动活动型芯侧向移动的零件一般可采用斜导柱、斜滑块、弯销、斜导槽等进行驱动。

4. 带有活动镶件的注射模

根据使用需要，有些塑料制品上带有内侧凸、凹槽或螺纹孔等结构类型，如塑料瓶盖等。对于这些注射模的成型零件（型芯）一般需要进行特殊处理，例如，设置活动的对拼组合式镶块，这样可以方便成型，并避免采用机动脱螺纹形式的模具结构。图 2—2—12 所示为带有活动镶件的注射模的结构。

需要指出的是，对于带活动镶件的注射模，开模以后，镶件将连同塑料制品一起从模具中被推出机构推出，在模外通过手工或专用工艺装备把镶件和塑件分开。在实际应用中，为了不耽误生产，通常会准备多套活动镶件，以便交替使用。

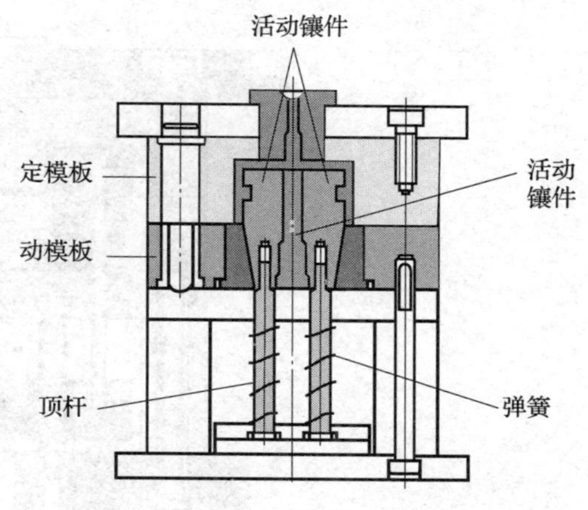

图 2—2—12　带有活动镶件的注射模的结构

5. 带有自动脱螺纹结构的注射模

在实际生产中，带有螺纹结构的塑料制品并不少见。对于大批量生产的精度要求不高的带螺纹塑件，为了提高生产效率，通常可以采用带有自动脱螺纹结构的注射模，如图 2—2—13 所示。

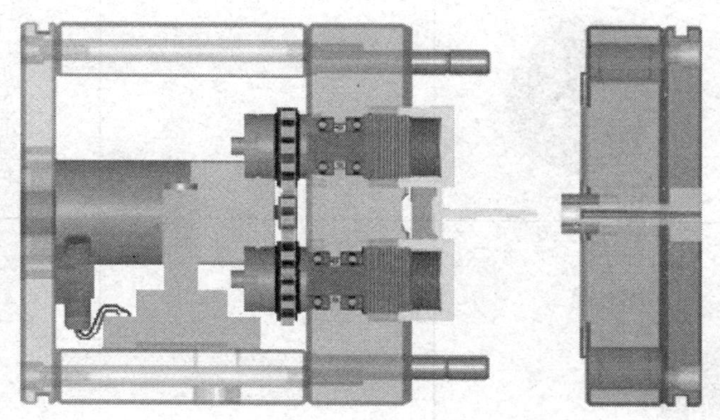
图 2—2—13　带有自动脱螺纹结构的注射模

这种类型的注射模，在模具结构内部设置可以转动的螺纹型芯（用于成型内螺纹）或型环（用于成型外螺纹）。开模时，利用注射机的往复运动或旋转运动，或者设置专门的原动传动装置（如电机液压马达等），带动螺纹型芯或型环转动，从而使塑料制品自动脱出。

课堂练习

1. 试列出图 2—2—14 所示注射模中各模架零件的名称，并指出该模具的结构类型。

2. 模具结构的选择对塑料制品的成型起着极其关键的作用，试结合本节的学习内容完成表 2—2—2 的填写工作。

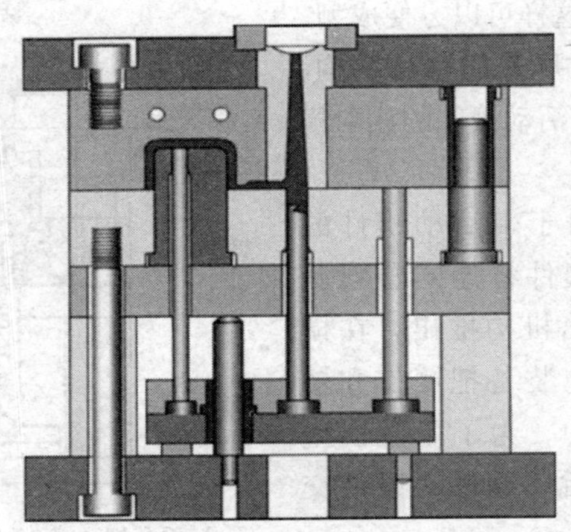

图 2—2—14　注射模的结构

表 2—2—2　模具结构类型的选择

塑料制品示例	所选模具结构类型	选择理由的简单说明

续表

塑料制品示例	所选模具结构类型	选择理由的简单说明

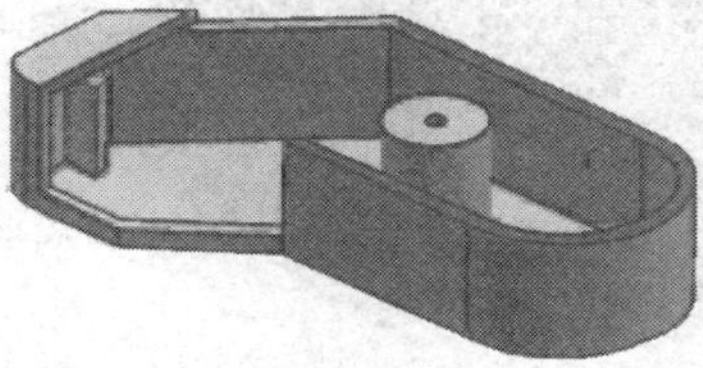		

3. 根据图 2—2—15 所示的模具结构，判断其成型制品结构特征。

图 2—2—15 注射模实样

第三节 模架标准及模架选用

由于注射模具的零部件有很多共同点，所以非常有利于标准化工作的开展，作为注射模具骨架部分的注射模架，早已实现了标准化，标准模架及模板如图2—3—1所示。目前，国际上比较有名的注射模标准模架有HASCO、DME、FUTABA、KLA等品牌。

a）　　b）

图2—3—1　标准模架及模板
a）标准模架　b）模板

选择标准模架，不仅简化了注射模具的设计与制造（一旦某一型号的模架确定下来，就可以得到已经设计好的零件的尺寸数据，如模板大小、螺钉大小及安装位置等），而且大大减轻了注射模具的设计和制造工作（这些零部件可以从市场上买到并可直接使用，或买来后只需要进行二次加工就可以使用）。

一、模架标准

塑料注射模模架的现行国家标准为《塑料注射模模架》（GB/T 12555—2006）。本标准代替了《塑料注射模大型模架》（GB/T 12555. 1—1990）和《塑料注射模中小型模架》（GB/T 12556. 1—1990）。

1. 模架组合形式

根据标准，模架以其在模具中的应用方式不同，分为直浇口和点浇口两种形式，模架按结构特征分为36种主要结构。它们分别是直浇口模架中的直浇口基本型（4种）、直身基本型（4种）、直身无定模座板型（4种），点浇口模架中的点浇口基本型（4种）、直身点浇口基本型（4种）、点浇口无推料板型（4种）、直身点浇口无推料板型（4种），简化点浇口模架中的简化点浇口基本型（2种）、直身简化点浇口型（2种）、简化点浇口无推料板型（2种）、直身简化点浇口无推料板型（2种）。

（1）直浇口基本型模架

直浇口基本型模架分为A型、B型、C型、D型，具体结构及说明见表2—3—1。

表 2—3—1　　直浇口基本型模架

类型	图例及说明
A 型	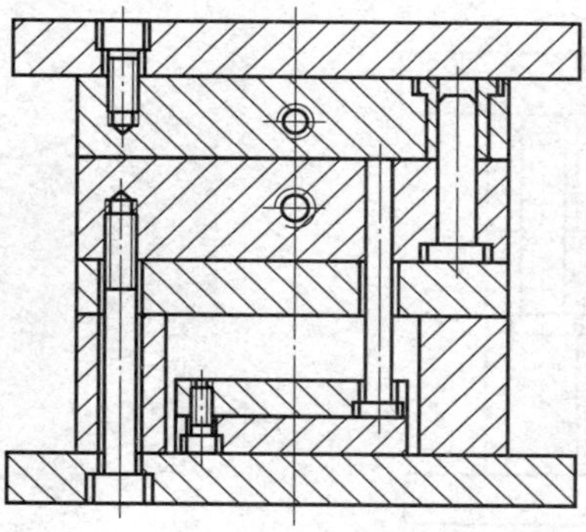  定模两模板，动模两模板
B 型	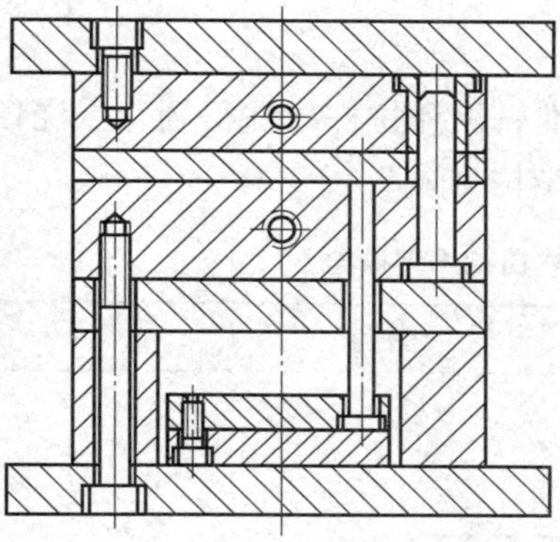  定模两模板，动模两模板，加装推件板
C 型	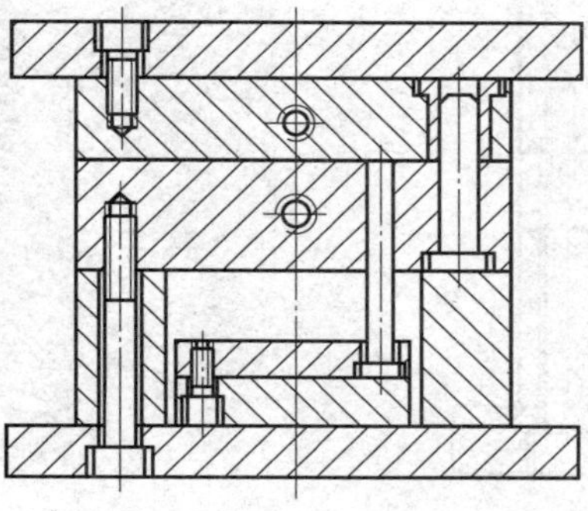 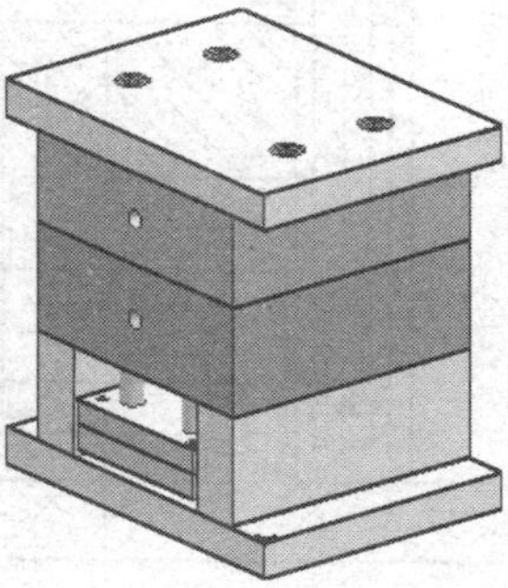 定模两模板，动模一模板

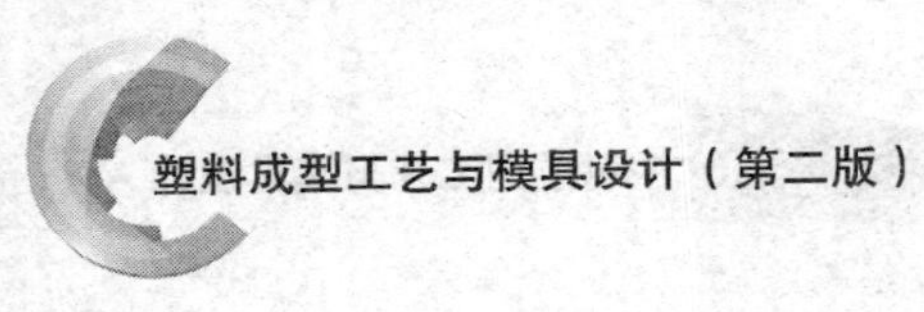

续表

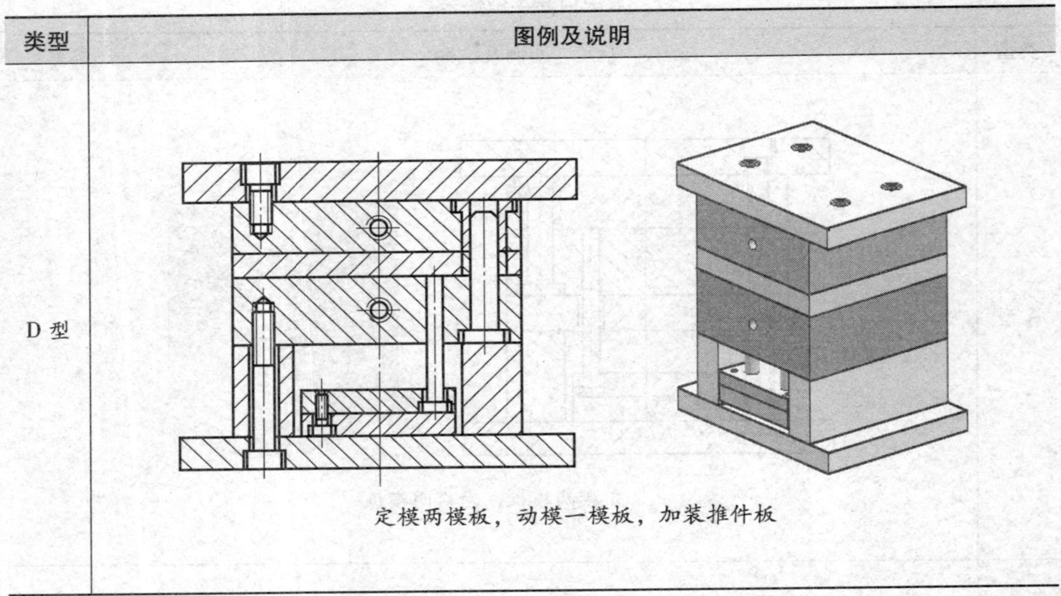

类型	图例及说明
D 型	定模两模板，动模一模板，加装推件板

（2）点浇口基本型模架

点浇口模架由直浇口模架上加装推料板和拉杆导柱得到，点浇口基本型模架分为DA 型、DB 型、DC 型、DD 型，具体结构见表 2—3—2。

表 2—3—2　　点浇口基本型模架

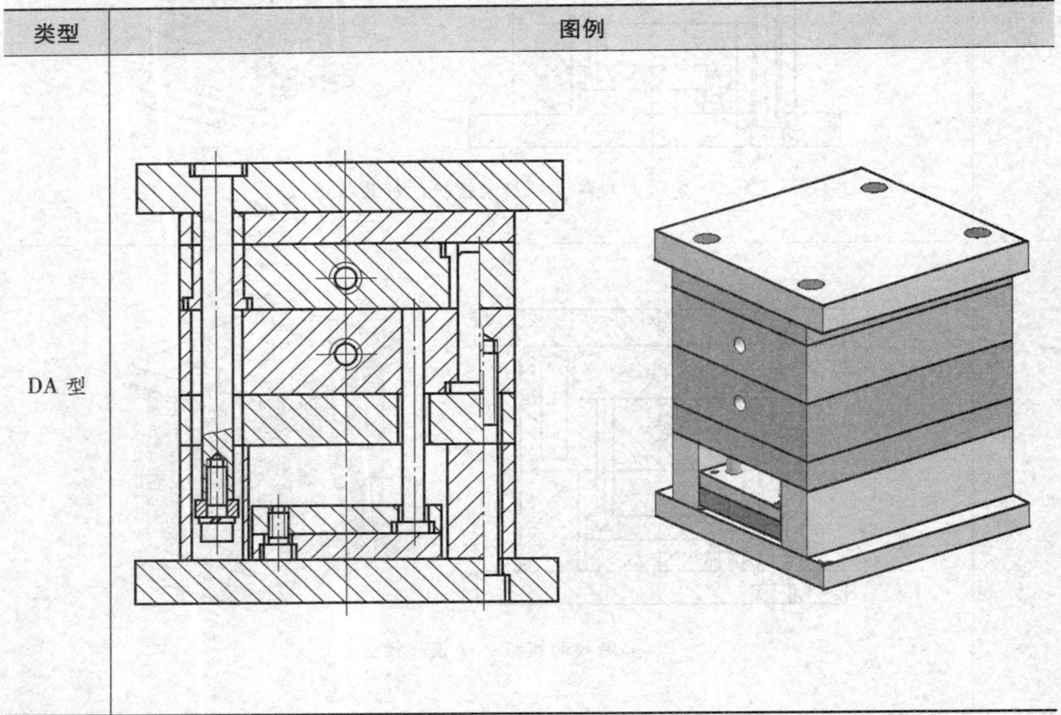

类型	图例
DA 型	

续表

类型	图例
DB 型	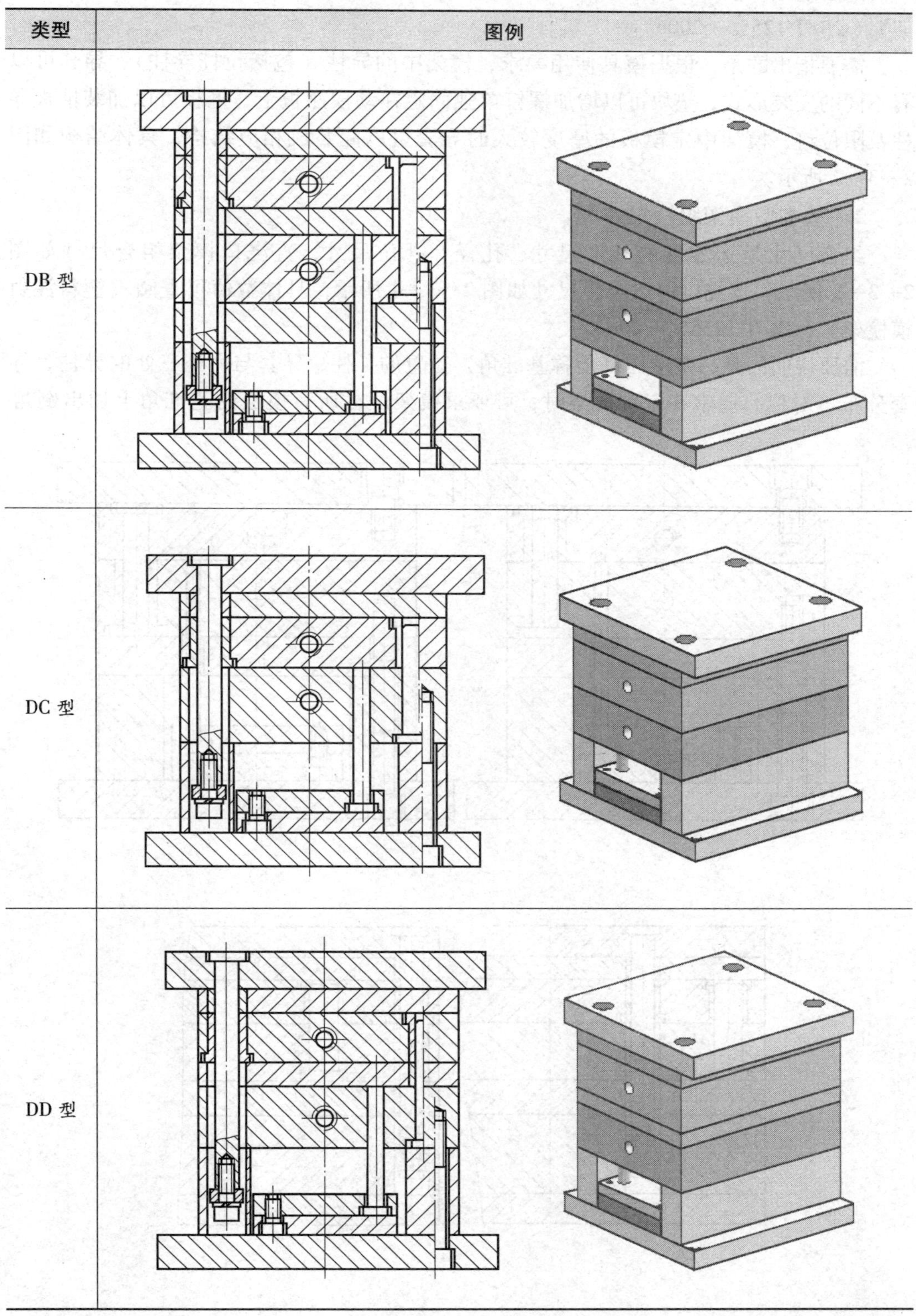
DC 型	
DD 型	

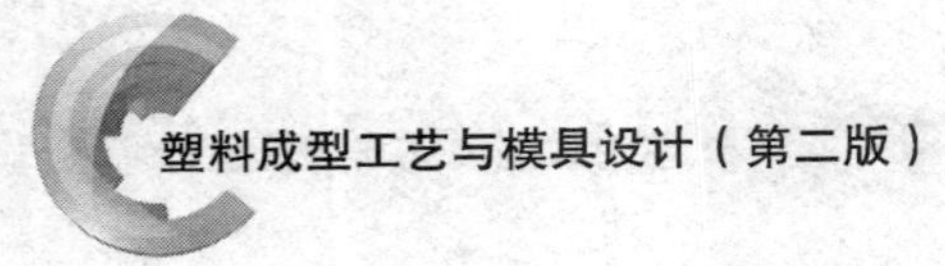

限于篇幅，模架的其他结构不予赘述，相关内容可参考国家标准《塑料注射模模架》（GB/T 12555—2006）。

需要指出的是，根据模具使用要求，模架中的导柱（包括拉杆导柱）、导套可以有不同的安装形式，垫块可以增加螺钉单独固定在动模座板上，推板可以加装推板导柱及限位钉，模架中定模板的厚度较大时导套可以配装成相应结构，具体结构如图2—3—2 所示。

2. 基本型模架组合尺寸

组合尺寸是指零件的外形尺寸、孔径和孔位尺寸，直浇口模架组合尺寸如图2—3—3 所示，点浇口模架组合尺寸如图 2—3—4 所示，具体数值可查阅《塑料注射模模架》（GB/T 12555—2006）。

需要说明的是，基准面（俗称基准角）位置的导柱、导套与另外三处的导柱、导套分布不对称。通常在定制模架时，可要求模架厂在所有模板的基准角上切出倒角

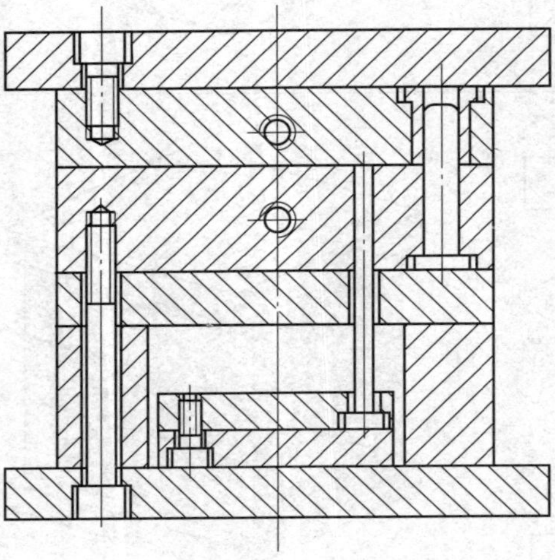

a） 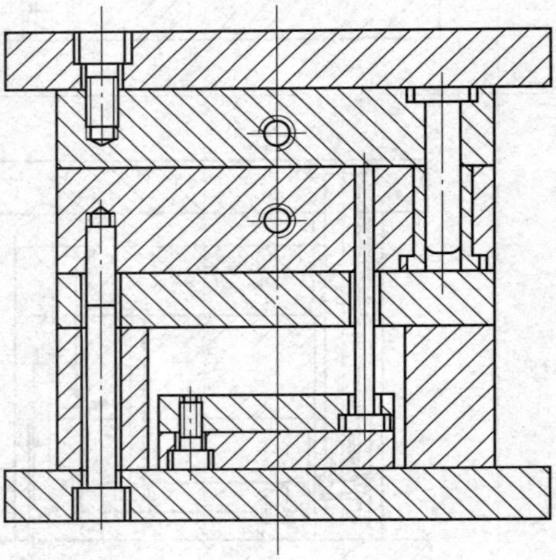　　b）

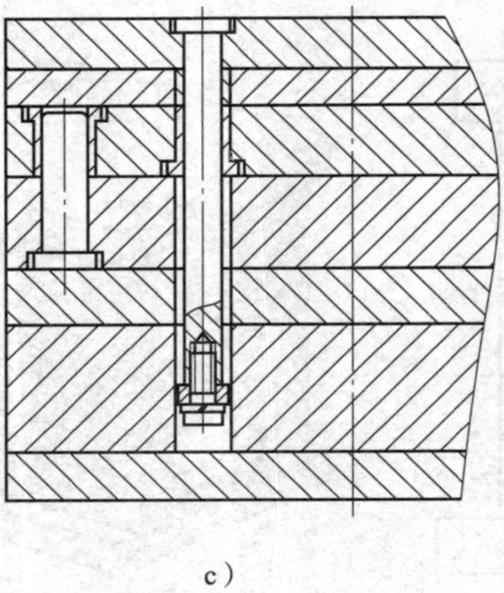

c） 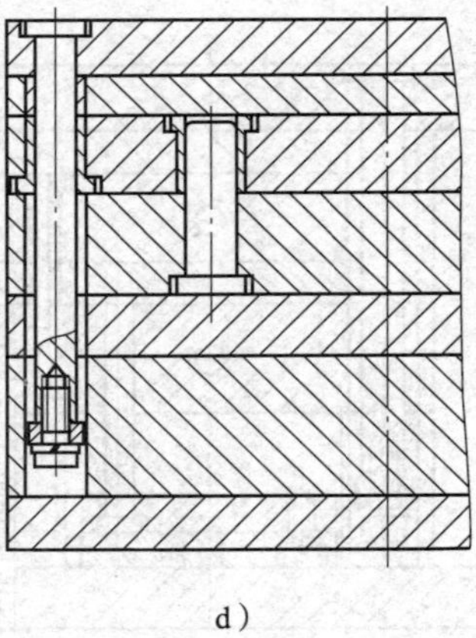　　d）

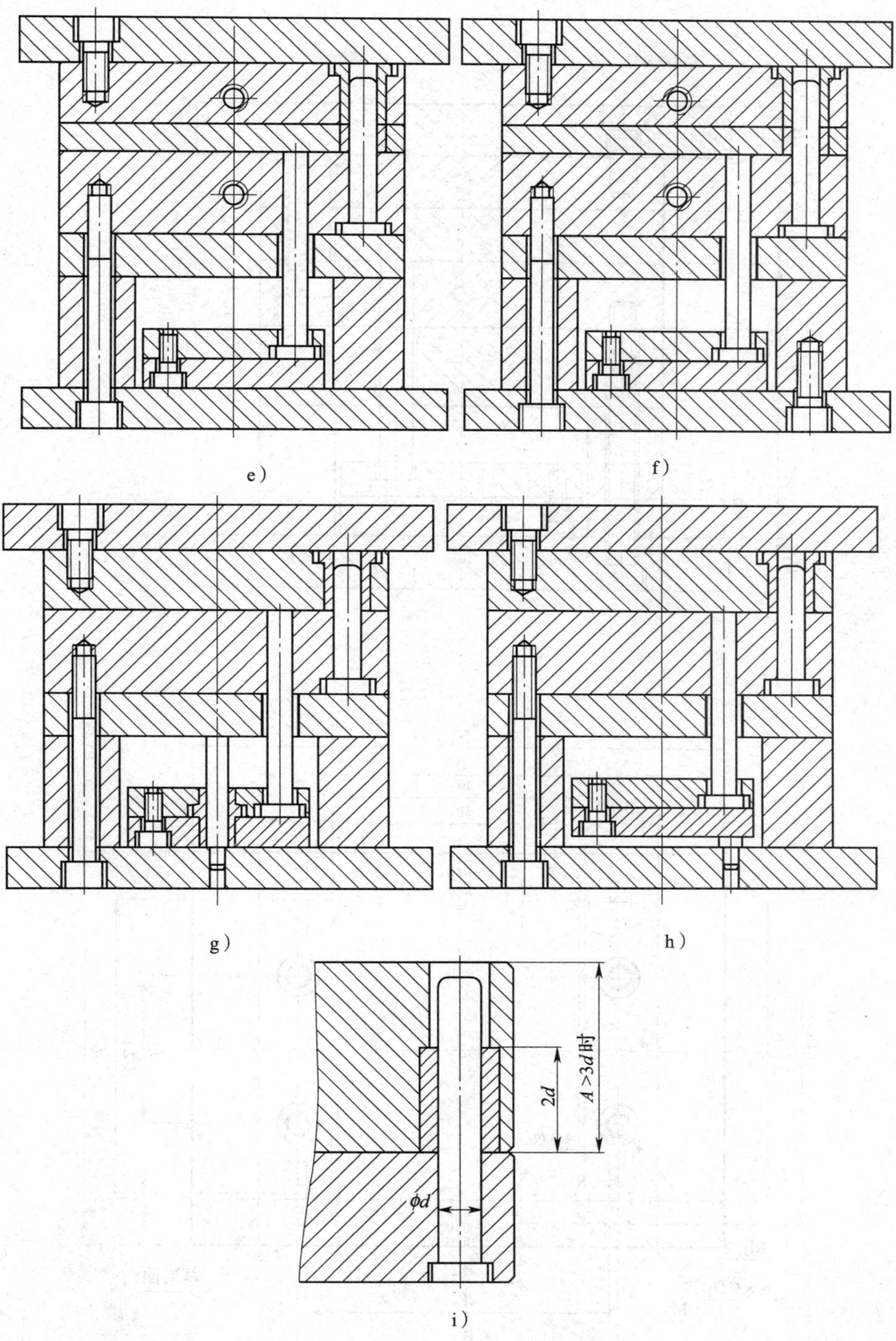

图 2—3—2 不同模架的结构

a）导柱、导套正装 b）导柱、导套反装 c）拉杆导柱在内 d）拉杆导柱在外

e）垫块与动模座板无固定螺钉 f）垫块与动模座板有固定螺钉

g）加装推板导柱 h）加装限位钉 i）较厚定模板导套结构

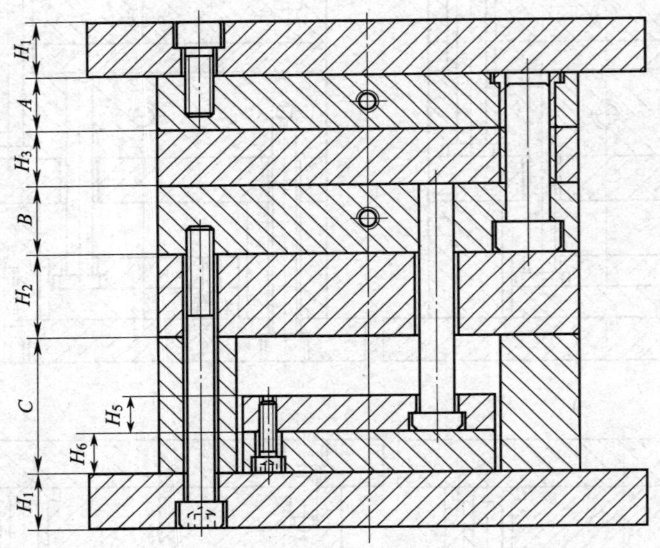

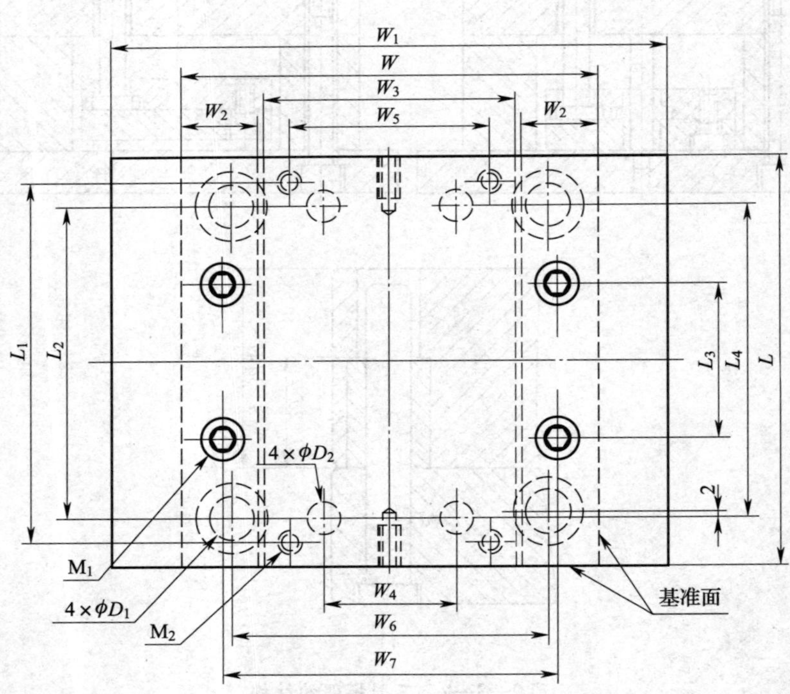

图 2—3—3　直浇口模架组合尺寸

（如 C10 mm）或做上相应的标记，如图 2—3—5 所示，以免弄错。另外，组成模架的零件应符合国家标准《塑料注射模零件》GB/T 4169. 1 ~4169. 23—2006 的规定。

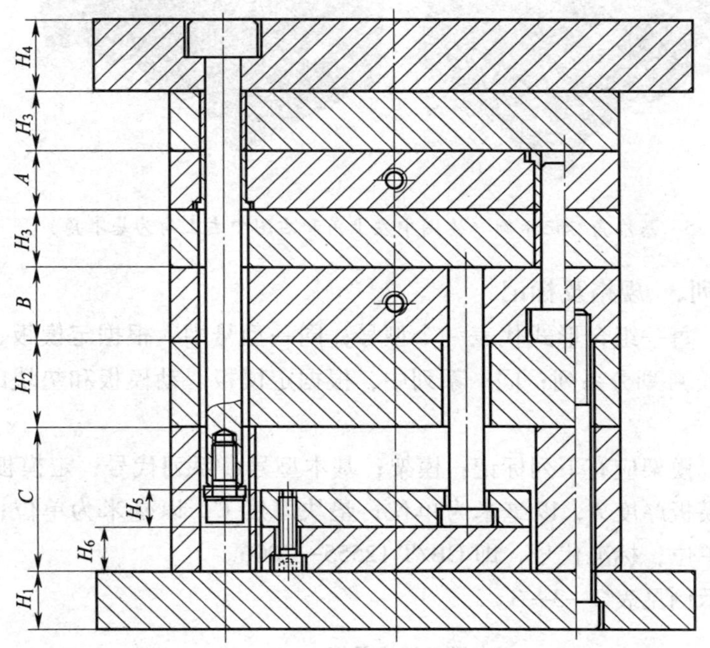

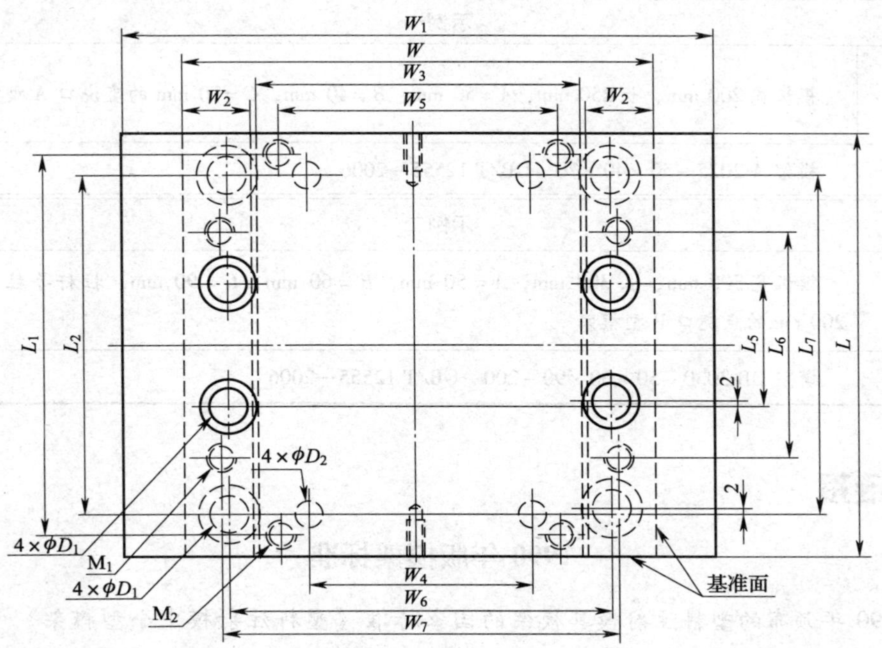

图 2—3—4 点浇口模架组合尺寸

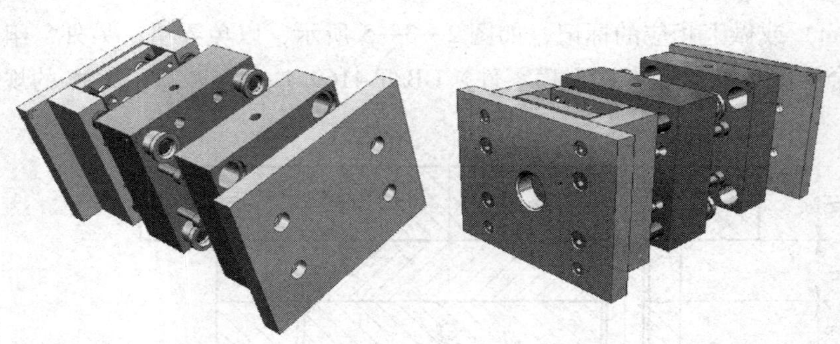

图 2—3—5 基准角标记示例（左图中左上角和右图中右上角为基准角）

3. 型号、系列、规格及标记

模架标准规定：每一组合形式代表一个型号；同一型号中，根据定模板、动模板的周界尺寸（宽×长）划分系列；同一系列中，根据定模板、动模板和垫块的厚度划分规格。

根据国家标准，模架应有下列标记：模架；基本型号；系列代号；定模板厚度 A，以毫米为单位；动模板厚度 B，以毫米为单位；垫块厚度 C，以毫米为单位；拉杆导柱长度，以毫米为单位；标准代号，即 GB/T 12555—2006。

标准模架标记示例见表 2—3—3。

表 2—3—3　　标准模架标记示例

示例一	
基本情况	模板宽 200 mm、长 250 mm，$A=50$ mm，$B=40$ mm，$C=70$ mm 的直浇口 A 型模架
标记	模架 A 2025－50×40×70　GB/T 12555—2006
示例二	
基本情况	模板宽 300 mm、长 300 mm，$A=50$ mm，$B=60$ mm，$C=90$ mm，拉杆导柱长度为 200 mm的点浇口 B 型模架
标记	模架 DB 3030－50×60×90－200　GB/T 12555—2006

知识链接

1990 年版模架标准

1990 年颁布的塑料注射模具模架的国家标准《塑料注射模中小型模架》（GB/T 12556.1—1990）和《塑料注射模大型模架》（GB/T 12555.1—1990）分别适用于模板尺寸 $B\times L$（宽×长）不大于 500 mm×900 mm 的中小型标准模架和模板尺寸 $B\times L$ 为

630 mm×630 mm ~ 1 250 mm×2 000 mm 的大型标准模架。

1. 中小型标准模架

中小型标准模架按结构特征可分为基本型和派生型两类。

(1) 基本型

基本型模架分为 A_1 ~ A_4 共 4 个品种，其组成、功能和用途见表 2—3—4。

表 2—3—4　　中小型基本型模架的组成、功能和用途

品种	A_1	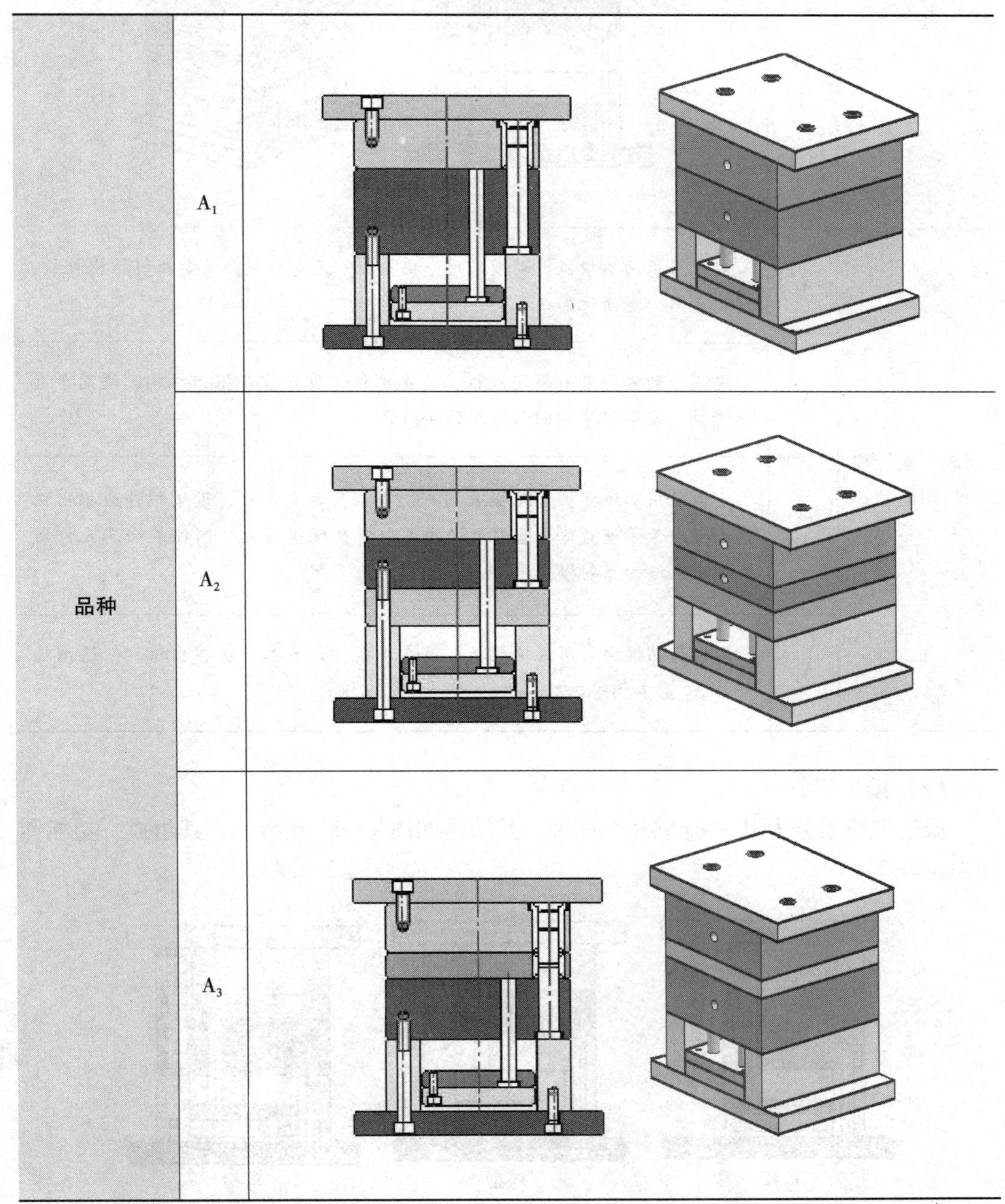
	A_2	
	A_3	

续表

品种	A_4	
组成、功能和用途	A_1	定模采用两块模板，动模采用一块模板，无支承板，设置推杆推出机构，适用于单分型面注射模
	A_2	定模和动模均采用两块模板，有支承板，设置推杆推出机构，适用于直接浇口、采用斜导柱侧向抽芯的注射模
	A_3	定模采用两块模板，动模采用一块模板，无支承板，设置推件板推出机构，适用于薄壁壳体类塑料制品的成型以及脱模力大、制件表面不允许留有推出痕迹的注射模
	A_4	定模和动模均采用两块模板，有支承板，设置推件板推出机构，适用场合与 A_3 基本相同

（2）派生型

派生型模架分为 P_1 ~ P_9 共 9 个品种，其结构如图 2—3—6 所示，其组成、功能和用途见表 2—3—5。

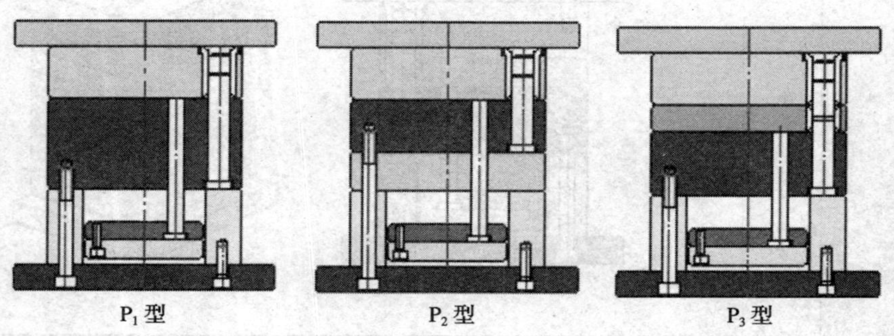

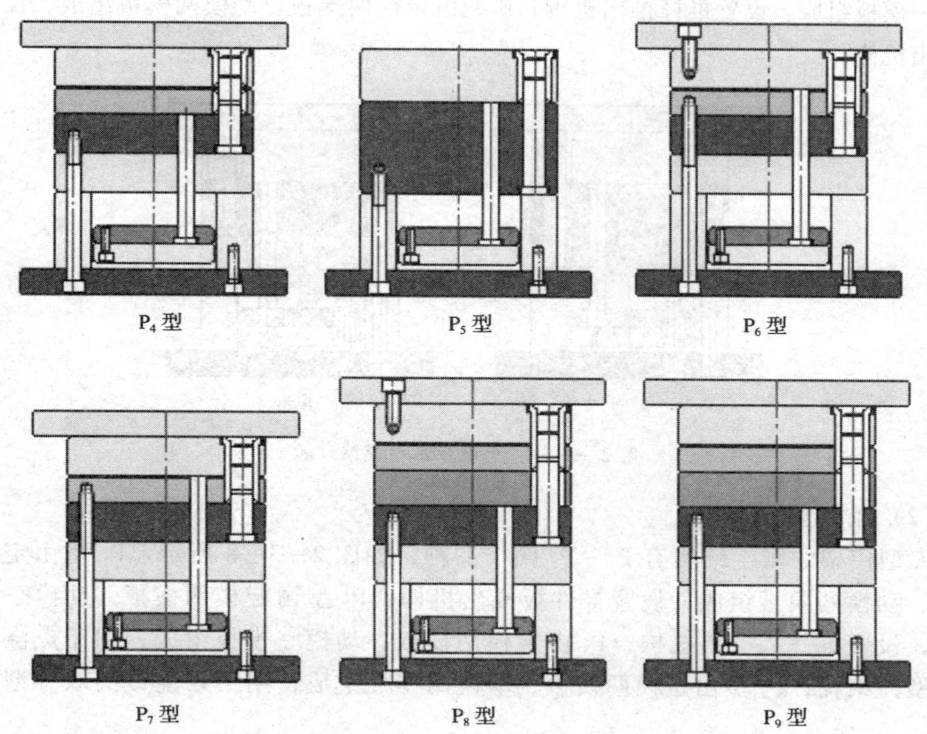

图 2—3—6 中小型派生型模架的结构

表 2—3—5 中小型派生型模架的组成、功能和用途

品种	组成、功能和用途
$P_1 \sim P_4$	由基本型模架 $A_1 \sim A_4$ 型对应派生而成。结构形式的差别在于去除了 $A_1 \sim A_4$ 型定模座板上的固定螺钉，使定模一侧增加了一个分型面，成为双分型面模具，多用于点浇口。其他特点和用途同 $A_1 \sim A_4$
P_5	动模、定模各由一块模板组成，主要适用于直接浇口、简单整体型腔结构的注射模
$P_6 \sim P_9$	P_6 与 P_7、P_8 与 P_9 是相互对应的结构。P_7 和 P_9 相对于 P_6 和 P_8 去除了定模座板上的固定螺钉。它们均适用于复杂结构的注射模，如定距分型自动脱落浇口注射模等

2. 大型标准模架

大型标准模架按结构特征不同，也分为基本型和派生型两类。

(1) 基本型

基本型模架分为 A 型和 B 型两个品种，如图 2—3—7 所示。A 型由定模两模板、

动模一模板组成，设置推杆推出机构；B 型由定模两模板、动模两模板组成，设置推杆推出机构。

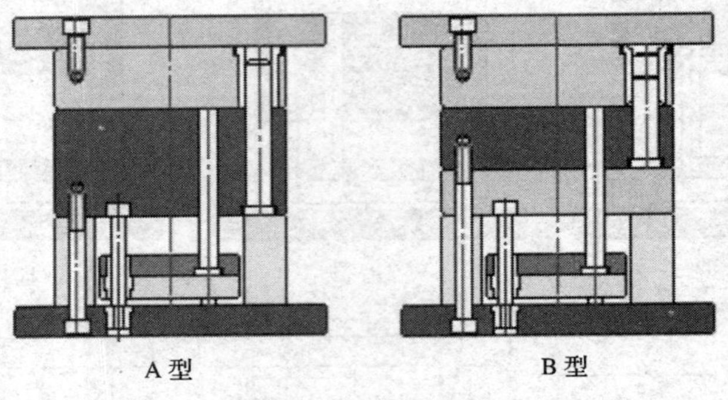

图 2—3—7　大型基本型模架结构

（2）派生型

大型模架的派生结构有 P_1 ~ P_4 四个品种，如图 2—3—8 所示。P_1 型由定模两模板、动模两模板组成，设置推件板推出机构；P_2 型由定模两模板、动模三模板组成，设置推件板推出机构；P_3 由定模两模板、动模一模板组成，用于点浇口的双分型面结构；P_4 型由定模两模板、动模两模板组成，用于点浇口的双分型面结构。

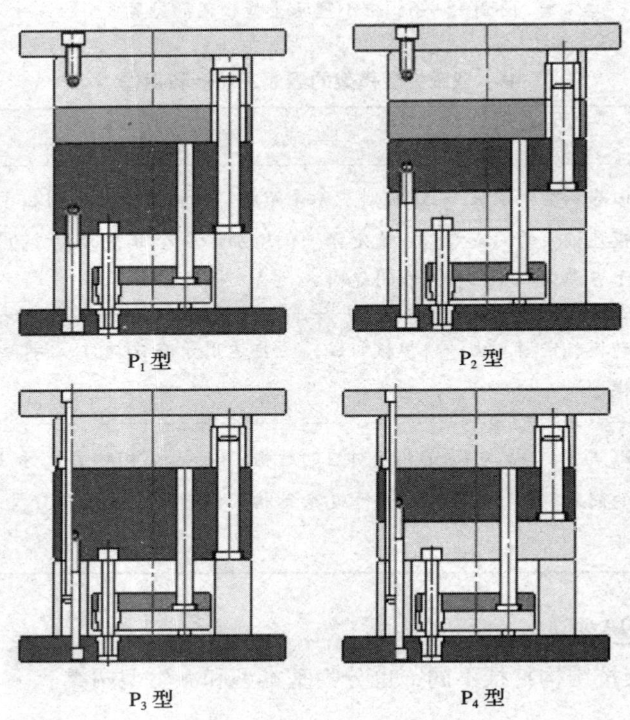

图 2—3—8　大型派生型模架结构

3. 模架规格的标记

（1）中小型模架规格的标记

中小型模架规格标记由四部分内容构成，即品种（基本型型号）、系列（模板周界尺寸）、规格（基本型组合的编号数）和导柱安装形式。其标记示例及说明见表2—3—6。

表2—3—6　　中小型模架规格标记示例及说明

标记示例及说明

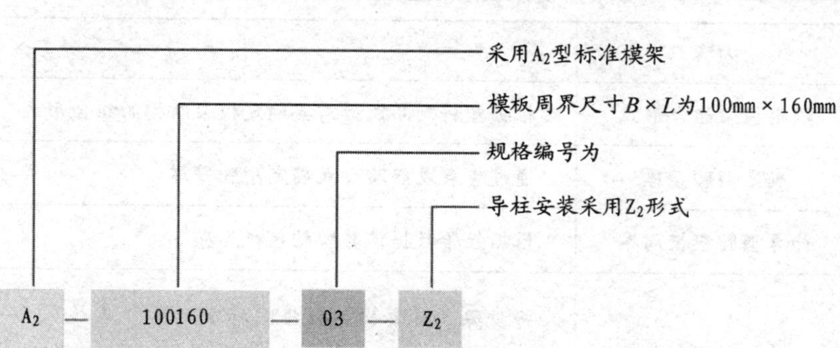

注：1．规格编号应查有关技术资料，例如，规格编号03即模板A厚度为12.5 mm，模板B厚度为20 mm。

2．导柱安装形式用代号Z和F来表示，Z表示正装形式，即导柱安装在动模中，导套安装在定模中；F表示反装形式，即导柱安装在定模中，导套安装在动模中。代号后的序号1、2、3分别表示所用导柱的形式，1表示直导柱，2表示带肩导柱，3表示带肩定位导柱，其结构形式如图2—3—9所示。

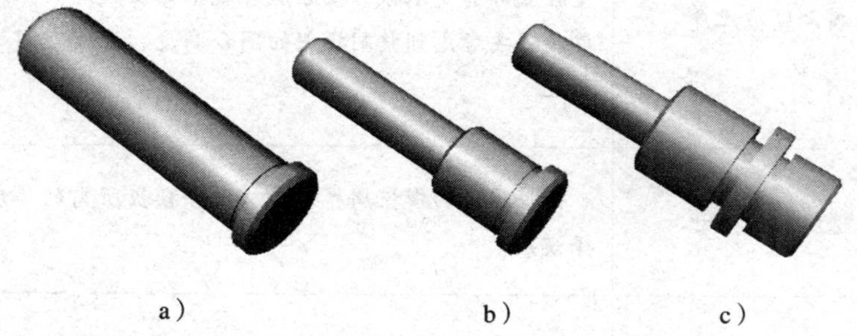

图2—3—9　导柱的结构形式

a）直导柱　b）带肩导柱　c）带肩定位导柱

（2）大型模架规格的标记

大型模架规格标记方法与中小型模架规格标记方法类似，只是表示模板尺寸$B \times L$时少写一个“0”，也可以理解为其长度单位不是毫米而是厘米，并且不表示导柱安装方式。例如，A—80125—26表示基本型A型结构，模板周界尺寸$B \times L$为800 mm×1 250 mm，规格编号为26，即模板A厚度为160 mm，模板B厚度为100 mm（规格编号查阅有关技术手册得出）。

二、标准模架选用说明

标准模架的选用取决于众多因素，其中包括塑料制品的大小和形状、每模塑料制品数（型腔数）、浇注系统形式、模具的分型面数、塑料制品脱模方式、推板行程、定模和动模的组合形式、注射机规格乃至模具设计者的设计理念等。

确定型腔模板的周界尺寸（长×宽）和厚度是选择模架的关键，标准模架的选用步骤说明见表2—3—7，具体内容后续章节将做进一步介绍。

表2—3—7　　　　标准模架的选用步骤说明

步骤	内容	说明
1	确定模架组合形式	根据塑料制品成型需要确定模架结构的组合形式
2	确定型腔壁厚	通过查表或经验公式确定型腔壁厚
3	计算型腔模板周界	根据经验数据计算型腔模板周界
4	模板周界尺寸	将步骤3计算出的数据向标准尺寸“靠拢”，一般向较大的修整。另外，在修整时还需考虑到在壁厚位置上应有足够的空间安装其他的零件，如果不够的话，需要增加壁厚尺寸
5	确定模板厚度	根据型腔深度得到模板厚度，并按标准尺寸进行修整。如果型腔底部有支承板，型腔底部就不需要太厚。另外，确定模板厚度还要考虑到整副模架的闭合高度、开模空间等与注射机相适应
6	选择模架尺寸	根据确定的模板周界尺寸，配合模板所需的厚度，查标准选择模架
7	检验所选模架	检验所选模架与注射机之间的关系，如闭合高度、开模空间等，如不合适需重选

课堂练习

1．试比较图2—3—10a、b所示模架在组成上的区别，分别列出它们的使用场合。

2．试写出图2—3—11所示标准模架中各模板的名称，并给出该标准模架的适用场合。

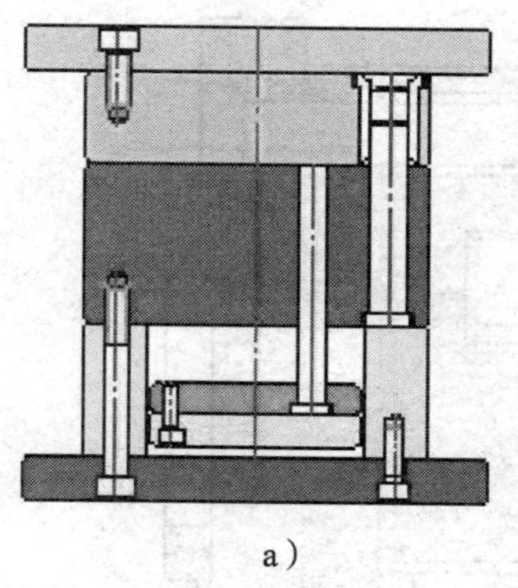

a）

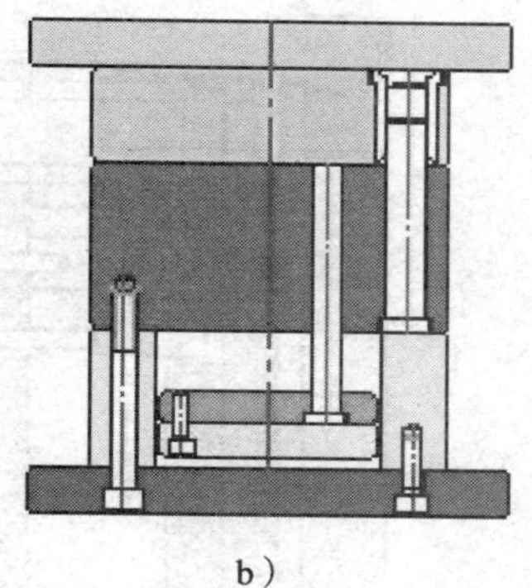

b）

图 2—3—10　模架组成比较

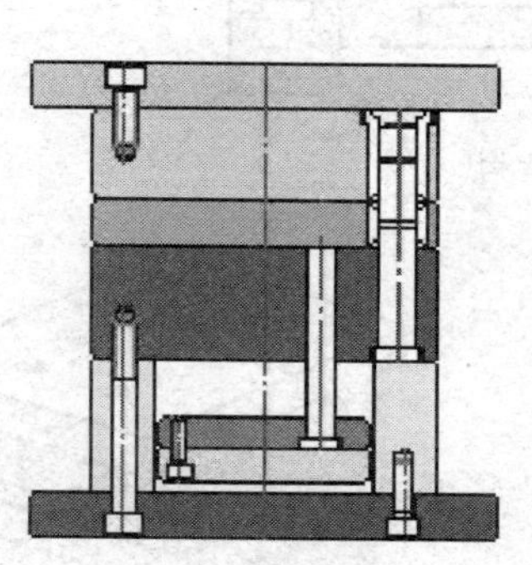

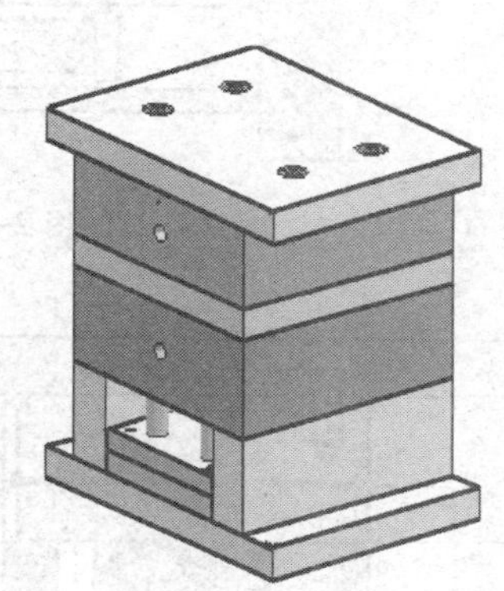

图 2—3—11　标准模架识读

3. 试根据图 2—3—12 所示模架结构，判断其导柱的安装形式、模架型号。

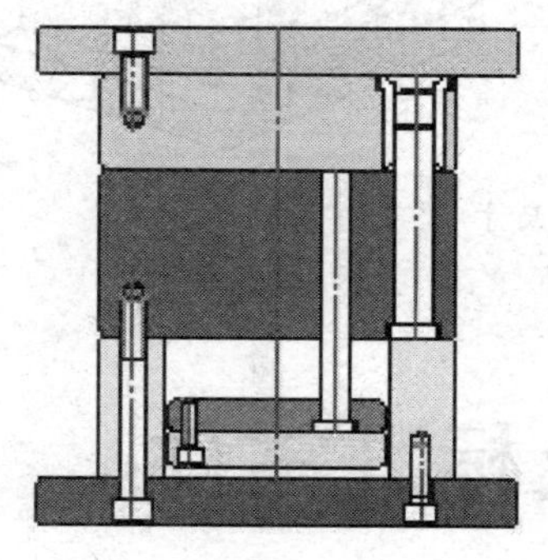

图 2—3—12　模架结构

4. 根据图 2—3—13 所示注射模结构，为其选择标准模架型号。

5. 试根据所给基本型模架组合尺寸，说出图 2—3—14 所示标准模架（L 为 200）的系列代号，并进行标记。

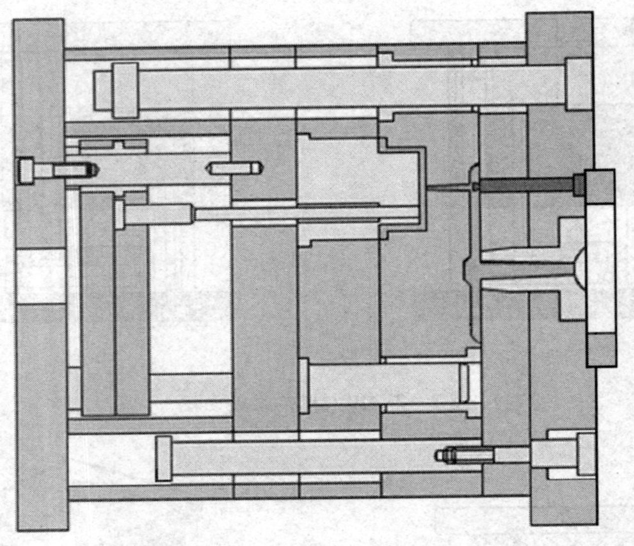

图 2—3—13　注射模结构

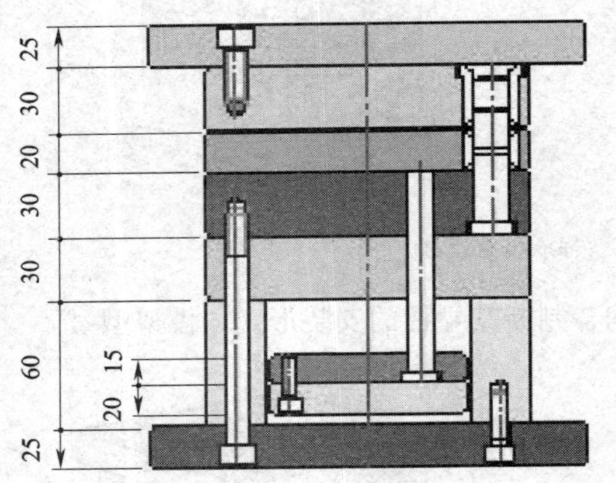

图 2—3—14　基本型模架组合尺寸

第四节　模具零件及标准零件

尽管塑料注射成型模具因塑料制品结构差异而结构繁简不一，但无论模具结构如何变化，都是以模架为基础，添加成型零部件和其他必要的结构零件所构成。

本节将结合图 2—4—1 所示一模四件单分型面注射模，从零部件的角度来认识注射成型模具。

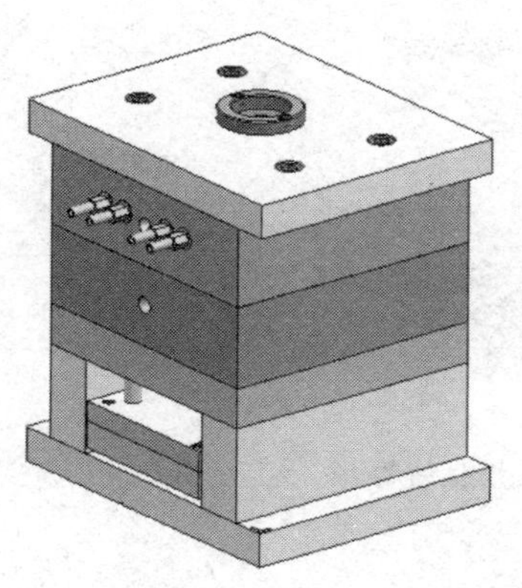
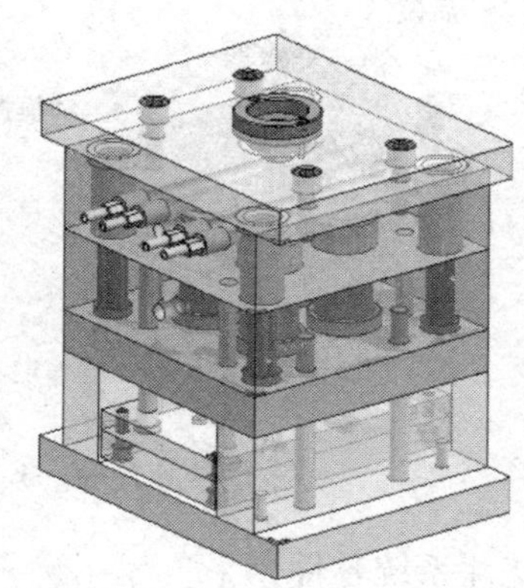

图 2—4—1 一模四件单分型面注射模具结构

一、模具零件

1. 模具零件及其作用

在塑料制品成型过程中，模具零件各司其职，相互协调，共同作用，通过注射机和注射成型工艺的配合，完成所需塑料制品的成型加工。

（1）成型零件

塑料注射模具中的成型零件，构成了成型塑料制品形体所需的腔体，在塑料制品成型过程中，成型零件与塑料熔体相接触，直接成型并确定塑料制品的内、外表面和形状。成型零件通常由型芯（成型制品内表面）、型腔（成型制品外表面）、镶件等组成，图 2—4—2 中开设有型腔的定模板、型芯就是成型零件。需要指出的是，对于那些结构简单、要求不高的塑料制品，模具设计时，可以考虑直接将型芯和型腔开设在动模板和定模板上，图 2—4—2 便是如此。

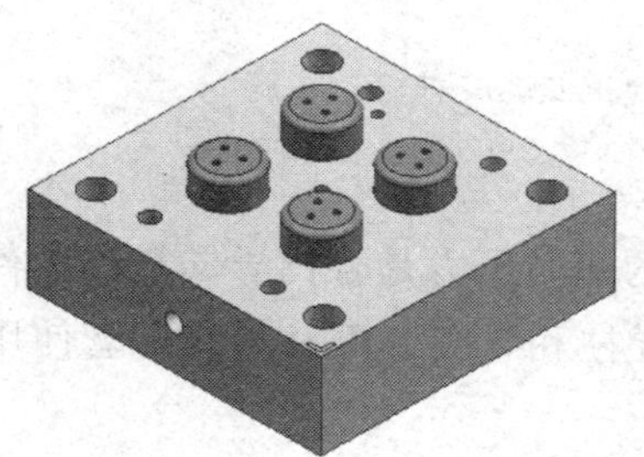
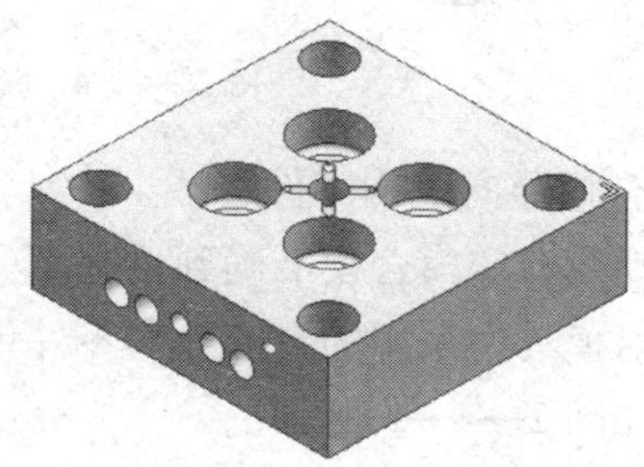

图 2—4—2 成型零件示例

当然，随着模具要求的越来越高，一般模具的成型零件均设计成独立部分，以模仁（包括前模仁和后模仁）形式，并根据需要采用整体结构或镶拼组合式结构，分别固定在成型模具的定模板和动模板上，如图 2—4—3 所示，以便采用比模板更好的材料来制造，同时可以节省贵重的模具钢材料，降低模具制造成本。

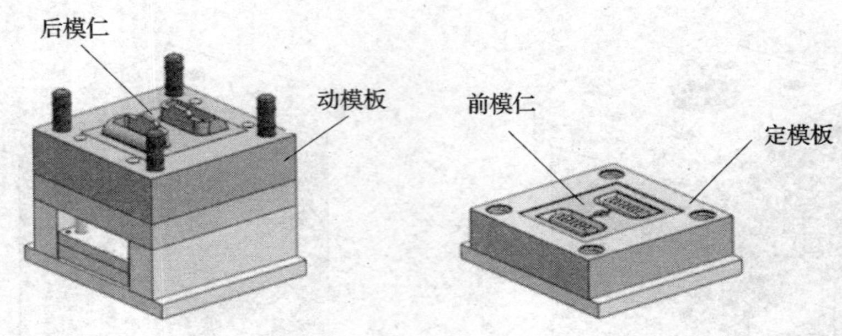

图 2—4—3　前模仁、后模仁结构

（2）浇注系统零件

浇注系统零件的作用是在注射模具上形成塑料熔体由注射机喷嘴进入型腔的流经通道。根据模具结构设计需要，注射模具中构成模具浇注系统的零件不尽相同，完整的通道包含主流道、分流道、浇口、冷料阱（冷料穴）。

在图 2—4—1 所示的注射模具中，由浇口套、定模板、拉料杆等零件构成浇注系统通道，如图 2—4—4 所示。

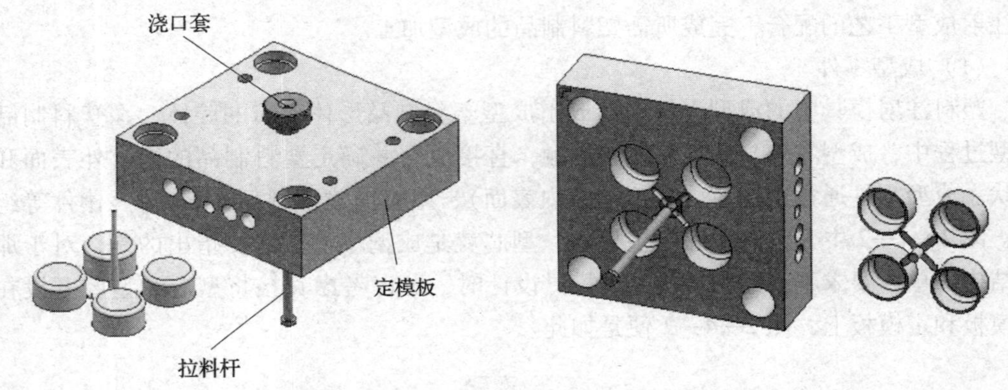

图 2—4—4　浇注系统通道及其凝料

（3）合模导向机构零件

保证动模和定模合模准确到位并承受一定的侧向压力是合模导向机构零件的作用所在。注射模具中采用的合模导向零件包括：导柱和导套，以及与其配套使用的精定位零件，如图 2—4—5 所示。

1）导柱和导套

导柱和导套是注射模具中通常采用的合模导向零件。模具闭合时，它们首先接触，引导动、定模准确闭合，避免因型腔未准确对准型芯而损坏成型零件；塑料熔体充模时，它们将承受一定的侧向压力，并能减少成型设备精度对成型加工的影响。

导向零件通常均布在模具的周边部位，其中心至模具边缘留有一定的距离，如图 2—4—6 所示，以保证模具的强度要求，防止压入导柱和导套时发生变形。

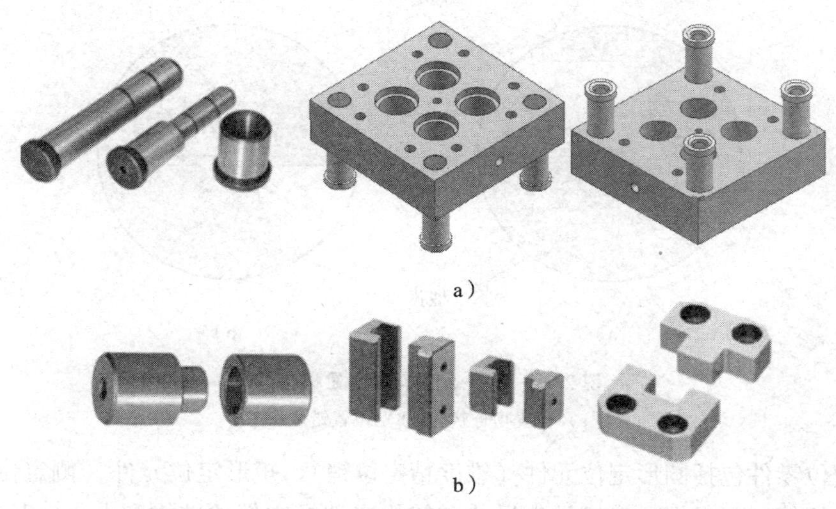

a）

b）

图 2—4—5 合模导向机构零件

a）导柱和导套 b）精定位零件

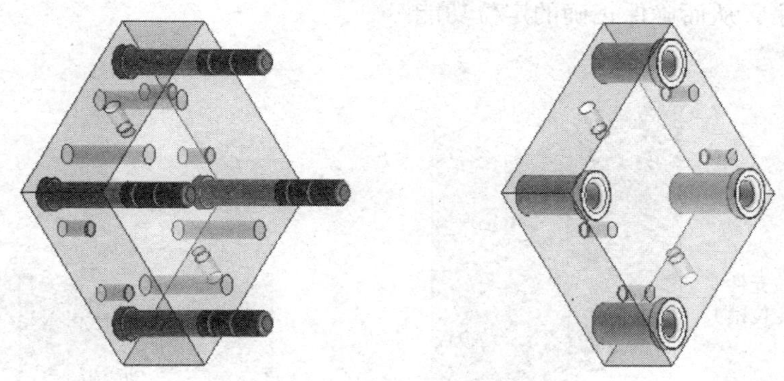

图 2—4—6 导向零件的布置部位

根据模具的形状和大小，一副模具一般需要 2 ~ 4 个导柱和导套。对于小型模具（模板最长边小于 500 mm），通常采用两个直径相同且对称分布的导柱；如果模具的型芯和型腔合模时有方位要求，则采用两个直径不同的导柱，或考虑采用不对称导柱的布置形式，以免出现安装错误。对于大中型模具，通常采用 3 个或 4 个直径相同的导柱，但分布位置不对称，或导柱位置对称，但中心距不同的布置形式。

另外，有些注射模具为避免塑料制品顶出过程中推板歪斜，还设有导向零件，如图 2—4—1 中所示的推板导柱和推板导套，以确保推板平稳运动。

2）精定位零件

由于导柱与导套之间存在配合间隙，其导向精度必然受到限制。当要求合模精度很高或侧压力很大时，必须配套使用精定位零件（组件），以免不良现象的发生，如成型零件的错位、异常磨损、碰撞、甚至损坏等（见图 2—4—7），以及塑料制品尺寸差异及毛刺的产生。

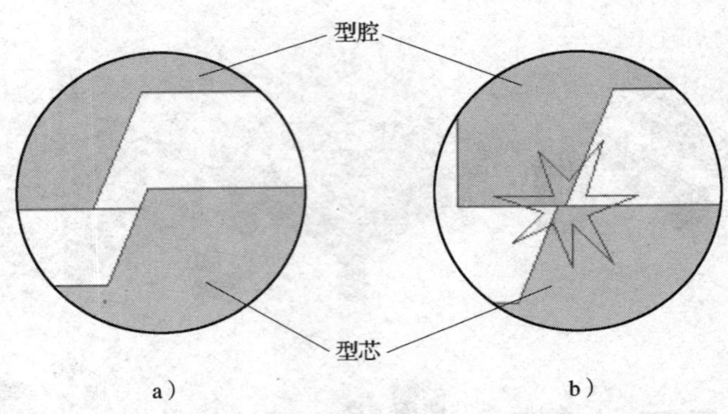

图 2—4—7　成型零件位置状态对比

a）位置吻合状态　b）位置错位状态

精定位零件包括圆形定位元件（锥度精定位销）、矩形定位元件（侧定位块）、锥度精定位块等。可根据注射模具的尺寸和结构来选择它们的结构和大小，其使用示意如图 2—4—8 所示。一般来说，模具温度较高时，需使用精定位块组件，通过它吸收模板的热膨胀，从而确保正确的定位功能。

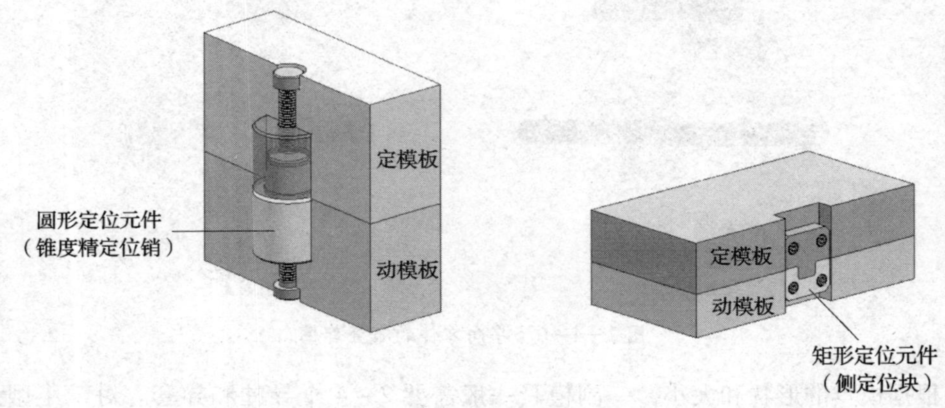

图 2—4—8　精定位零件的使用

（4）推出机构零件

推出机构零件的作用是将塑料制品及浇注系统凝料从分型后的注射模具中推出。根据需要，一般情况下推出机构可由推杆、复位杆、推杆固定板、推板、拉料杆等零件构成，如图 2—4—9 所示，必要时，还可设置推板导柱、推板导套，以提高推出机构的刚度。

（5）侧向分型与抽芯机构零件

注射成型时，若成型制品带有侧凹（俗称倒钩）或侧孔，开模时固化后的塑料制品就会因型芯的干涉而无法正常脱模，这时就要借助于侧向分型与抽芯机构，如斜导柱侧向分型与抽芯机构、斜顶侧向分型与抽芯机构等，通过该机构，将成型侧凹或侧孔的型芯，在塑料制品脱模之前，先从侧凹或侧孔中抽出。

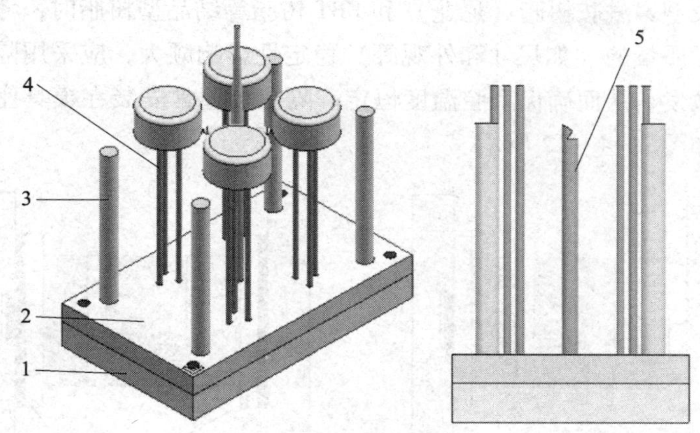

图 2—4—9 推出机构

1—推板 2—推杆固定板 3—复位杆 4—推杆 5—拉料杆

如图 2—4—10 所示为由斜顶杆、斜顶座和耐磨块等零件构成的用于内侧倒钩的侧向分型与抽芯机构—斜顶。

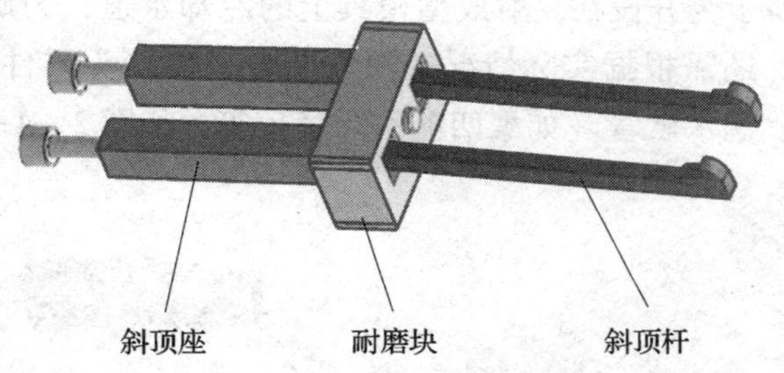

图 2—4—10 侧向分型与抽芯机构

（6）温度调节系统

满足注射工艺对模具温度的要求，实现对模具温度的控制，是温度调节系统的作用所在。当模具型腔表面温度要求控制在 20～90℃时，一般采用水做冷却介质，通过其在模具内部的循环来控制模具温度；当模具型腔表面温度要求控制在 90～200℃时，一般通过筒式加热器（见图 2—4—11）或热油进行温度控制，且前者结构比较简单，并能在短时间内升温，故被广泛应用。

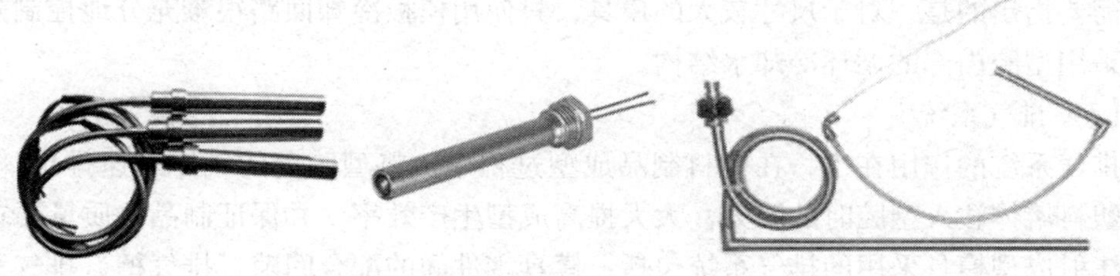

图 2—4—11 筒式加热器

另外，当成型聚酰胺树脂（尼龙）和 PBT 树脂等结晶型树脂时，考虑到型腔表面温度变化对制品质量的（如尺寸和外观等）稳定性影响颇大，应采用隔热板，以防止模具热量过度散发，从而确保型腔温度恒定。隔热板通常安装在模具座板和注射机安装模板之间，如图 2—4—12 所示。

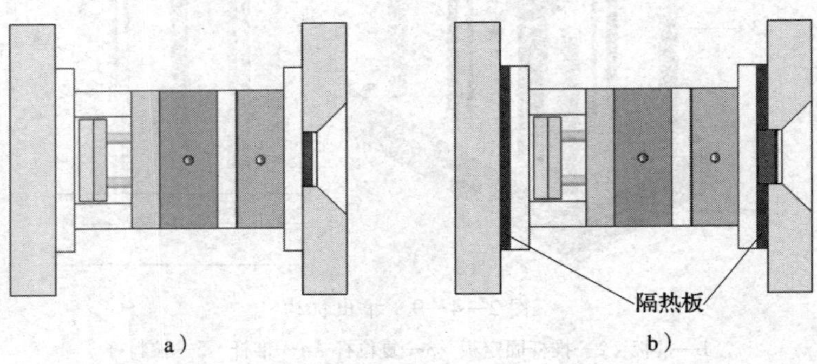

图 2—4—12　隔热板
a）未使用　b）已使用

图 2—4—13a 所示为开设在注射成型模具上的冷却水道，为确保将冷却水从循环装置导入模具内部，还需根据实际情况选用安装合适的接头零件及水管，如内接头、外接头、中转接头、温水软管（如聚四氟乙烯管）等，如图 2—4—13b 所示。

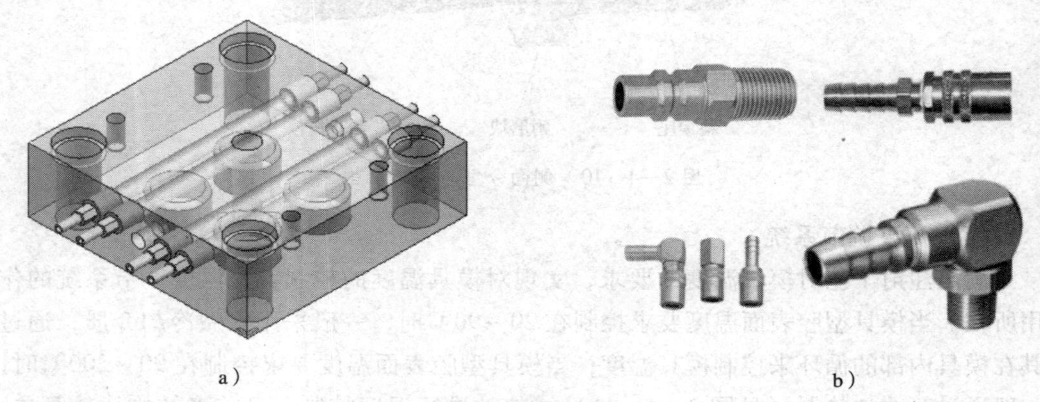

图 2—4—13　冷却水道及接头零件
a）冷却水道　b）接头零件

需要指出的是，对于尺寸较大的模具，只使用模板冷却回路很难充分地控制热量，还需采用型腔内部的循环冷却水结构。

（7）排气系统

排气系统的作用在于，在塑料制品成型过程中，将型腔内的气体迅速排出，从而减少塑料熔体注入型腔时的阻力，大大提高成型生产效率，并保证制品的质量要求。

注射成型模具采用的排气系统包括：模具零件间的配合间隙、排气槽、排气元件。排气槽一般开设在分型面上，图 2—4—14a 所示为开设在动模板上的排气槽；排气元件则是将具有通气微孔的特殊材料装入衬套（通常为不锈钢材料）中而制成的零件，如图 2—4—14b 所示，使用该零件可以使型腔内的气体通过微孔快速排出。当然，为防止通气微孔堵塞，塑料制品成型生产时需对排气元件进行定期的维护保养。

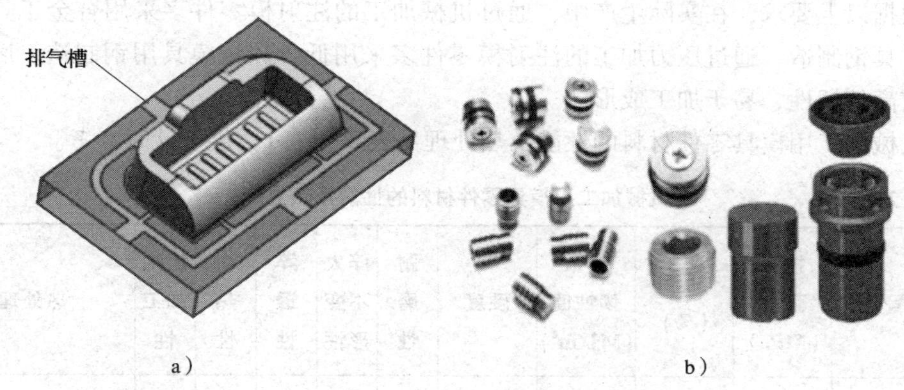

图 2—4—14 排气系统

a）排气槽 b）排气元件

（8）开模控制零件

开模控制零件主要是指在三板式注射模中，以机械方式控制各模板之间开合行程的相关零件，包括止动螺栓、螺栓拉杆、螺栓拉杆用垫圈、锁模板、钩式锁模板、顶出杆、尼龙锁模器用衬套、锁模器组件、定距拉板及专用螺栓和挡圈等，如图 2—4—15 所示。

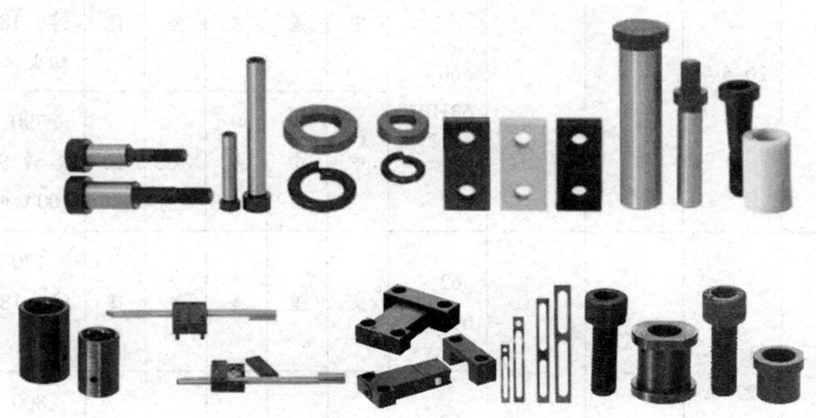

图 2—4—15 开模控制零件

2. 零件材料及热处理要求

（1）对材料的要求

注射成型时，注射模不但要承受一定的压力和工作温度，而且成型零件和浇注系统零件会受到塑料熔体的冲刷和摩擦作用，且有些塑料材料还具有腐蚀性。为适应如此的工作条件，并满足注射模零件的加工需要，必须对零件材料提出相应的要求：足够的表面硬度、良好的芯部强韧性、较好的耐疲劳性、一定的耐热性和耐蚀性、良好的切削加工性、较小的热处理变形、良好的抛光性和表面装饰纹的可加工性等。

（2）材料性能及热处理

根据以上要求，在实际生产中，通过机械加工的注射模零件多采用合金工具钢和碳素工具钢制造；通过压力加工的注射模零件多采用低含碳量模具用钢制造，以保证材料较高的塑性，易于加工成形。

机械加工用模具零件材料的性能及热处理见表2—4—1，供设计时参考。

表2—4—1　　机械加工用模具零件材料的性能及热处理

牌号	抗弯强度（MPa）	伸长率（%）	冲击韧性值（MJ/m^2）	硬度	耐磨性	淬火不变形性	淬透性	耐热性	切削加工性	热处理
45	7.5～15	3～15	30～80	25～52HRC	中	差	差	差	优	800～830℃水淬，200～560℃回火
55	8.1～15	3～15	30～100	23～55HRC	中	差	中	差	良	820～840℃水淬，200～600℃回火
T8	20.5～21	—	—	60～63HRC	中	差	差	差	优	760～780℃水淬，180～200℃回火
					中	中	差	差	优	790～810℃碱浴淬火，180～200℃回火
T10	21.5～22.5	—	—	62～64HRC	良	差	差	差	良	770～790℃水淬，180～200℃回火
				62～66HRC	良	中	差	差	良	800～820℃碱浴淬火，180～200℃回火
40CrMnMo	12.5～16.5	10～12	70～90	35～40HRC	中	良	良	中	良	850～870℃油淬，560～600℃回火，880～900℃渗碳

续表

牌号	抗弯强度（MPa）	伸长率（%）	冲击韧性值（MJ/m^2）	硬度	耐磨性	淬火不变形性	淬透性	耐热性	切削加工性	热处理
40CrMnMo	14 ~ 16	—	—	61 ~ 63HRC	良	良	良	中	良	850 ~ 870℃油淬，180 ~ 200℃回火
5CrMnMo	10.5 ~ 18.2	8 ~ 18	—	30 ~ 56HRC	中	良	良	良	中	840 ~ 860℃油淬，200 ~ 600℃回火
	—	—	—	62 ~ 58HRC	良	良	良	良	中	880 ~ 900℃渗碳，840 ~ 860℃油淬，180 ~ 200℃回火
5CrW2Si	12.5 ~ 18.5	8 ~ 13	—	35 ~ 55HRC	中	良	良	良	中	870 ~ 900℃油淬，240 ~ 600℃回火
	—	—	—	58 ~ 62HRC	良	良	良	良	中	880 ~ 900℃渗碳，870 ~ 900℃油淬，180 ~ 200℃回火
9Mn2V	20 ~ 25	—	—	>60HRC	良	良	良	差	中	780 ~ 800℃油淬，160 ~ 180℃回火
9CrWMn CrWMn	22 ~ 26	—	50 ~ 60	60 ~ 63HRC	良	良	良	中	中	810 ~ 830℃油淬，180 ~ 200℃回火
MnCrWV	—	—	—	>62HRC	良	良	良	中	良	800 ~ 840℃油淬，180 ~ 200℃回火
CrMn2SiWMoV	28 ~ 34	—	50 ~ 60	61 ~ 64HRC	优	优	优	中	中	820 ~ 840℃空气或油淬，180 ~ 200℃回火

续表

牌号	抗弯强度（MPa）	伸长率（%）	冲击韧性值（MJ/m²）	硬度	耐磨性	淬火不变形性	淬透性	耐热性	切削加工性	热处理
Cr4W2MoV	25	—	30	62 ~ 64HRC	优	优	优	中	中	970 ~ 990℃油淬，180 ~ 200℃回火
		—	—	61 ~ 62HRC	优	优	优	良	中	1 020 ~ 1 050℃油淬，500 ~ 550℃回火
Cr16WV	30 ~ 35	—	—	>60HRC	优	优	优	中	中	980 ~ 1 000℃油淬，180 ~ 200℃回火
					优	优	优	良	中	1 080 ~ 1 100℃油淬，490 ~ 510℃回火
20CrMnTi	11 ~ 12.5	10 ~ 15	80 ~ 130	58 ~ 62HRC	良	良	中	中	良	900 ~ 920℃渗碳，870 ~ 890℃、800 ~ 820℃两次淬火，180 ~ 200℃回火
20CrMnMo	12 ~ 14.5	8 ~ 12	50 ~ 80	58 ~ 62HRC	良	良	良	中	良	880 ~ 900℃渗碳，840 ~ 860℃、780 ~ 800℃两次淬火，180 ~ 200℃回火
38CrMoAl	8.5 ~ 10.5	12 ~ 18	70 ~ 130	230 ~ 305HB	差	中	中	中	良	930 ~ 950℃油淬，550 ~ 650℃回火
				950 ~ 1 100HV	优	中	中	中	良	调质后氮化
2Cr13	7.5 ~ 9	>14	750	323 ~ 375HB	差	良	良	中	良	1 010 ~ 1 030℃油淬，650 ~ 700℃回火
				800 ~ 1 100HV	优	良	良	中	良	调质后氮化

（3）材料的选用

选择注射模材料时，应考虑塑料制品材料的种类、塑料制品的生产批量、表面质量要求、零部件的类型及加工方法等因素，具体选择方法见表 2—4—2。

表 2—4—2 注射模零件材料选用

零件类型		选用材料
成型零件	批量不大的热塑性塑料注射模或形状简单、要求不高的型腔	45
	有镜面要求的热塑性塑料注射模	Y55CrNiMnMoV（SM1）
	热固性塑料模、小型芯、嵌件	T10A、9Mn2V、CrWMn、Cr12、7CrSiMnMoV（CH—1）
	成型形状复杂、要求热处理变形小的型腔、型芯或嵌件和增强塑料成型	CrWMn、9Mn2V、Cr12、Cr4W2MoV、20CrMnMo、20CrMnTi
	高耐磨、高强度和高韧性的大型型芯、型腔	5CrMnMo、40CrMnMo、3Cr2W8V、38CrMoAlA
	形状复杂、精度要求较高、批量大的热塑性塑料模	8Cr2MnWMoVS、5CrNiMnMoVSCa（5NiSCa）、Y20CrNi3AlMnMo（SM2）
浇注系统零件	浇口套、拉料杆、分流锥	T8A、T10A、9Mn2V、7CrSiMnMoV（CH—1）
合模导向机构零件	导柱、导套	20、T8A、T10A、7CrSiMnMoV（CH—1）
	限位导柱、推板导柱、导套、导钉	T8A、T10A
推出机构零件	推杆、推管	T8A、T10A、7CrSiMnMoV（CH—1）
	复位杆	45
	推杆固定板	45、Q235
	推板	45
侧向分型与抽芯机构零件	斜导柱、导套、滑块	20、T8A、T10A、7CrSiMnMoV（CH—1）
	楔紧块	45、T8A、T10A

续表

零件类型		选用材料
模板类零件	动模板、定模板、动模座板、定模座板	45
	垫块	45、Q235
	支承板	T7、T8、45
	推件板	T8A、T10A、45
其他零件	定位圈、定距螺钉、吊钩等	45
	水嘴	45、黄铜

二、标准零件

1. 塑料注射模零件标准

伴随着模架标准化，模具零件标准化应运而生，模具标准零件（简称标准件）涵盖除成型零件外的模具固定、导向等方面的标准组件，包括推杆（顶杆）、导柱导套、复位杆、推管、定位圈、浇口套等。目前，注射模零件的最新国家标准是2007年4月1日开始实施的《塑料注射模零件》GB/T 4169. 1—2006 ~ GB/T 4169. 23—2006。该标准分为23部分，有关内容见表2—4—3。

表2—4—3　注射模零件国家标准一览表

标准代号	标准名称
GB/T 4169. 1—2006	塑料注射模零件　第1部分　推杆
GB/T 4169. 2—2006	塑料注射模零件　第2部分　直导套
GB/T 4169. 3—2006	塑料注射模零件　第3部分　带头导套
GB/T 4169. 4—2006	塑料注射模零件　第4部分　带头导柱
GB/T 4169. 5—2006	塑料注射模零件　第5部分　有肩导柱
GB/T 4169. 6—2006	塑料注射模零件　第6部分　垫块
GB/T 4169. 7—2006	塑料注射模零件　第7部分　推板
GB/T 4169. 8—2006	塑料注射模零件　第8部分　模板
GB/T 4169. 9—2006	塑料注射模零件　第9部分　限位钉
GB/T 4169. 10—2006	塑料注射模零件　第10部分　支承柱
GB/T 4169. 11—2006	塑料注射模零件　第11部分　圆形定位元件

续表

标准代号	标准名称
GB/T 4169. 12—2006	塑料注射模零件　第 12 部分　推板导套
GB/T 4169. 13—2006	塑料注射模零件　第 13 部分　复位杆
GB/T 4169. 14—2006	塑料注射模零件　第 14 部分　推板导柱
GB/T 4169. 15—2006	塑料注射模零件　第 15 部分　扁推杆
GB/T 4169. 16—2006	塑料注射模零件　第 16 部分　带肩推杆
GB/T 4169. 17—2006	塑料注射模零件　第 17 部分　推管
GB/T 4169. 18—2006	塑料注射模零件　第 18 部分　定位圈
GB/T 4169. 19—2006	塑料注射模零件　第 19 部分　浇口套
GB/T 4169. 20—2006	塑料注射模零件　第 20 部分　拉杆导柱
GB/T 4169. 21—2006	塑料注射模零件　第 21 部分　矩形定位元件
GB/T 4169. 22—2006	塑料注射模零件　第 22 部分　圆形拉模扣
GB/T 4169. 23—2006	塑料注射模零件　第 23 部分　矩形拉模扣

标准化零件（见图 2—4—16）的采用为注射模设计和制造提供了便利条件。标准化零件的使用可以大幅度地减少设计人员的绘图工作量，从而使其可以将时间和精力集中于成型零件等非标准零件的设计，部分标准件的功能说明见表 2—4—4。

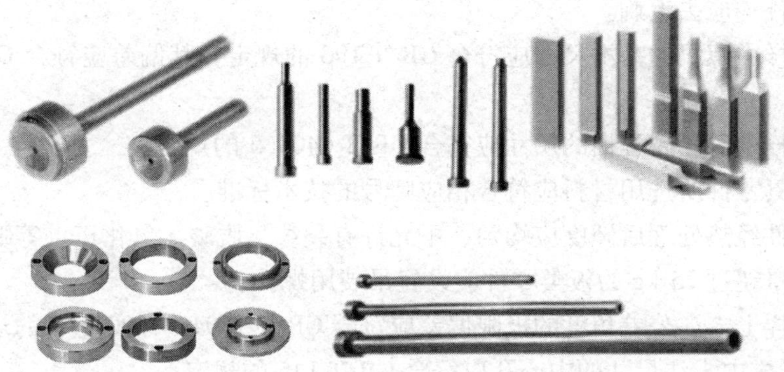

图 2—4—16　部分塑料模标准化零件

表 2—4—4　部分标准件的功能说明

标准件	功能说明
推杆	可改制成拉杆（如 Z 形拉料杆）或直接用作回程杆，也可作为推管的芯杆使用
推板	用于支承推出复位零件，或用作推杆固定板等

续表

标准件	功能说明
垫块	调节推（顶）件的距离和模具高度。选用时，其长度方向一般应与模板长度方向一致
垫板	垫板高度主要取决于注射机行程和所需的推（顶）出距离
模板	主要用于各种板类零件（不包括推板及垫块），甚至可改制成大的型芯、镶块使用
支承柱	在支承板较薄的情况下，有增强支承板的功能。在支承板与动模固定板之间合理布置支承柱，可改善支承板的受力状况。支承柱一般采用螺钉紧固在动模座板上
限位钉	用于支承推出机构和调节推出距离，并防止推出机构复位时受异物阻碍

2. 塑料注射模零件技术条件

国家标准《塑料注射模零件技术条件》（GB/T 4170—2006）具体规定了 GB/T 4169. 1—2006 ~ GB/T 4169. 23—2006 所列塑料注射模零件的要求、检验、标志、包装、运输和储存。其中，要求部分的规定如下：

（1）图样中线性尺寸的一般公差应符合 GB/T 1804—2000 中 m 的规定。

（2）图样中未注形状和位置公差应符合 GB/T 1184—1996 中 H 的规定。

（3）零件均应去毛刺。

（4）图样中螺纹的基本尺寸应符合 GB/T 196 的规定，其偏差应符合 GB/T 197 中 6 级的规定。

（5）图样中砂轮越程槽的尺寸应符合 GB/T 6403. 5 的规定。

（6）模具零件所选用材料应符合相应牌号的技术标准。

（7）零件经热处理后硬度应均匀，不允许有裂纹、脱碳、氧化斑点等缺陷。

（8）质量超过 25 kg 的板类零件应设置吊装用螺孔。

（9）图样上未注公差角度的极限偏差应符合 GB/T 1804—2000 中 c 的规定。

（10）图样中未注尺寸的中心孔应符合 GB/T 145 的规定。

（11）模板的侧向基准面上应做明显的基准标记。

对于零件检验，除规定要按零件标准和要求检验外，还规定检验合格后应做出检验合格标志，且标志上应包含检验部门、检验员、检验日期等信息。

对于零件的标志、包装、运输和储存，规定如下：一、在零件的非工作表面应做出零件的规格和材质标志；二、检验合格的零件应清理干净，经防锈处理后入库储存；三、零件应根据运输要求进行包装，应防潮、防止磕碰，保证在正常运输中完好无损。

课堂练习

1．试根据图 2—4—17 所示注射模具前模侧模型，完成表 2—4—5 的填写工作。

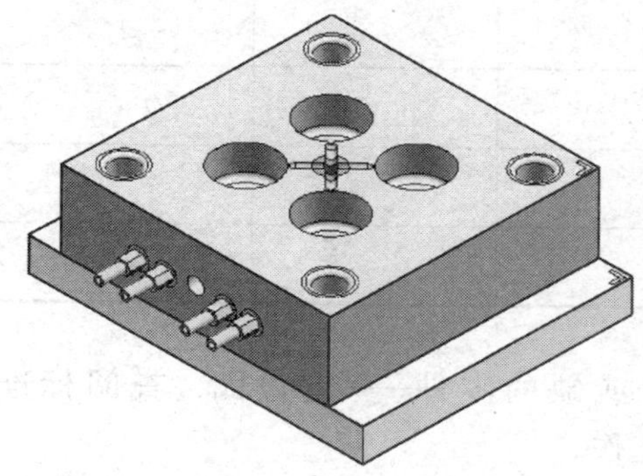

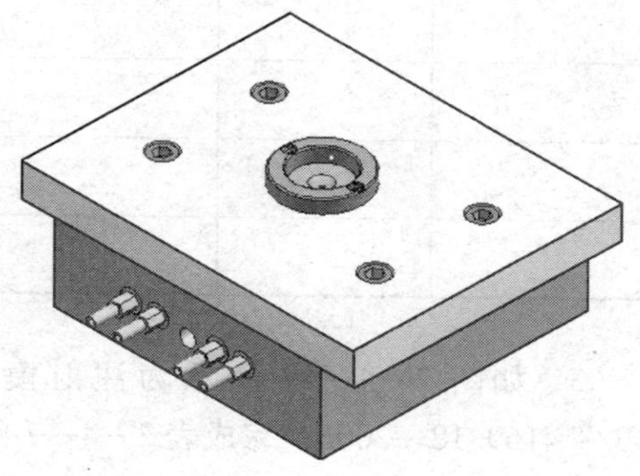

图 2—4—17　注射模具前模侧模型

表 2—4—5　模具零件名称、材料选择和热处理要求

零件名称	材料选择	热处理要求	零件名称	材料选择	热处理要求

2．如图 2—4—18 所示为注射模具后模侧模型，试完成表 2—4—6 的填写工作。

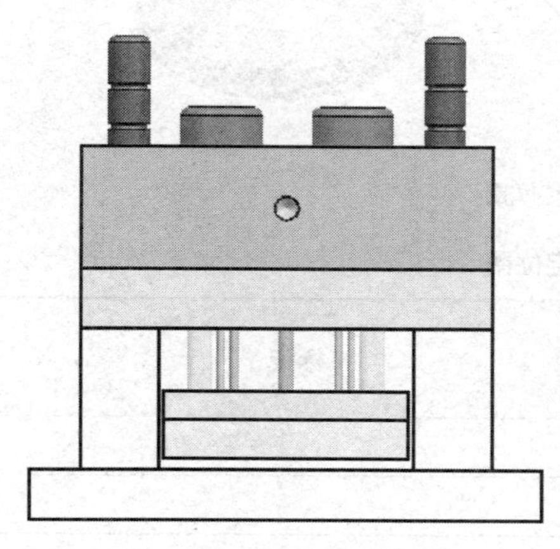

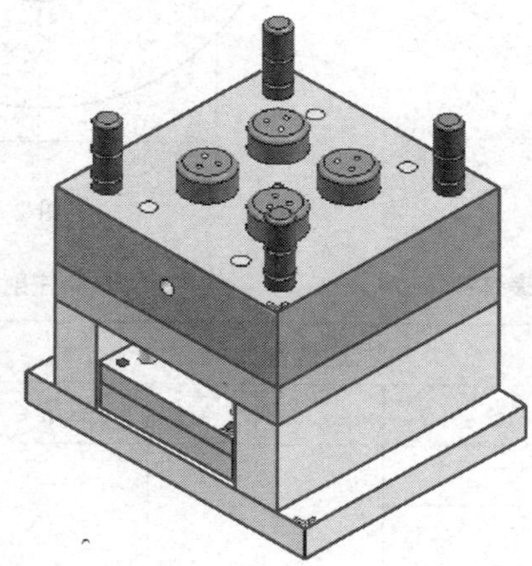

图 2—4—18　注射模具后模侧模型

表 2—4—6　标准件名称、材料选择和热处理要求

标准件名称	材料选择	热处理要求	标准件名称	材料选择	热处理要求

3. 如图 2—4—19 所示为注射模中不可或缺的零件——定位圈，查阅标准 GB/T 4169.18—2006，完成表 2—4—7 的填写工作。

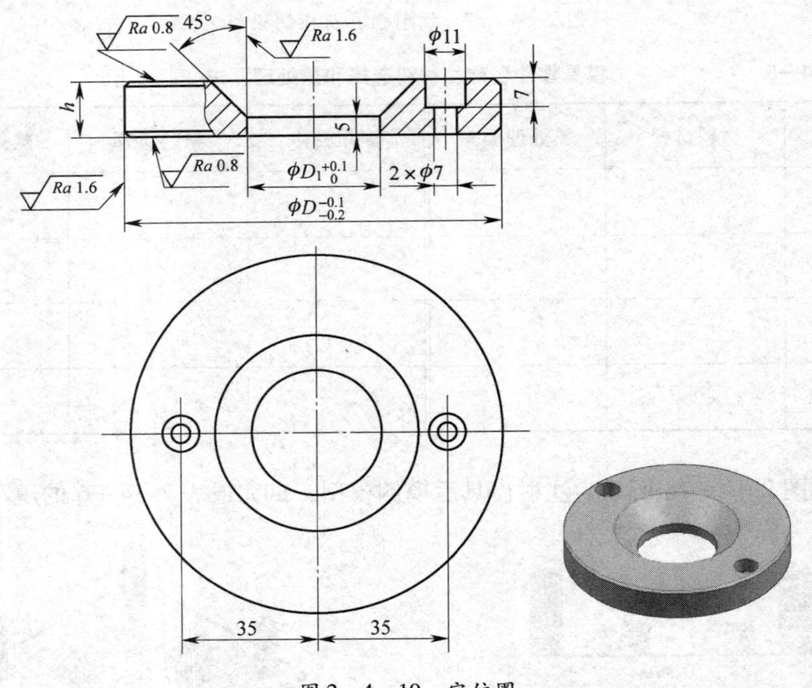

图 2—4—19　定位圈

表 2—4—7　注射模标准件定位圈

定位圈尺寸			标记	
D	D_1	*h*		
推荐材料			热处理	

第五节 成型零件设计

在注射模具中，成型零件决定着塑料制品的几何形状和尺寸，它们是模具的核心，是模具设计的重要部分。成型零件主要包括型腔（也称凹模）和型芯（也称凸模），如图 2—5—1 所示，它们分别成型塑料制品的外表面和内表面，分别位于注射模的定模、动模部分。

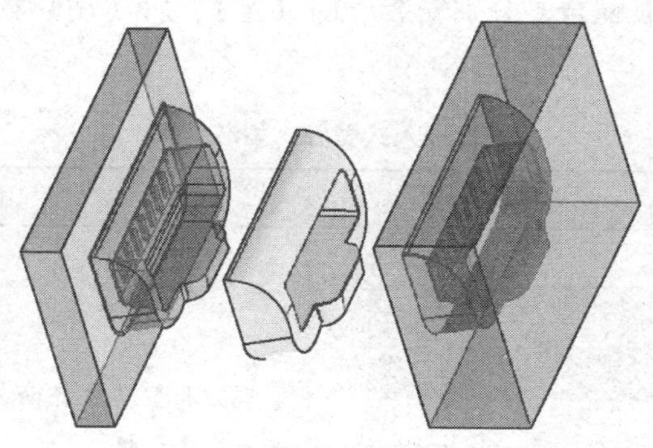

图 2—5—1 成型零件

此外，成型零件还包括成型塑料制品上内、外螺纹的螺纹型芯和螺纹型环，成型塑料制品上小孔或小槽的小型芯等。

一、成型零件的结构

1. 型腔和型芯结构

根据需要，型腔和型芯可采用整体式或组合式两种结构形式。

（1）整体式型腔和型芯结构

整体式型腔和型芯，是指直接在整块模板上分别加工出型腔、型芯形状的结构形式，型腔通常加工在定模板上，型芯通常加工在动模板上，如图 2—5—2 所示。

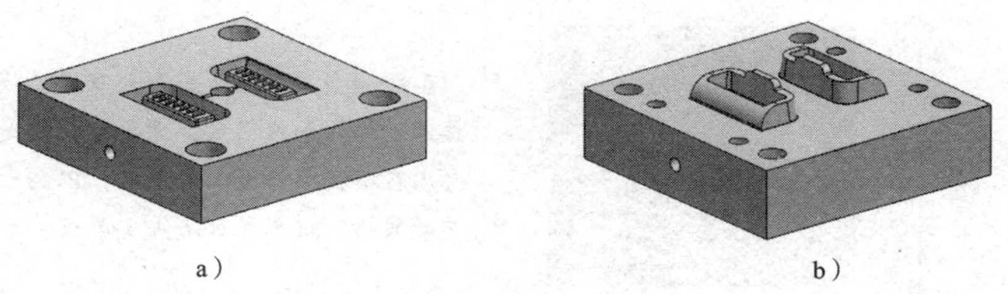

图 2—5—2 整体式型腔和型芯结构形式

a）整体式型腔 b）整体式型芯

整体式型腔和型芯具有牢固可靠、不易变形，成型的塑料制品不会产生拼接痕迹，外观质量较好等优点；但当塑料制品形状复杂时，其具有加工工艺性相对较差，热处理也不方便，消耗模具钢多等缺点。通常，只有在成型形状简单的中、小型塑料制品时，才采用整体式结构。

（2）组合式型腔和型芯结构

随着对模具要求的提高，生产实际中更多采用的是组合式型腔和型芯结构。所谓组合式型腔和型芯，是指由两个或两个以上的零件组合而成的型腔和型芯结构。按组合方式，组合式型腔和型芯可分为整体嵌入式、局部镶嵌式和四壁拼合式等形式。

1）整体嵌入式。整体嵌入式，是将型腔和型芯部分采用模仁（前模仁和后模仁）形式，通过 H7/m6 过渡配合，分别安装于前（定）、后（动）模板上的结构形式，其相关内容见表 2—5—1。

表 2—5—1　整体嵌入式型腔、型芯结构

嵌入方式	图例	说明
通孔台肩式		型腔和型芯从底面嵌入带有挂台孔的模板，并安排支承板
通孔无台肩式		型腔和型芯嵌入开设直通孔的模板，并安排支承板，通过螺钉加以固定（图例中略，下图同）
盲孔式		型腔和型芯从顶面嵌入开盲孔的模板，并直接通过螺钉加以固定，需要注意的是，此时应考虑在模板上开设工艺通孔，以利于型腔和型芯的装折。该形式可省去支承板

注：采用回转体外形模仁成型非回转体塑料制品时，需要考虑止转措施，如采用销钉、键等零件。

整体嵌入式结构不仅可以改善加工工艺性、减少热处理变形、节省贵重模具材料，而且容易保证形状和尺寸精度、装拆便捷。因此，成型形状复杂的塑料制品或一模多件的模具通常考虑采用该结构。

2）局部镶嵌式。局部镶嵌组合式结构形式如图 2—5—3 所示，出于加工方便或由于型腔某部位容易磨损需要经常更换时，可采用该结构形式。另外，在塑料制品上成型文字或标识时也采用该结构形式，如日期章组件等。

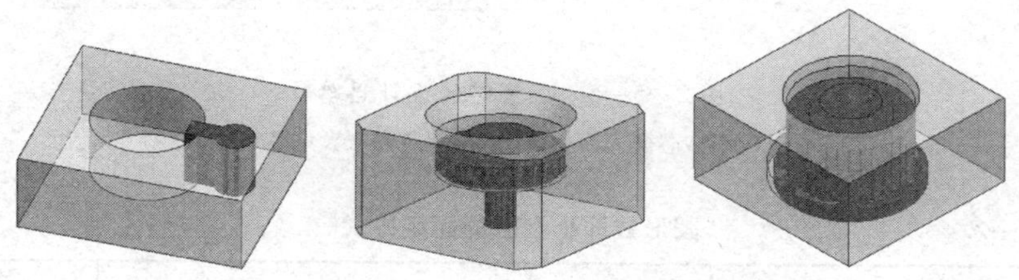

图 2—5—3 局部镶嵌组合式结构

3）四壁拼合式。对于大型或形状复杂的型腔，还可以采用四壁拼合式结构，即设计时将型腔分割为便于加工和拼合的四壁和底部结构，如图2—5—4 所示。考虑到装配的准确性，侧壁间应采用锁扣连接，并在连接处外壁留有适当的间隙，使型腔内侧接缝紧密，减少成型时塑料的挤入。

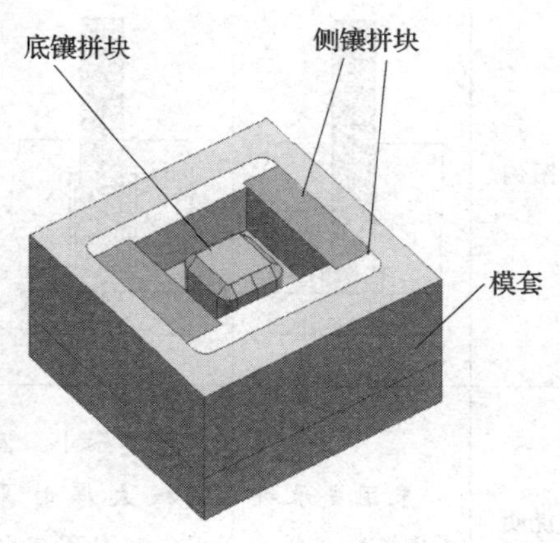

图 2—5—4 四壁拼合式结构

需要指出的是，随着数控设备在塑料模具成型零件加工中的广泛应用，降低了模具制造对钳工的过于依赖，结构复杂的整体式型腔和型芯加工已非难事。所以，成型零件的结构选择必须慎重权衡，只有这样方能简化复杂型面的加工工艺并保证强度，才能达到采用组合结构的初衷。

（3）小型芯结构

塑料制品上的小孔或槽通常采用小型芯来成型，根据成型孔的形状不同，小型芯有圆形截面和异形截面之分。为方便起见，小型芯通常采用单独制造，再嵌入模板或（大）型芯的设计思路，如图 2—5—5 所示。

对于圆形截面小型芯，有多种固定方式供选择，见表 2—5—2，且小型芯与模板一般采用 H7/m6 配合；对于异形截面小型芯，为制造方便，常将型芯设计成两段，其中，型芯的连接固定段截面设计成圆形，并用台肩和模板连接，当然有时也可以考虑用螺母紧固，如图 2—5—6 所示。

对于多个互相靠近的小型芯，用台肩固定时，如果发生重叠干涉，可如图 2—5—7 所示进行设计。

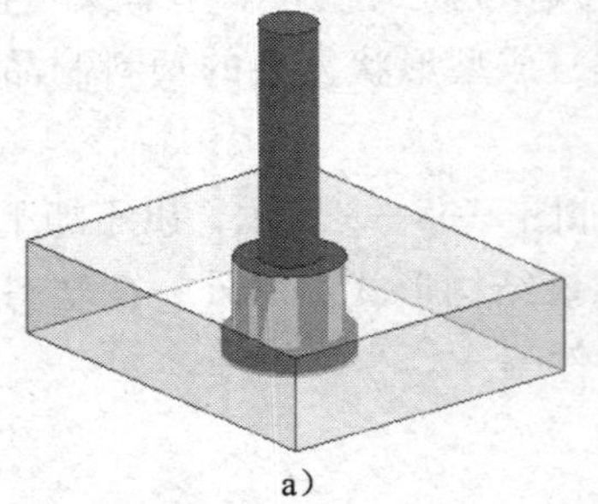
a）

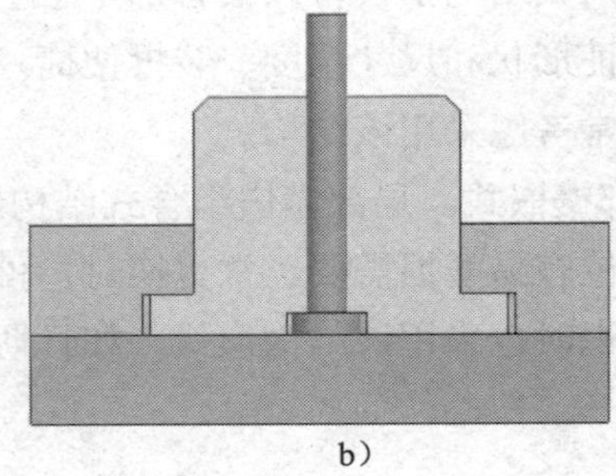
b）

图 2—5—5　小型芯的设计思路

a）小型芯嵌入模板　b）小型芯嵌入大型芯

表 2—5—2　　圆形截面小型芯的固定方式

固定方式	台肩固定	台阶式台肩固定	圆柱支承固定	螺塞固定	铆接固定
图例					
说明	采用支承板（垫板）压紧	型芯细小、固定板太厚时采用，可在固定板上减少配合长度	型芯细小、固定板太厚时采用，在下端用圆柱体支承	固定板厚且无支承板（垫板）时采用	小型芯嵌入后在另一端进行铆接

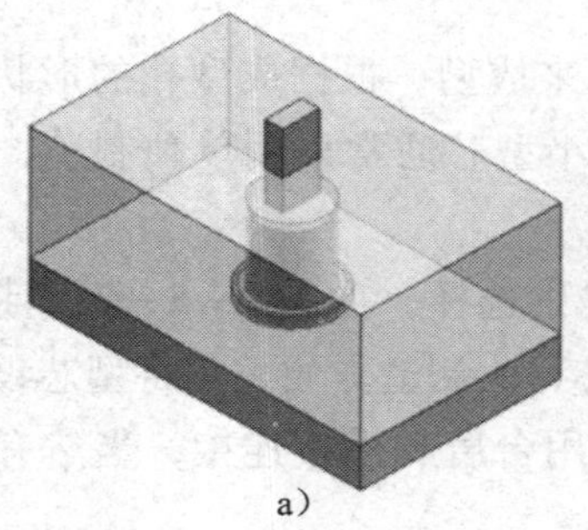
a）

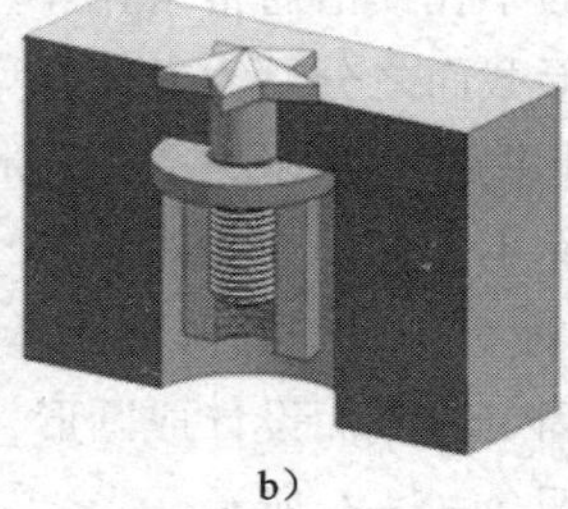
b）

图 2—5—6　异形小型芯的固定方式

a）圆形连接固定段的型芯　b）用螺母紧固的型芯

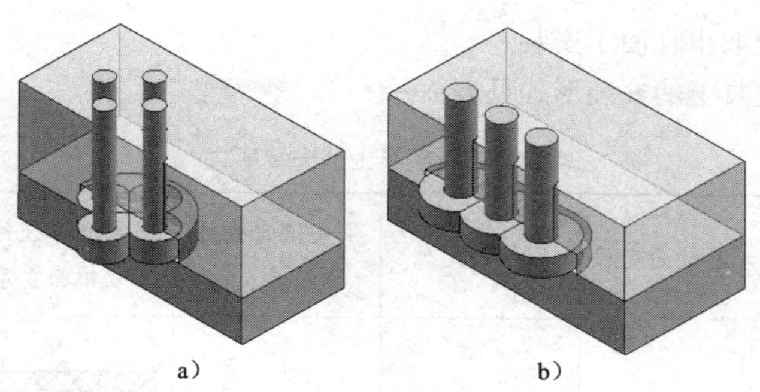

图 2—5—7 多个互相靠近小型芯的固定
a）菱形拼接 b）平面拼接

2. 螺纹型环和螺纹型芯结构

螺纹型环和螺纹型芯是分别用来成型塑料制品上外螺纹和内螺纹的活动镶件。成型后，螺纹型环和螺纹型芯有两种脱卸方法：模内自动脱卸和模外手动脱卸。当然，根据需要塑料制品上的螺纹也可用金属螺纹嵌件来形成。

（1）螺纹型环结构

螺纹型环常采用如图 2—5—8 所示的活动镶件结构。整体式型环与模板的配合通常为 H8/f8，配合段长度取 3 ~ 5 mm。为安装方便，配合段以外制出 3° ~ 5°的斜度，型环下端一般铣削成方形，以便成型后用扳手从塑料制品上拧下。组合式型环由两个半环拼合而成，中间用导向销定位，塑料制品成型后，可用尖劈状卸模器楔入型环两边的楔形槽撬口内，使其分开。

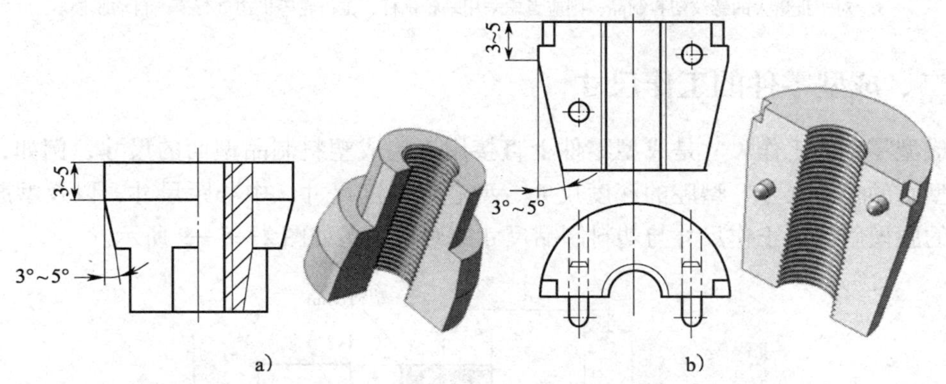

图 2—5—8 螺纹型环结构
a）整体式 b）组合式

需要指出的是，采用组合式型环成型的塑料外螺纹上会留下难以修整的拼合痕迹，因此该种结构只适用于精度要求不高的粗牙螺纹的成型。

（2）螺纹型芯结构

螺纹型芯通常采用活动镶件的结构形式安装在模具上，并满足两个要求：第一，成型时螺纹型芯定位可靠，不会因合模振动或塑料熔体冲击而移位；第二，开模时应能与塑料制品一起取出且便于安装。

螺纹型芯在模具上的安装形式见表 2—5—3。

表 2—5—3　　螺纹型芯在模具上的安装形式

形式	锥面定位	大圆柱面定位	圆柱面定位	固定螺母嵌件接触面支承	固定螺母嵌件下端锥面支承	光杆型芯定位
图例	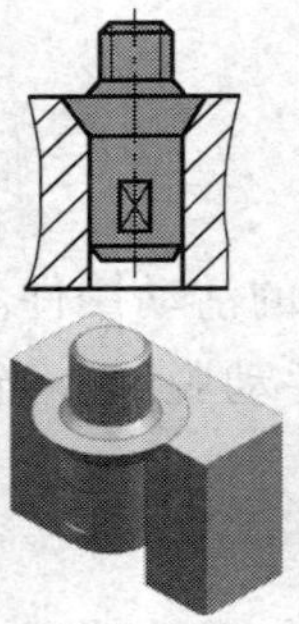		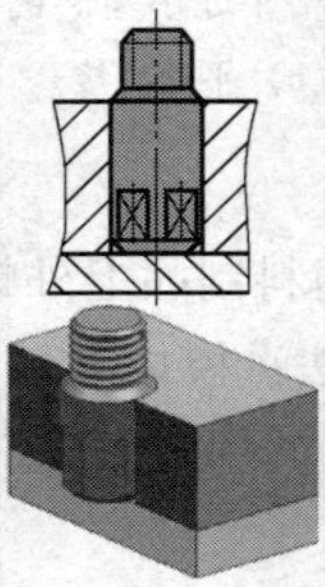	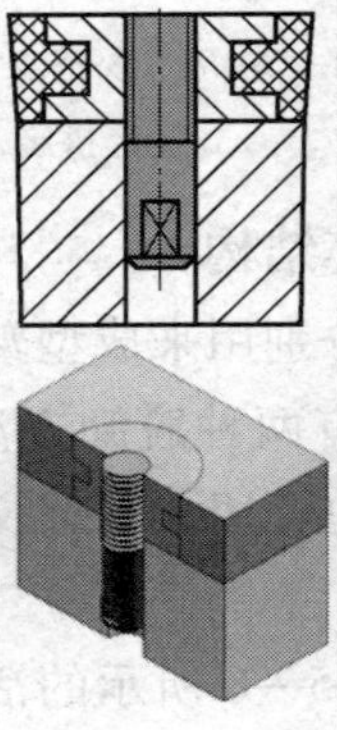	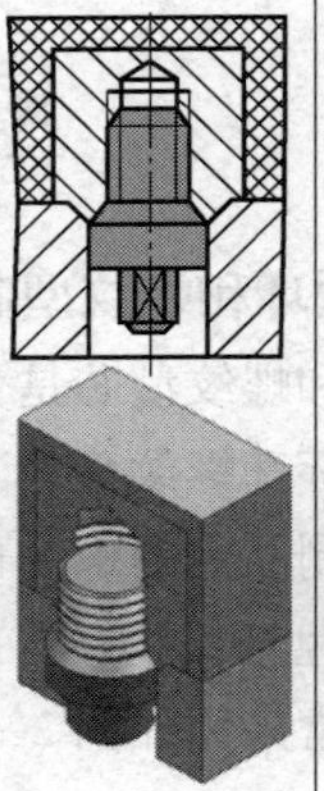	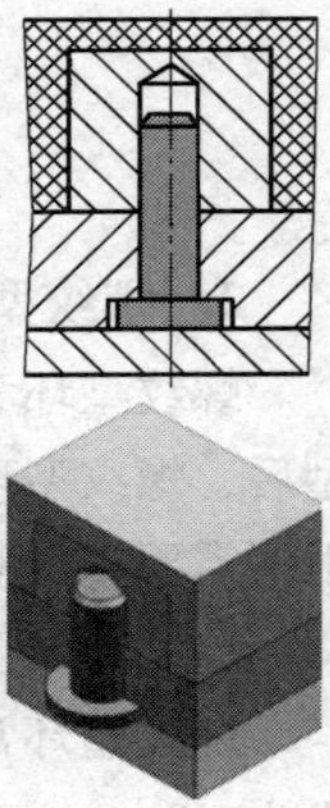

说明：1. 螺纹型芯与模板安装孔的配合一般采用 H8/f8。

2. 成型塑料制品螺纹孔的螺纹型芯在设计时要考虑塑料收缩率；固定螺母嵌件的螺纹型芯在设计时不必考虑收缩率，按普通螺纹制造即可，甚至可采用光杆型芯。

3. 对于批量大的螺纹塑料制品，则应考虑采用蜗轮蜗杆、锥齿轮等机构进行模内自动脱模。

二、成型零件的工作尺寸

成型零件的工作尺寸是成型零件上直接用来构成塑料制品型面的尺寸，例如，型腔和型芯的径向尺寸、型腔的深度尺寸、型芯的高度尺寸、中心距尺寸，以及型腔和型芯的脱模斜度，工作尺寸与塑料制品尺寸的对位关系如图 2—5—9 所示。

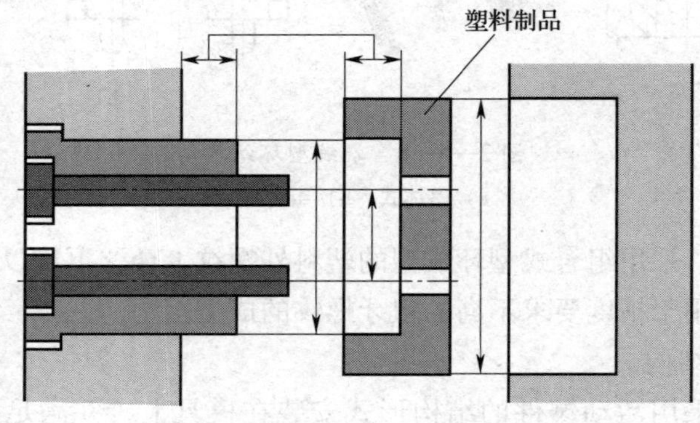

图 2—5—9　成型零件工作尺寸与塑料制品尺寸的对位关系

注射模设计时，应根据塑料制品的尺寸和公差要求来确定成型零件的工作尺寸及其公差。

1. 尺寸分类

塑料制品型面上的尺寸可以分为两类：标注有公差的尺寸和没有标注公差的尺寸。

对于标注有公差的尺寸，它们是塑料制品上精度相对较高、有配合要求的尺寸。在进行这一类尺寸的成型零件工作尺寸计算时，既要考虑塑料的收缩率，又要考虑模具的磨损，以有效保证整个模具寿命周期内所成型制品的尺寸精度。

对于没有标注公差的尺寸，它们是塑料制品上次要的、要求比较低的尺寸。为简化计算，在进行这一类尺寸的成型零件工作尺寸计算时，往往只考虑塑料的收缩率。

2. 尺寸计算

对于标注公差的塑料制品尺寸，其成型零件工作尺寸的计算公式及其说明见表2—5—4。

表2—5—4　成型零件工作尺寸计算公式及说明

工作尺寸	图例	计算公式	公式说明
型腔径向尺寸	$\phi L_{M\ 0}^{+\delta_z}$ $\phi L_{S\ -\Delta}^{\ 0}$	$L_M=\left(L_S+L_SS_{CP}-\frac{3}{4}\Delta\right)_{0}^{+\delta_z}$	L_M——型腔径向尺寸，mm L_S——塑料制品径向尺寸，mm S_{CP}——塑料平均收缩率,% Δ——塑料制品公差值，mm δ_Z——型腔制造公差，取$\Delta/3$
型芯径向尺寸	$\phi l_{S\ 0}^{+\Delta}$ $\phi l_{M\ -\delta_z}^{\ 0}$	$l_M=\left(l_S+l_SS_{CP}+\frac{3}{4}\Delta\right)_{-\delta_z}^{0}$	l_M——型芯径向尺寸，mm l_S——塑料制品径向尺寸，mm δ_Z——型芯制造公差，取$\Delta/3$ 其余符号同上

续表

工作尺寸	图例	计算公式	公式说明
型腔深度尺寸	$H_M{}^{+\delta_z}_{0}$；$H_{S-\Delta}^{\ 0}$	$H_M=\left(H_S+H_SS_{CP}-\frac{2}{3}\Delta\right)^{+\delta_z}_{0}$	H_M——型腔深度尺寸，mm H_S——塑料制品高度尺寸，mm 其余符号同上
型芯高度尺寸	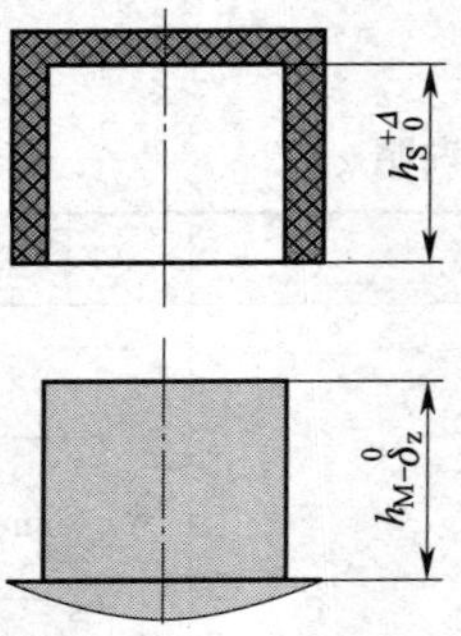 $h_S{}^{+\Delta}_{0}$；$h_{M-\delta_z}^{\ 0}$	$h_M=\left(h_S+h_SS_{CP}+\frac{2}{3}\Delta\right)^{0}_{-\delta_z}$	h_M——型芯高度尺寸，mm h_S——塑料制品高度尺寸，mm 其余符号同上
中心距尺寸	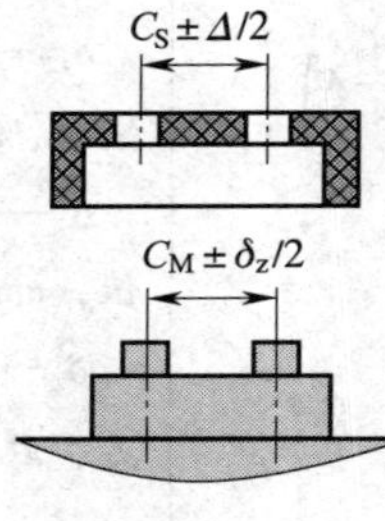 $C_S\pm\Delta/2$；$C_M\pm\delta_z/2$	$C_M=(C_S+C_SS_{CP})\pm\delta_z/2$	C_M——模具中心距尺寸，mm C_S——塑料制品中心距尺寸，mm 其余符号同上

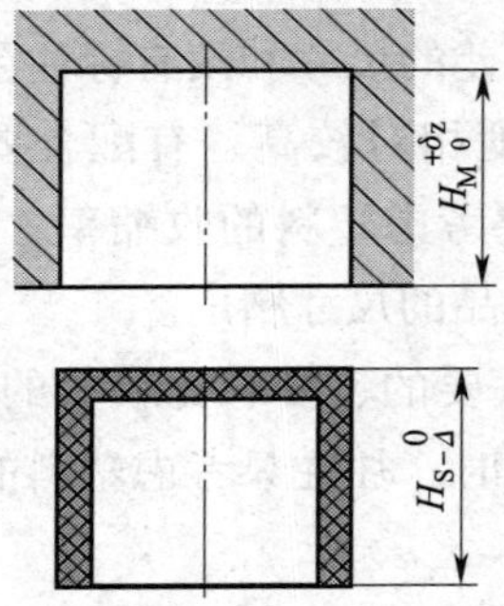

注：1. 成型零件工作尺寸计算公式的导出过程中，所涉及的尺寸无论是塑料制品尺寸还是成型模具尺寸均应按规定的标注方法标注。如果塑料制品尺寸未按规定的标注方法标注，则需进行转换：轴类尺寸采用基轴制；孔类尺寸采用基孔制。

2. 为了便于脱模，型腔和型芯都设计有脱模斜度。计算型腔尺寸时，应以大端尺寸为基准，另一端按脱模斜度相应减小；计算型芯尺寸时，应以小端尺寸为基准，另一端按脱模斜度相应增大，这样便于修模时留有余量。

图 2—5—10 所示为 ABS 塑料制品及其成型零件，一模四腔布局，型腔、型芯均采用整体式结构。分析图样（并参考表 1—3—4 和表 2—5—4）可知，对于 ABS 材料塑料制品，标注公差的尺寸均为 MT3 级精度，未注公差按 MT5 级精度公差值选取（见附录一），尺寸 $SR25$ 的公差值为 0.50，尺寸 45 的公差值为 0.64，尺寸 $SR23$ 的公

差值为0.44，尺寸43的公差值为0.64，取ABS的平均收缩率为0.6%，其成型零件工作尺寸计算见表2—5—5。

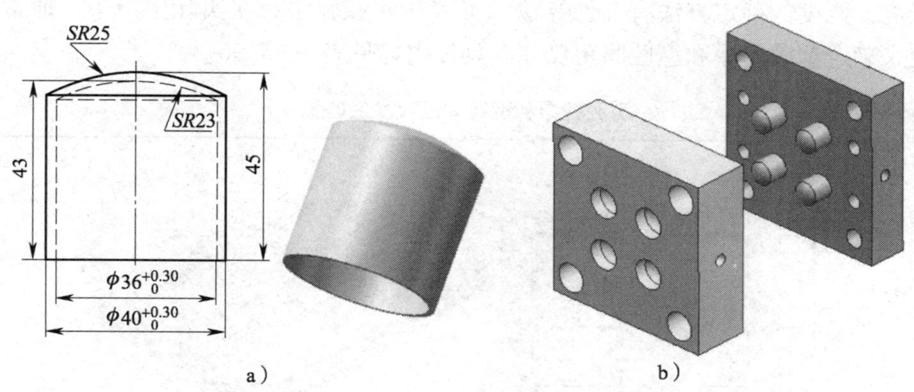

图2—5—10　塑料制品及其成型零件
a）零件图样　b）成型零件

表2—5—5　　成型零件工作尺寸计算

类型		计算过程
有公差要求尺寸	型芯尺寸	$\phi 36^{+0.30}_{0}$ mm→（$36+36\times0.6\%+0.75\times0.30$）$^{0}_{-0.10}$ $=36.44^{0}_{-0.10}$ mm
	型腔尺寸	$\phi 40^{+0.30}_{0}$ mm → $\phi 40.30^{0}_{-0.30}$ mm →（$40.30+40.30\times0.6\%-0.75\times0.30$）$^{+0.10}_{0}$ $=40.32^{+0.10}_{0}$ mm
无公差要求尺寸	型芯尺寸	43 mm→（$43+43\times0.6\%$）$^{0}_{-0.21}$ $=43.26^{0}_{-0.21}$ mm $SR23$ mm→（$23+23\times0.6\%$）$^{0}_{-0.15}$ $=23.14^{0}_{-0.15}$ mm
	型腔尺寸	45 mm→（$45+45\times0.6\%$）$^{+0.21}_{0}$ $=45.27^{+0.21}_{0}$ mm $SR25$ mm→（$25+25\times0.6\%$）$^{+0.17}_{0}$ $=25.15^{+0.17}_{0}$ mm

在实际生产中，由于塑料制品相对复杂或尺寸数目太多，大部分采用模具CAD软件进行成型零件设计。通常的做法是把塑料制品的所有尺寸采用同一收缩率进行整体缩放，然后对关键尺寸进行修正。

三、成型零件的相关设计

1. 成型零件外形尺寸的确定

成型零件外形尺寸，尤其是型腔壁厚及底部厚度的确定是注射模具设计中经常遇到的重要问题，大型模具则更为突出。由于成型过程中成型零件受力十分复杂，包括熔体压力、合模压力、开模拉力等，如果外形尺寸确定不当，轻则产生过大的弹性变形，从而出现溢料和影响制品尺寸及成型精度，还可能造成脱模困难，重则导致成型零件被损坏。因此，必须从防止溢料、保证制品精度、有利于脱模等方面对强度和刚度加以综合考虑。通常，对于大尺寸成型零件，侧重考虑刚度；对于小尺寸成型零件，

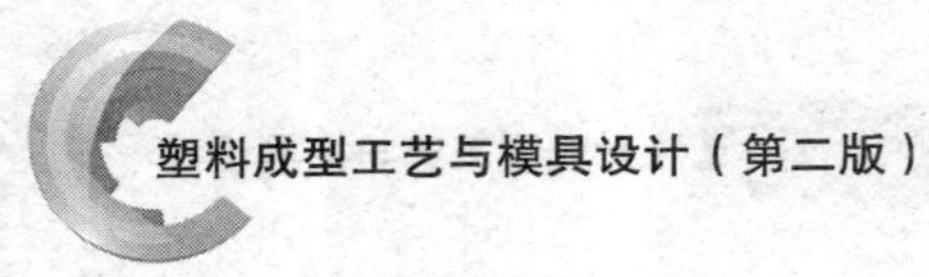

侧重考虑强度。

（1）型腔壁厚和型腔间距的确定

强度、刚度的确定方法有：计算法、查表法和经验法。在实际生产中，通常根据经验值来确定型腔壁厚和型腔间距尺寸，具体内容见表2—5—6。

表2—5—6　　型腔壁厚和型腔间距尺寸经验值

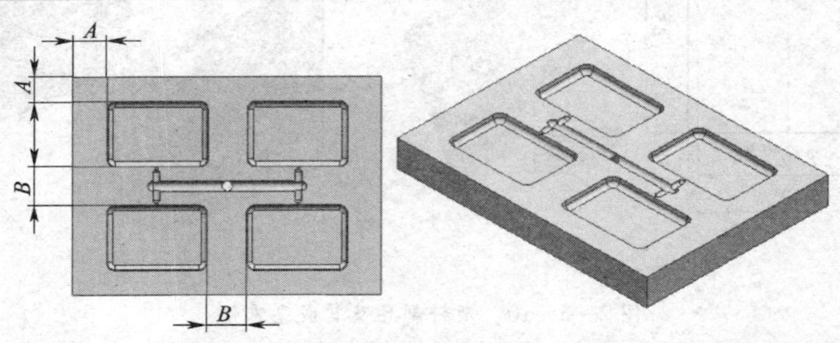

型腔深度（mm）	型腔壁厚 *A*（mm）
≤20	20~30
20~30	35
30~40	40
≥40	50~80
制品尺寸（mm）	**型腔间距 *B*（mm）**
≤200×200	20~40
>200×200	35~60

（2）前模仁、后模仁厚度的确定

在实际生产中，前模仁、后模仁厚度尺寸同样也可根据经验值来确定，具体内容见表2—5—7。

表2—5—7　　前模仁、后模仁厚度尺寸经验值

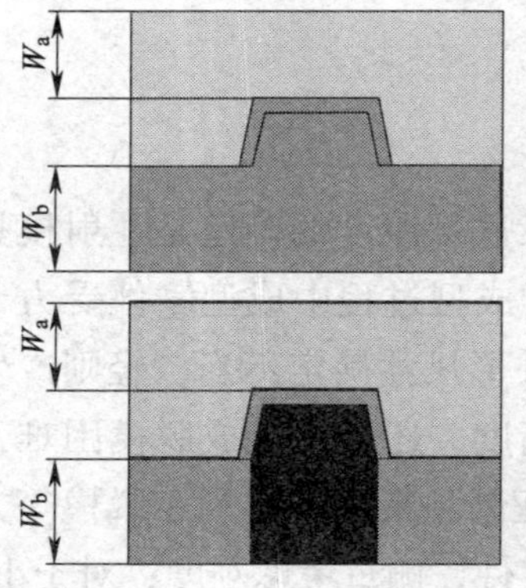

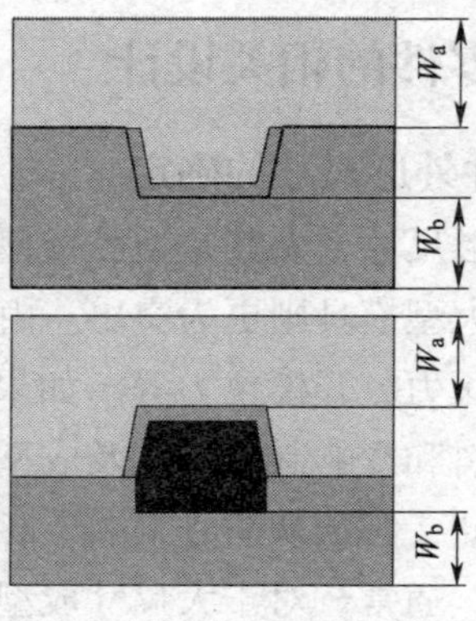

续表

前模仁长度×宽度（mm×mm）	前模仁厚度 W_a（mm）
150×150～200×200	20～25
200×200～250×250	25～30
250×250～300×300	30～35

注：型腔特别深或模仁面积较大时应考虑适当加厚尺寸。

后模仁长度×宽度（mm×mm）	后模仁厚度 W_b（mm）
≤50×50	20～25
50×50～100×100	25～30
100×100～150×150	30～35
150×150～200×200	35～45
>200×200	40～50

2. 成型零件的安装设计

出于安装需要，采用模仁结构的成型零件，必须进行安装模板的开孔设计及避空设计。

（1）模板开孔形式

根据需要，可以采用的安装孔形式有通孔（俗称开通框）、盲孔（俗称密底框）和台肩式通孔（俗称挂台孔），如图 2—5—11 所示。

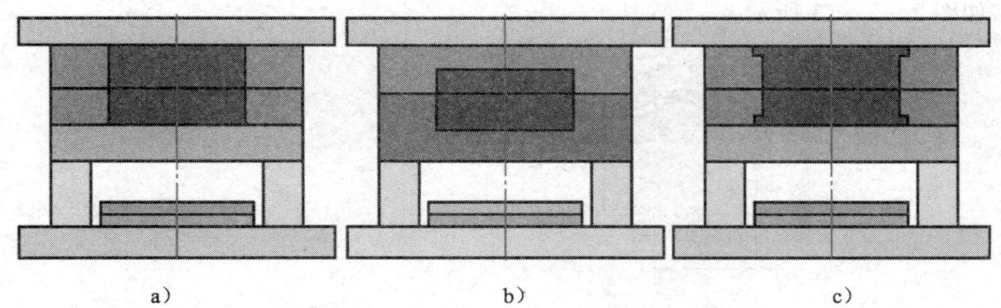

a） b） c）

图 2—5—11 模板开孔形式

a）通孔 b）盲孔 c）台肩式通孔

通孔结构可采用线切割加工，速度快，但模板底部掏空，受力大大削弱，模具结构中必须增加支承板，常用于大厚度模仁；盲孔结构底部受力好，多用于模仁厚度不大的场合。

（2）避空角类型

为方便模仁安装并考虑加工及模具受力，模仁安装设计时，应考虑避空问题。避空角分为尖角、圆角和 R 角三种形式，如图 2—5—12 所示。

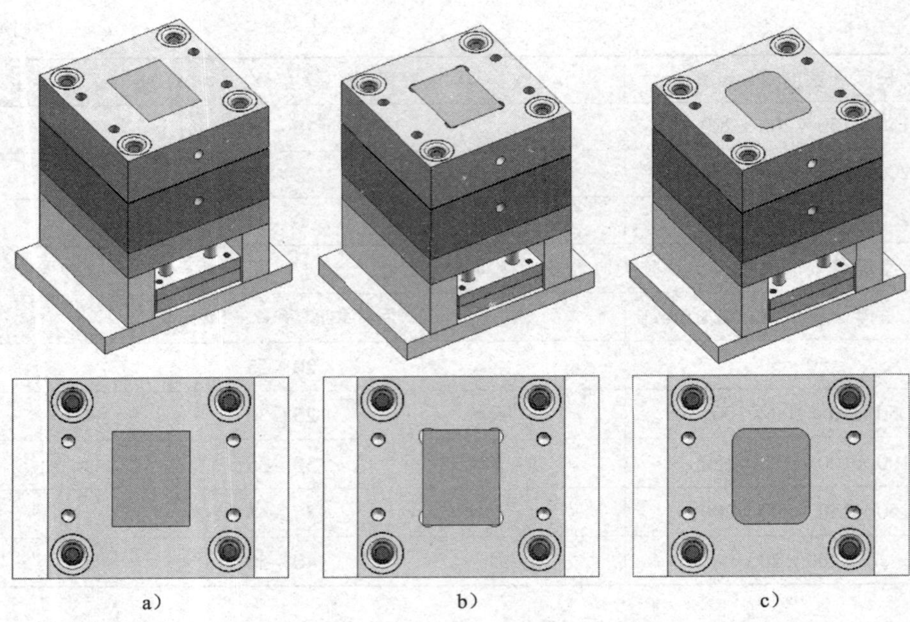

图 2—5—12　避空角的形式

a）尖角　b）圆角　c）R 角

尖角形避空角容易开裂，只用于开通孔的小模具；圆角形避空角用于开通孔或盲孔的小模具；R 角形避空角受力情况良好，能用于各类模具，但要求模仁 R 角比模板大 2 mm。

对于尺寸大于 300 mm 的模仁，通常采用拼镶式（压块压紧式）结构安装于模板上，如图 2—5—13 所示。

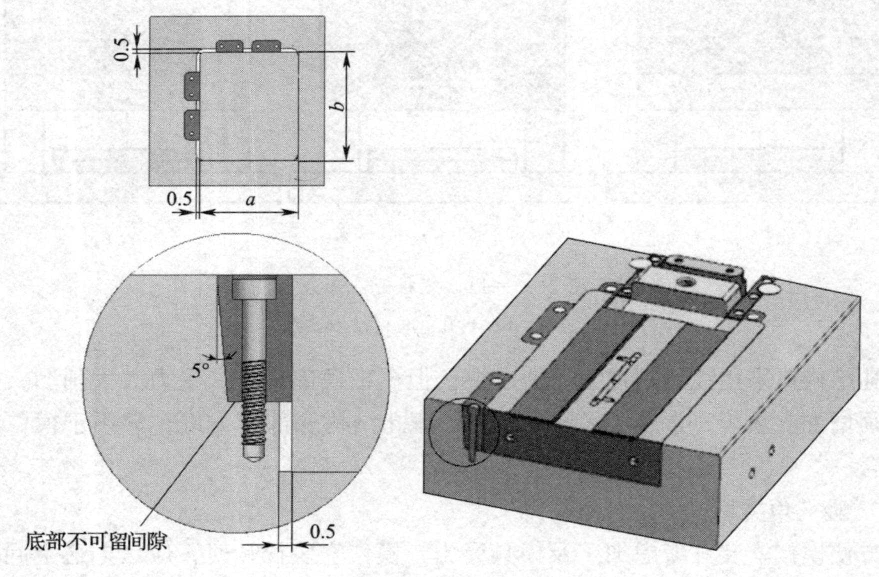

图 2—5—13　拼镶式安装模仁

3. 定模板、动模板尺寸的确定

定模板、动模板尺寸包括长度、宽度和厚度，设计中可以参考经验数值，见表 2—5—8。

表 2—5—8　　　定模板、动模板尺寸经验数值

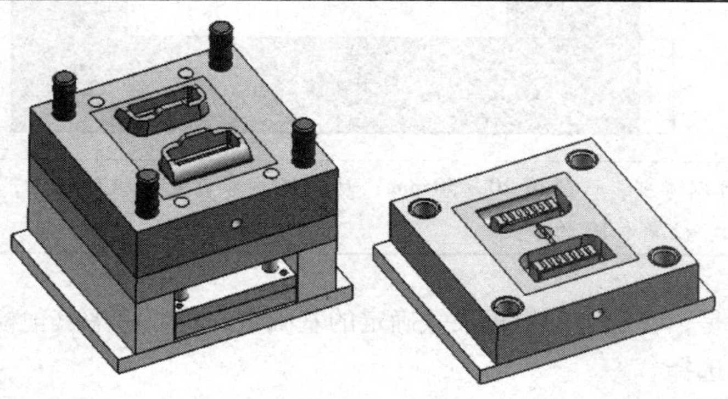

长度方向尺寸	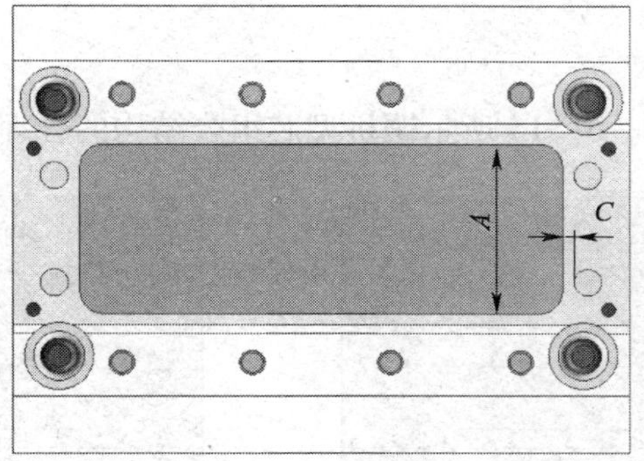
	所选用的模板要保证模仁边至复位杆边距离（C）：不小于 10 mm（当 A 小于 400 mm）或不小于 15 mm（当 A 大于 400 mm）
宽度方向尺寸	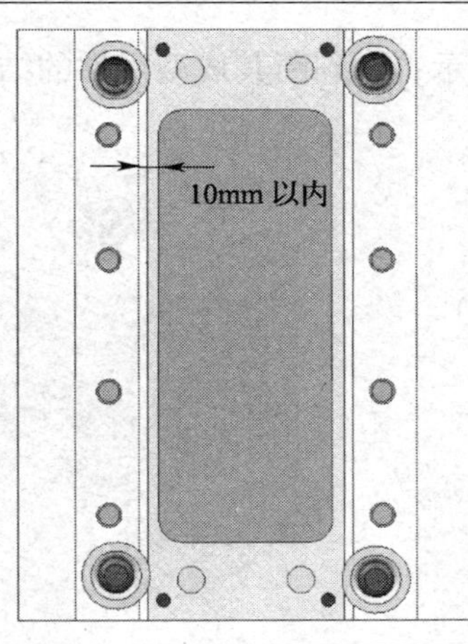 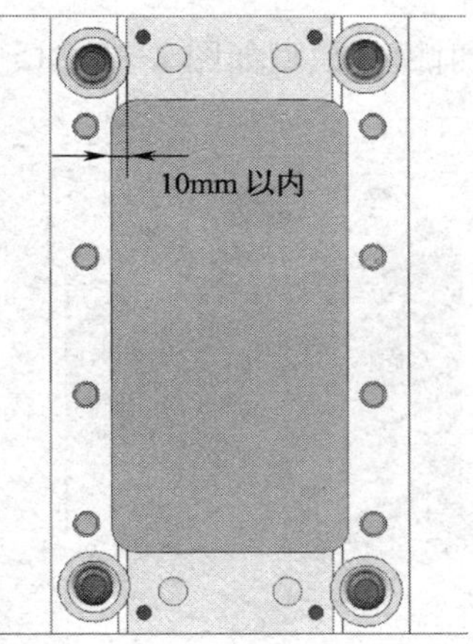
	所选用的模板要保证推板或推杆固定板边与模仁边相距不超过 10 mm

续表

厚度方向尺寸	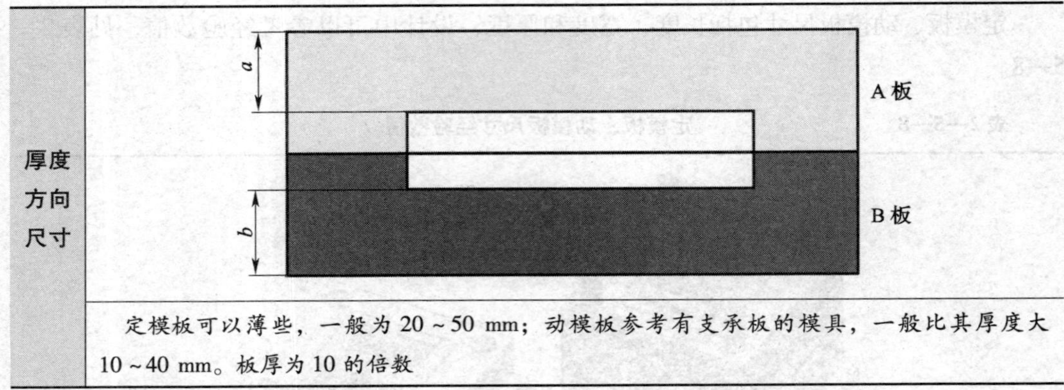
	定模板可以薄些，一般为 20 ~ 50 mm；动模板参考有支承板的模具，一般比其厚度大 10 ~ 40 mm。板厚为 10 的倍数

需要指出的是，在定、动模板尺寸确定的基础上，可以考虑其他模板尺寸的确定，进行标准模架的选择。

课堂练习

1. 试比较如图 2—5—14 所示镶拼型芯组合结构的合理性。

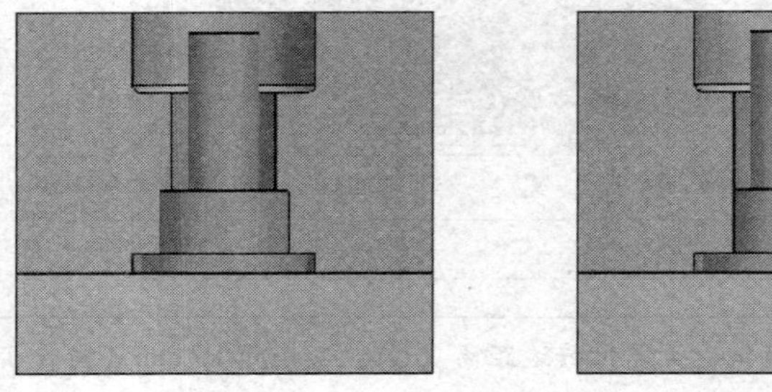

图 2—5—14　镶拼型芯组合结构

2. 某注射模具模型如图 2—5—15 所示，试判断其成型零件的结构形式。

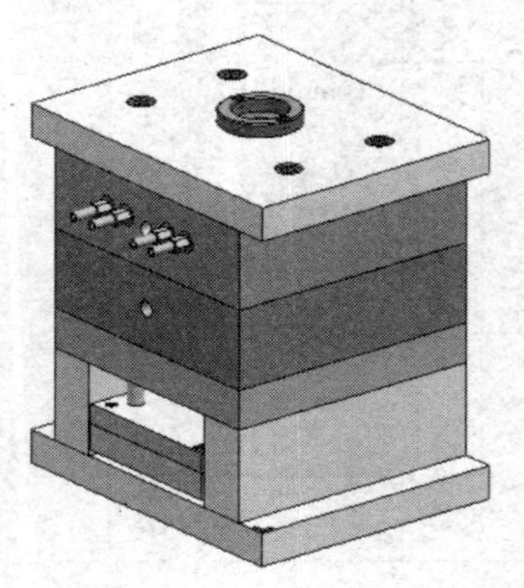

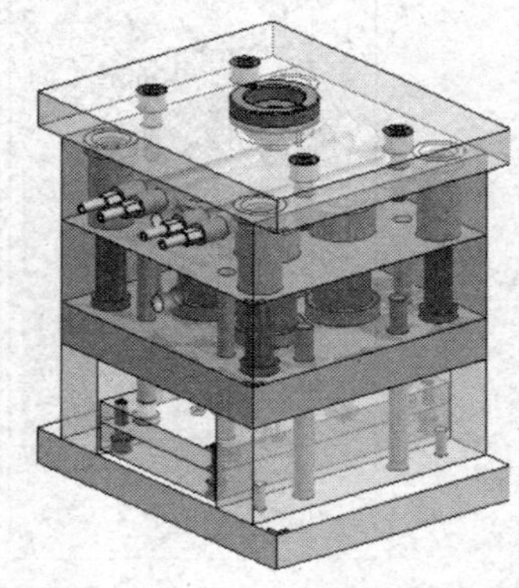

图 2—5—15　注射模具模型

3. 某外壳零件（材料 ABS）如图 2—5—16 所示，分析图样，完成其成型零件工作尺寸的计算。

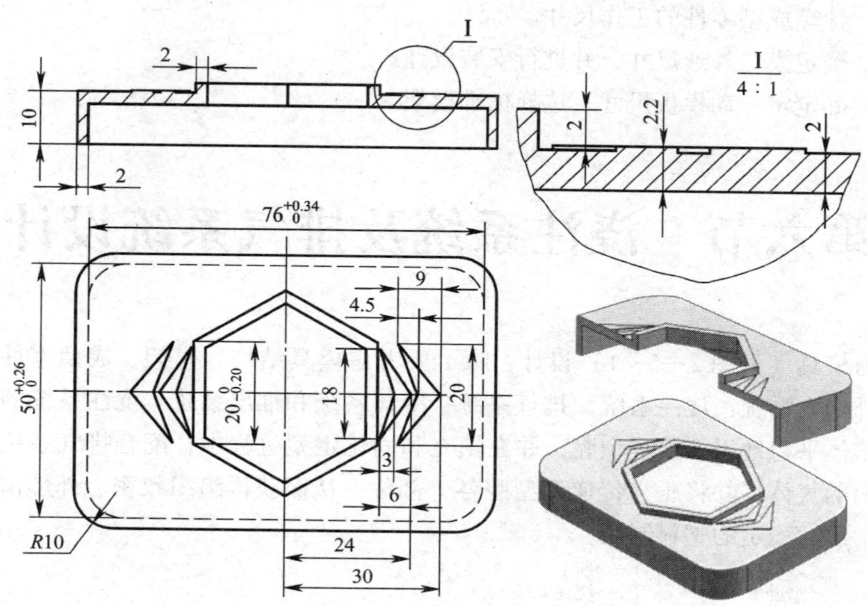

图 2—5—16　塑料外壳零件图样

4. 某方套类塑料制品，如图 2—5—17 所示，材料为聚苯乙烯，采用注射成型。由于精度要求不高，结构简单，且批量较大，拟采用一模四腔的模具形式。

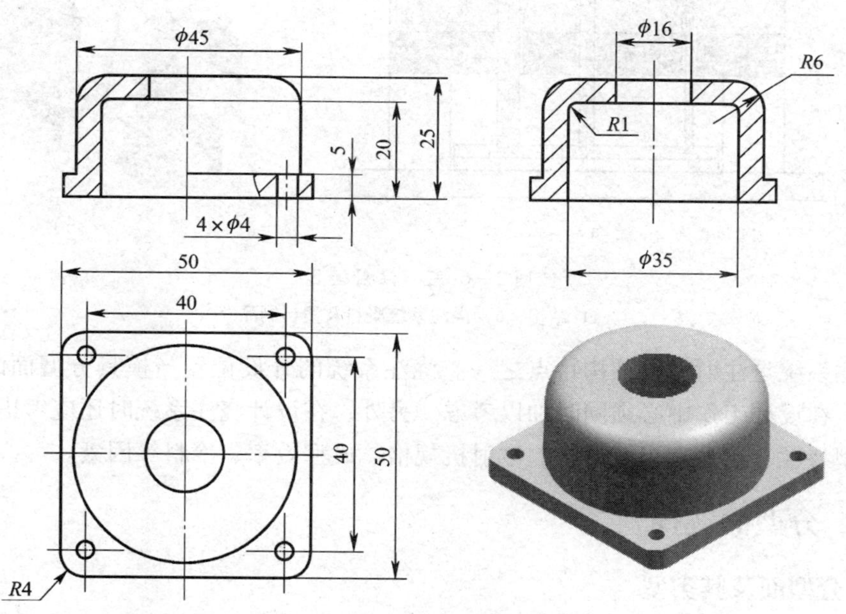

图 2—5—17　套类塑料制品图样

根据要求，完成下列工作：

（1）成型零件采用整体嵌入式结构，试绘制其图样草图。

（2）计算成型零件的工作尺寸。

（3）确定模仁外形尺寸，并进行安装设计。

（4）确定定、动模板尺寸，选择标准模架。

第六节　浇注系统及排气系统设计

注射模具（见图2—6—1）设计，除了要考虑模具结构、模架、成型零件，还要考虑另外四大系统：浇注系统、排气系统、冷却系统和推出系统。浇注系统的功用是将塑料熔体平稳地引入模具型腔，并在填充和固化定型过程中，配合排气系统顺利排出型腔内的气体，并将压力传递到型腔各个部位，从而获得组织致密、外形清晰、表面光滑、尺寸稳定的塑料制品。

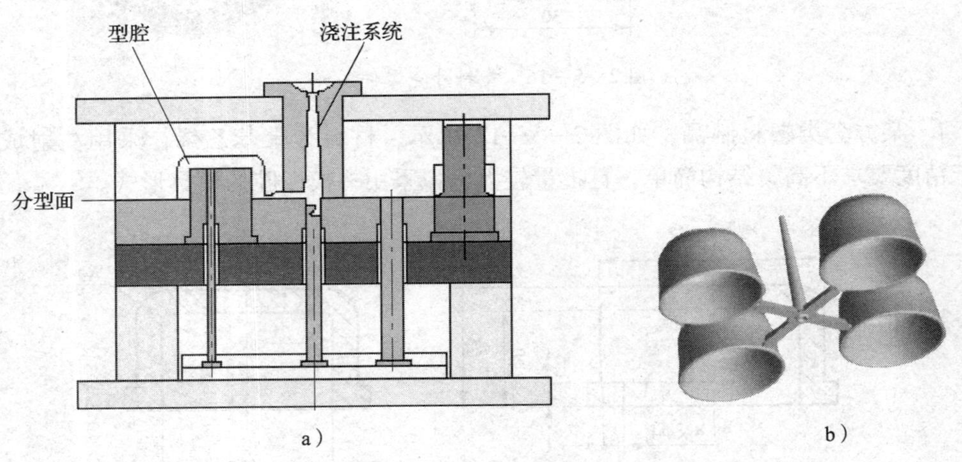

图2—6—1　注射模具

a）结构　b）浇注系统凝料及塑料制品

浇注系统是注射模的结构特点之一。浇注系统的开设位置与模具分型面的选择密切相关，在设计工作中必须同时加以考虑。另外，在设计浇注系统时还应考虑型腔数、塑料成型特性、制品大小及形状、注射机规格、成型效率、冷料等因素。

一、分型面选择

1．分型面及其类型

为了取出在模具中成型的塑料制品及浇注系统凝料，注射成型后必须将型腔打开，即将模具分成可以分离的定模和动模。简单地讲，分型面是定模和动模相互接触的表面。

就塑料制品在（单腔）注射模中的位置而言，分型面可为四种类型（见图2—6—2）：塑料制品在定模内成型、塑料制品在动模内成型、塑料制品同时在定动模内成型、塑料制品在多个瓣合模块中成型。

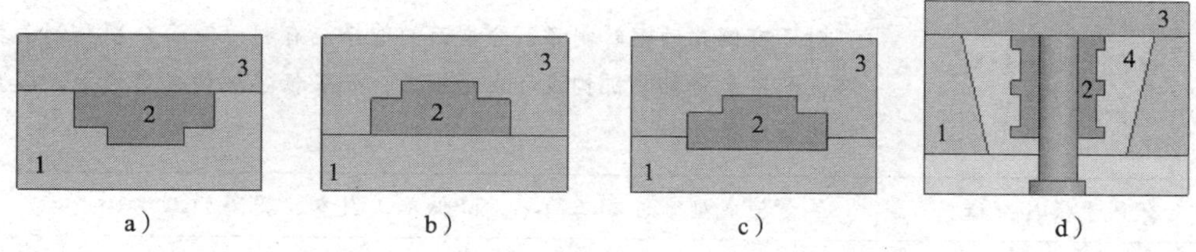

图2—6—2　制品成型位置

a）在动模内成型　b）在定模内成型　c）同时在定动模内成型　d）在多个瓣合模块中成型

1—动模　2—塑料制品　3—定模　4—瓣合模块

就分型面形状而言，为满足制品形状的需要，有平直、倾斜、阶梯和曲面等类型，如图2—6—3所示。

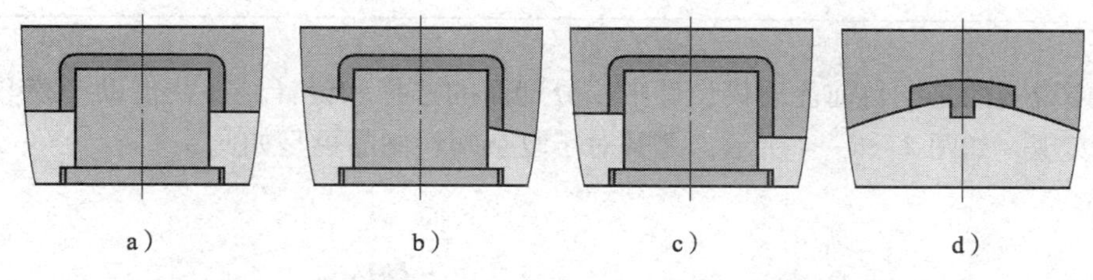

图2—6—3　分型面形状

a）平直分型面　b）倾斜分型面　c）阶梯分型面　d）曲面分型面

就分型面数量而言，受塑料制品与模具结构的影响，注射模可有单个或多个分型面。

2. 分型面选择原则

分型面的选择受到众多因素的影响和制约，其中包括模具结构、塑料制品表面质量要求、模具加工难易程度、脱模、排气等。

为了合理有效地选择分型面，通常应遵循如下原则，具体内容见表2—6—1。

表2—6—1　分型面选择的一般原则

原则	说明
有利于塑料制品脱模	必须考虑制品在型腔中的方位，选择在制品截面积最大处，尽量只采用一个与开模方向垂直的分型面，设法避免侧向分型和侧向抽芯，以避免脱模困难和模具结构复杂化。一般情况下，应保证开模时塑料制品留在动模部分

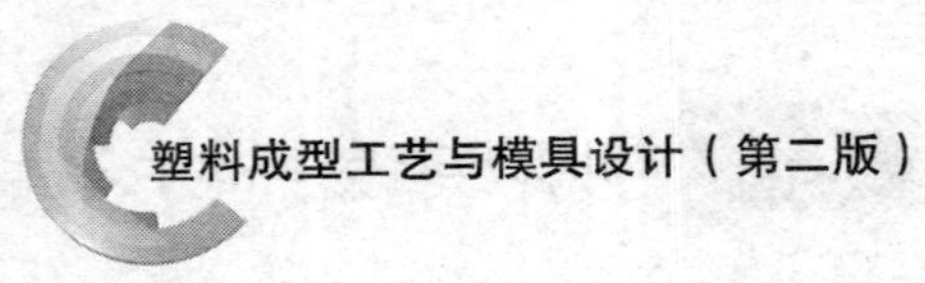

续表

原则	说明
有利于保证塑料制品的表面质量和技术要求	不应设置在塑料制品外观要求较高的装饰性外表面上。对于有同轴度要求的零件，应将有精度要求的部分放在分型面的同一侧
有利于侧面分型和侧向抽芯	对于有侧孔的塑料制品，分型面的选择应有利于侧面分型和侧向抽芯，尽可能将抽芯机构设计在动模上，如果抽芯机构在定模上，模具结构会比较复杂
有利于模具制造	尽量使成型零件加工简单，降低加工成本，提高加工效率
有利于防止飞边	尤其是减少或避免产生不易清除的飞边
有利于排气	当分型面作为主要排气面时，分型面应尽量使塑料熔体的料流末端重合
有利于减小锁模力	尽量减小制件在合模方向的投影面积，以减小锁模力和成型设备规格

需要说明的是，目前注射模设计中，分型面的选择和设计，往往借助于模具CAD软件来实现，如图2—6—4所示，尤其对于复杂塑料制品更是如此。

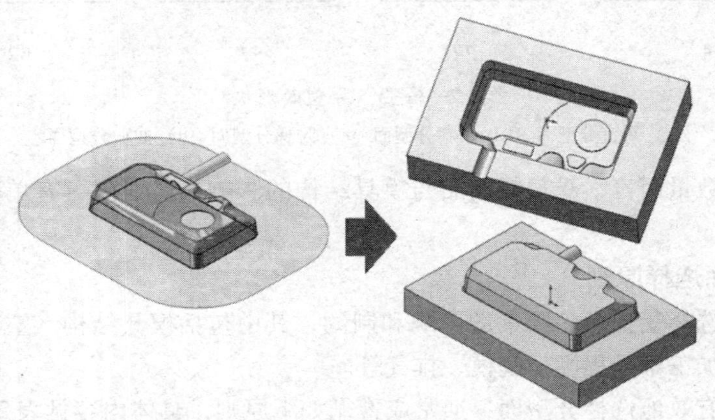

图2—6—4　CAD软件选择设计分型面示例

二、型腔数量及布局形式

浇注系统设计前，还应合理确定型腔数量及其布局形式，其基本原则是在保证制品质量的前提下，提高生产率和经济性，并使注射模与注射机相匹配。

1．型腔数量确定

一般来说，选择一模一腔时，模具简单，成型加工工艺参数易于控制，塑料制品精度高，但成型生产效率低；选择一模多腔时，成型生产效率高，但模具相对复杂，成型加工工艺参数难以控制，且各个型腔内压力的不同会影响塑料制品的密度和质量，塑料制品精度较低。

在实际生产中，型腔数量的确定应从不同角度加以考虑，例如，注射机的最大注射量、注射机锁模力、塑料制品精度要求、经济性等，具体内容见表2—6—2。

表2—6—2 型腔数量的确定

序号	根据	数量
1	注射机最大注射量	$n=\frac{0.8G-m_2}{m_1}$ 式中 G——注射机的最大注射量，g m_1——单个塑料制品的质量，g m_2——浇注系统的质量，g
2	注射机锁模力	$n=\frac{\frac{Q}{p}-A_2}{A_1}$ 式中 Q——注射机锁模力，N p——型腔内熔体的平均压力，MPa A_1——每一塑料制品在分型面上的投影面积，mm^2 A_2——浇注系统在分型面上的投影面积，mm^2
3	制品精度	根据经验，在模具中每增加一个型腔，塑料制品的尺寸精度就要降低4%，对于高精度塑料制品，通常最多采用一模四腔
4	经济性	$n=\sqrt{\frac{NYt}{60C_1}}$ 式中 n——型腔数量，个 N——计划生产塑品的总数，个 Y——单位小时模具加工费用，元/h t——成型周期，h C_1——每一型腔的模具加工费用，元/h

注：实际设计时，一般采用下列做法：

1. 先确定注射机型号，再根据注射机的技术参数和制件的技术经济要求计算出型腔的数目。
2. 先根据生产效率要求和塑料制品精度要求确定型腔数目，然后选择注射机或对现有的注射机进行校核。

2. 多型腔布局形式

对于一模多腔注射模，根据需要，型腔通常可以采用两种布局形式：矩形布局（见图2—6—5）和圆形布局（见图2—6—6）。

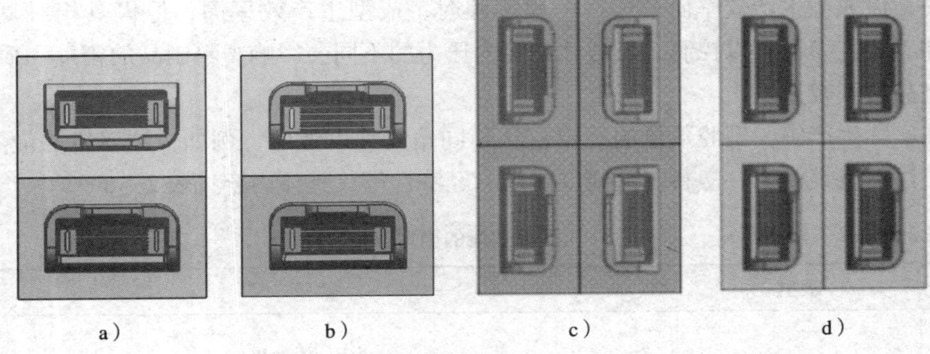

图 2—6—5　矩形布局

a）两型腔平衡布局　b）两型腔线性布局　c）四型腔平衡布局　d）四型腔线性布局

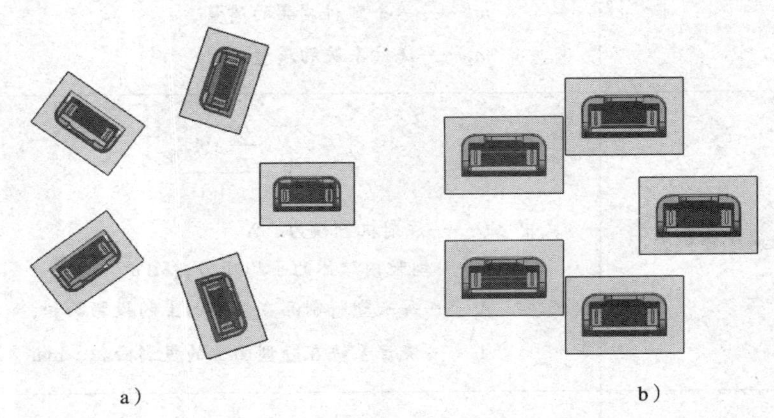

图 2—6—6　圆形布局

a）五腔径向圆周布局　b）五腔恒定方向圆周布局

矩形布局包括平衡式和线性两种布局方式，圆形布局包括径向和恒定方向两种布局方式。

目前注射模设计中，多型腔的布局设计，通常可借助 CAD 软件来实现。

需要指出的是，型腔的布局与浇注系统密切相关，只有使塑料熔体同时均匀充满每一个型腔（这些型腔称为平衡式型腔；否则，称为非平衡式型腔），才能使型腔内的制品内在质量均一稳定。通常情况下，应尽可能地采用平衡式型腔，当型腔数量较多，在有限的模具尺寸内不易做到平衡布局时，也可以采用非平衡式型腔，不过应考虑多型腔的平衡问题。实现多型腔的平衡，一般可以通过两条途径：一是改变浇口截面积，二是改变浇口长度。

三、浇注系统及排气系统

1. 浇注系统的组成

作为引导塑料熔体进入型腔通道的浇注系统，可分为普通浇注系统和热流道浇注系统两大类，本节只讨论普通浇注系统。为了实现其功用，普通浇注系统一般由主流道、分流道、浇口、冷料阱（穴）四部分构成，见表2—6—3，当然，特殊情况下可不设分流道和冷料阱。

表2—6—3　　浇注系统的构成及其说明

构成	说明
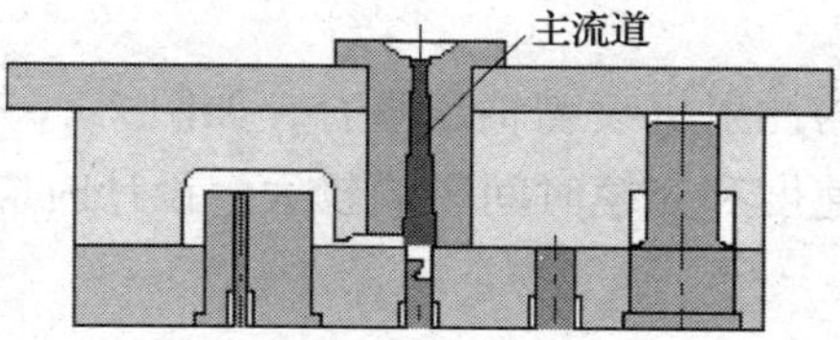 主流道	从注射机喷嘴与模具接触处开始到分流道为止的塑料熔体的流动通道，通常由浇口套（如图）来形成。主流道是塑料熔体最先流经模具的部分。主流道的大小直接影响熔体流动速度和充模时间
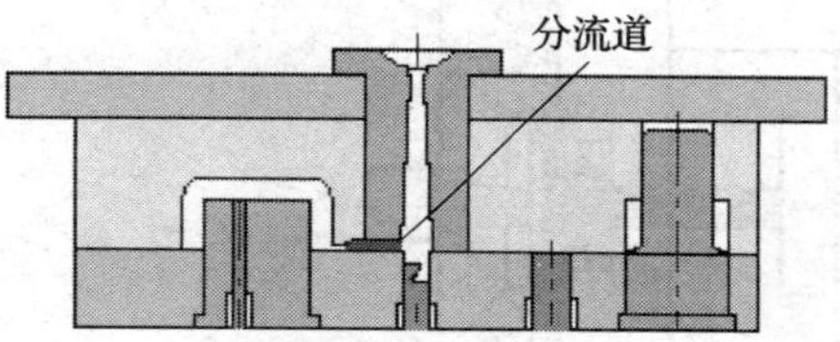 分流道	主流道与浇口之间的一段塑料熔体的流动通道。在多型腔注射模中，分流道通常由一级、二级，甚至多级组成。分流道一般开设在分型面的两侧或一侧。分流道通常用来改变熔体的流动方向
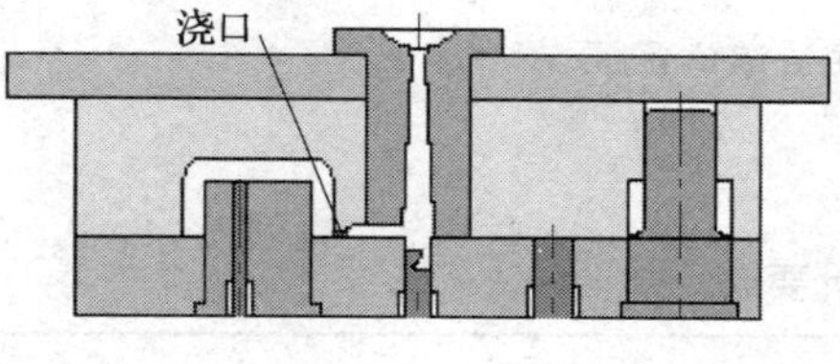 浇口	分流道末端与型腔之间将塑料熔体引入型腔的细小通道，是塑料熔体进入型腔的最后通道，也是浇注系统中最短小的部分。浇口既能使熔体产生加速，形成理想的流动状态而充满型腔，同时又易于冻结其内的熔体，防止型腔内熔体的倒流，还便于成型后的制品与浇注系统凝料的分离
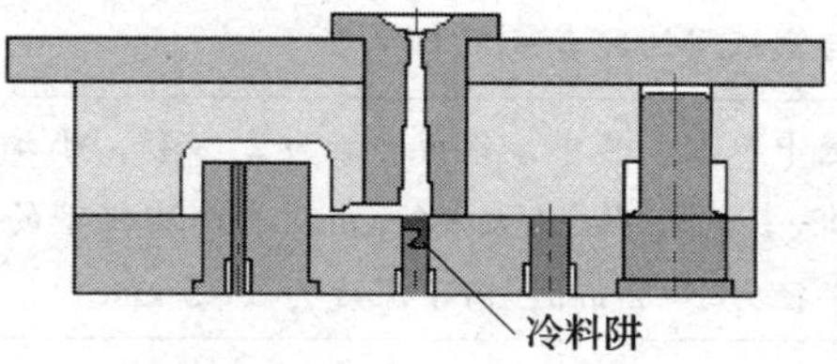 冷料阱	用于存储注射间歇时产生于注射机喷嘴前端的冷料，防止冷料进入型腔，影响制品的质量。冷料阱一般设置在流道的末端，例如，主流道对面的动模板上，分流道的末端

2. 浇注系统设计

浇注系统的设计是注射模设计的重要内容。为获得质量合格的塑料制品，必须设计合理的浇注系统。

（1）设计原则

浇注系统设计应遵循的原则如下：保证塑料熔体流动顺利、快速、不紊乱；避免塑料熔体正面冲击小型芯或脆弱的金属嵌件，以防止其产生变形或位移；能够引导塑料熔体顺利平稳地充模，使型腔内气体顺利排出；尽量减小塑料熔体的流程和转向，以减少压力和温度损失，保证必要的充模压力和速度，缩短注射时间；位置布置应尽量与模具的中心轴对称；在分型面上的投影面积应尽量小，流道短，以缩短成型周期及减少凝料，并且浇注系统与型腔布局应尽量减小模具尺寸，以节约模具材料和加工成本；浇口不应该开设在对外观有严重影响的表面上，应设在隐蔽处或次要表面上，并且浇口应容易去除和修整。

（2）主流道

主流道轴线一般位于模具中心线上，并与注射机喷嘴轴线重合，如图 2—6—7 所示，主流道的形状和尺寸对塑料熔体的流动速度和充模时间影响较大，设计时应使塑料熔体的热量损失和压力损失最小。

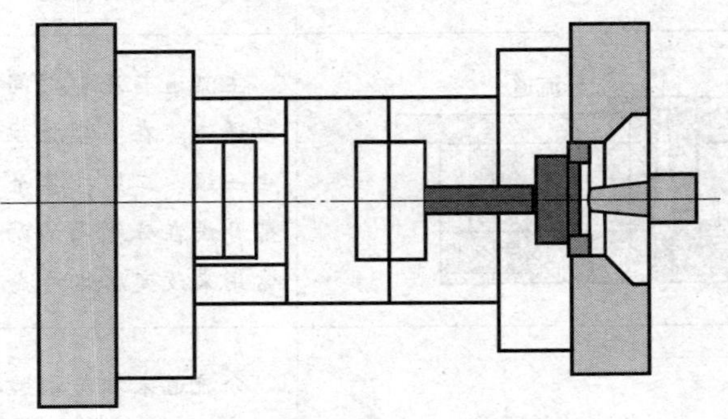

图 2—6—7　主流道位置

主流道设计要点见表 2—6—4。

表 2—6—4　主流道设计要点

要点	说明
设计成衬套（浇口套）镶入定模板内	考虑到主流道要与高温塑料和注射机喷嘴反复接触和碰撞，以便更换。浇口套与模板间的配合采用 H7/m6
设计成圆锥体	便于凝料从流道中取出，其中，锥角一般为 2°～4°，小端直径比喷嘴直径大 0.5～1 mm，*Ra* 值≤0.6 μm。进口端凹下的球面半径比喷嘴球面半径大 1～2 mm，凹下深度为 3～5 mm
长度尽可能短	长度一般不超过 60 mm，以减少压力损失及废料
主流道与分流道结合处采用圆角过渡	半径为 1～3 mm，以减小料流转向过渡阻力

浇口套已标准化，市场上有标准件可供选择，设计时选用标准件并考虑浇口套与注射机喷嘴的尺寸关系。国家标准 GB/T 4169.1—2006 推荐的浇口套结构如图 2—6—8 所示，使用时通过定位环压住其大端台阶，以防浇口套在塑料熔体作用下退出定模。

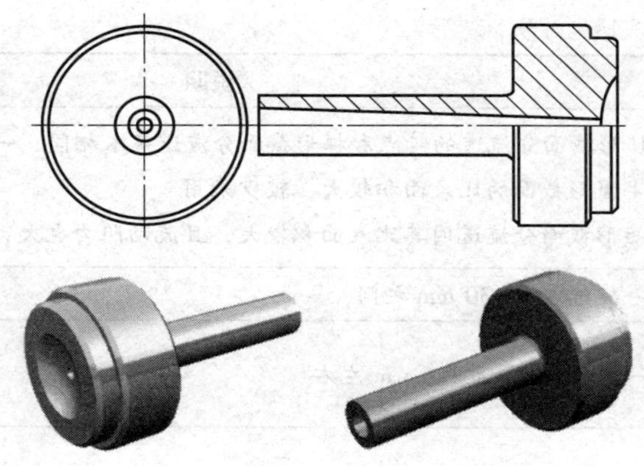

图 2—6—8　标准件浇口套

（3）分流道

对于成型小型塑料制品的单型腔注射模，通常不设置分流道；对于成型大型塑料制品采用多点进料，以及多型腔注射模都需要设置分流道，后者如图 2—6—9 所示。

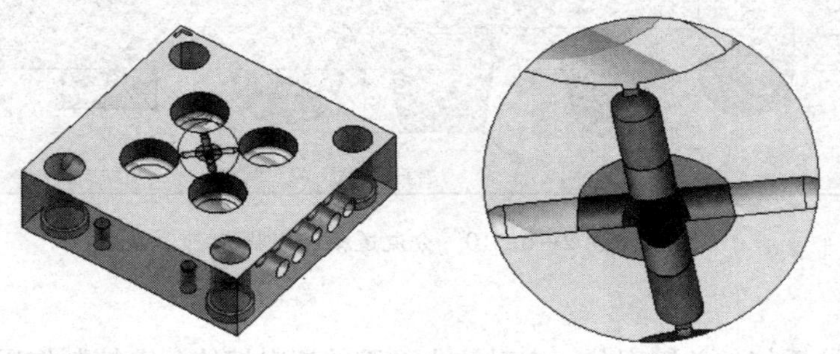

图 2—6—9　多型腔注射模分流道

设计分流道时，应注意尽量减少流道过程中的热量损失和压力损失，其设计要点见表 2—6—5。

表 2—6—5　　分流道设计要点

要点	说明
截面形状和尺寸的确定	分流道截面有圆形、梯形、U 形、半圆形及矩形等几种形式，如图 2—6—10 所示 圆形截面分流道表面积与其体积之比（比表面积）最小，流动阻力最小，热量不易散失，但需要分别设置在定模板和动模板上，且必须保证吻合，加工难度相对较大。圆形截面分流道直径（A）一般为 2 ~ 12 mm，通常取 5 ~6 mm 梯形截面分流道热量损失和阻力也不大，加工较方便，是比较常用的形式。梯形截面分流道 B 一般取 4 ~ 10 mm，A 取（2/3 ~ 4/5）B，侧面斜角 α 常取 5° ~ 15°，底部以圆角相连

续表

要点	说明
截面形状和尺寸的确定	U 形截面分流道的特点和梯形截面分流道基本相同，一般 $A/R=5/4$ 半圆形截面的比表面积较大，较少采用 矩形截面分流道因其比表面积较大，且流动阻力也大，在设计中不常采用
长度的确定	一般选在 8 ~ 30 mm 之间
表面粗糙度值的确定	一般取 Ra 值为 1.6 μm 左右
与浇口连接处的过渡	通过斜面或圆弧过渡，以利于塑料的流动及填充

注：当分流道较长时，在分流道的末端应开设冷料阱。

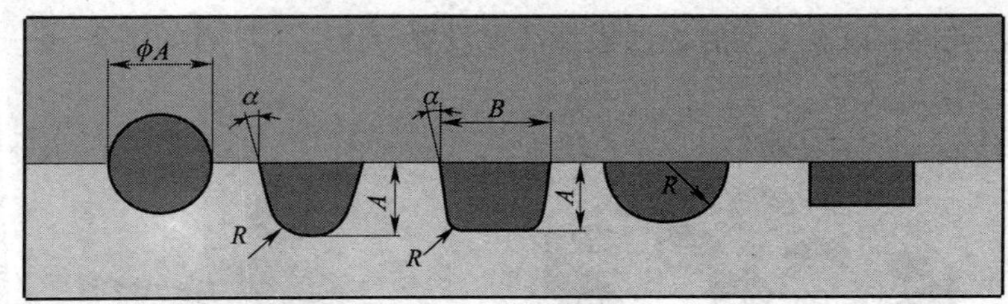

图 2—6—10　分流道截面形状

（4）浇口

浇口是浇注系统的关键部分，它对注入型腔的塑料熔体起着控制作用，它的位置、尺寸、形状等直接影响制品的内在质量与外观质量。如果设计不当，容易导致填充不良、熔接痕、气泡、翘曲变形、密度不均匀、内应力过大、填充不足等弊病。

通常浇口可分为大浇口（非限制性浇口）和小浇口（限制性浇口）两类（见表 2—6—6）。大浇口也称直接浇口，这种浇口无分流道，由主流道直接进料；小浇口有侧浇口、点浇口、潜伏式浇口等。

表 2—6—6　　浇口的分类

类型	图示	说明
大浇口		直接浇口，又称主流道型浇口，其特点是塑料熔体通过主流道直接进入型腔 单腔模具可考虑采用，适用于成型深腔的壳形或箱形塑料制品，不适合成型平薄或容易变形的塑料制品

续表

<table>
<tr><th colspan="2">类型</th><th>图示</th><th>说明</th></tr>
<tr><td colspan="2">大浇口</td><td> 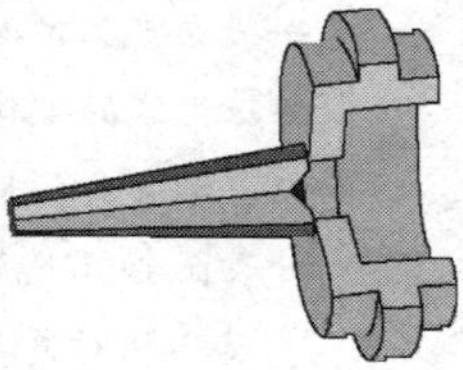</td><td>中心浇口，是直接浇口的变异形式，其特点是沿制品内孔的圆周进料。根据制品的形状大小，有多种变异形式，如盘形、轮辐式、爪形等
一般用于单腔模具，适用于圆筒形、圆环形或中心带孔制品的成型</td></tr>
<tr><td rowspan="4">小浇口</td><td rowspan="3">侧浇口</td><td> </td><td>又称边缘浇口，一般开设在分型面上，从制品的内侧或外侧边缘进料。开模时，浇口与制品一起脱模，要进行后续处理，在制品侧面会留有痕迹
侧浇口的截面通常采用矩形，是被广泛采用的一种浇口形式，适用于多腔模
侧浇口有两种变异形式，即扇形浇口和平缝式（薄片）浇口</td></tr>
<tr><td> 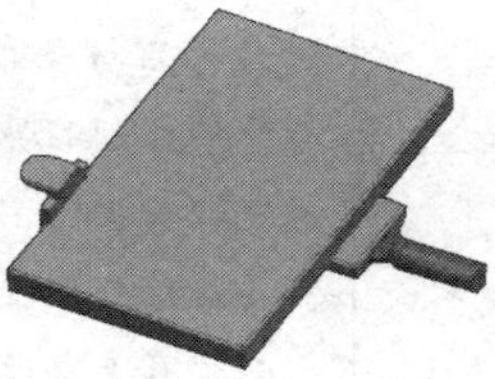</td><td>扇形浇口，侧浇口的变异形式</td></tr>
<tr><td> 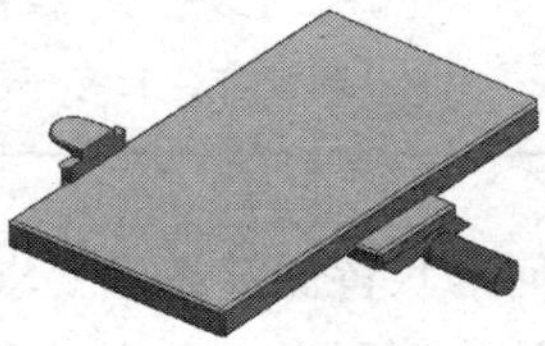</td><td>平缝式浇口，侧浇口的变异形式</td></tr>
<tr><td>重叠式浇口</td><td> </td><td>又称搭接式浇口</td></tr>
</table>

续表

<table>
<tr><th colspan="3">类型</th><th>图示</th><th>说明</th></tr>
<tr><td rowspan="4">小浇口</td><td colspan="2">点浇口</td><td></td><td>又称针浇口、橄榄形浇口或菱形浇口，一般在产品顶面进料，是一种尺寸很小的特殊形式的直接浇口。开模时，制品与浇口自动分离，不需要后续处理。但在制品外表面会留下痕迹
模具相对复杂，应设计成双分型（三板式）结构</td></tr>
<tr><td rowspan="3">潜伏式浇口</td><td>潜前模式</td><td></td><td rowspan="3">又称隧道式浇口或剪切浇口，由点浇口演变而来。其流道设置在分型面上，浇口常设在制品侧面不影响外观的较隐蔽部位，并与流道成一定角度。根据需要，浇口可开设在定模、动模或推杆上等
主要用于成型高表面质量要求制品的多腔模
根据进料位置有三种类型：潜前模式、潜后模式和潜顶杆模式
潜前模式浇口在制品外表面进料，开模时，制品与浇口自动分离，不需后续处理，但在制品外表面会留下痕迹；潜后模式浇口开模时，制品与浇口自动分离，不需要后续处理，不影响制品外观，但制品上必须具有合适的进料位置；潜顶杆模式浇口开模时，制品与浇口自动分离，不影响制品外观，但模具结构上要添加一辅助的顶杆，且有一部分浇口要后续处理</td></tr>
<tr><td>潜后模式</td><td></td></tr>
<tr><td>潜顶杆模式</td><td></td></tr>
</table>

浇口位置的选择，应针对塑料制品几何形状特征及技术要求，并分析熔体在流道和型腔中的流动状态、填充顺序、排气、补缩等因素。表 2—6—7 列出了设置浇口位置时一般应遵循的原则，以供参考。

表 2—6—7　　浇口位置选择原则

原则	说明
有利于熔体流动和补缩	浇口应开设在制品截面最厚处
有利于减少流动能量的损失	在保证塑料良好充模的前提下，应使熔体流程最短、流向变化最少

续表

原则	说明
有利于型腔内气体的排出	尽量保证分型面处最后充满
有利于减少或避免熔接痕的产生	在熔体流程不太长的情况下，最好不设多个浇口；有必要的话在熔接处开设溢料槽
防止料流挤压型芯或嵌件	避免偏心进料，最好采用顶部中心进料

注：选择浇口位置时，还应避免料流产生喷射和蠕动（蛇形流）。必要时应进行流动比的核算，即熔体流程长度与厚度之比的核算。流动比大，可能造成熔体不能充满整个型腔，必须改变浇口位置或增加塑料制件厚度。流动比值可查阅有关资料。

浇口的截面形状常采用矩形和圆形，其尺寸一般根据经验公式确定并取其下限，然后在试模过程中，根据需要加以修正。

对于矩形浇口，其截面厚度（h）可取塑件浇口处壁厚的1/3～2/3或0.5～2 mm，其宽度（b），可取 $b=(5\sim10)h$（对于中小型制品）或取 $b>10h$（对于大型制品）；浇口长度则应尽量取短，通常取0.5～2 mm。

（5）冷料阱

冷料阱不但具有容纳冷料确保塑料制品质量的作用，而且还具有便于脱模的功能（在开模时将浇注系统凝料勾住，使其留在动模一侧）。对于设置在主流道末端的冷料阱，通常与拉料杆配合使用，所以，冷料阱的形式不仅与拉料杆有关，而且还与主流道中的凝料脱模形式有关。

常见的冷料阱及拉料杆形式见表2—6—8。

表2—6—8　冷料阱及拉料杆形式

形式	Z形拉料杆（阱）	锥形或沟槽拉料杆（阱）	球形头拉料杆（阱）	分流锥形拉料杆（阱）
图例	浇注系统 拉料杆	拉料杆	拉料杆	浇注系统 塑件 拉料杆
说明	最常用的一种形式，开模时主流道凝料被其拉出，推出后常需人工取出而不能自动脱落	适于弹性较好的塑料成型，能实现自动化脱模	常用于弹性较好的塑料制件并采用推（件）板脱模的场合，能实现自动化脱模，但球头部分加工较困难	适用于中间有孔又采用中心浇口的场合。为增加锥面与凝料间的摩擦力，可采用小锥度或将锥面做得粗糙些

（6）设计示例

图 2—6—11 所示为某增强聚丙烯塑料制品，因需大批量生产，现采用注射成型，其浇注系统及分型面确定方案见表 2—6—9。

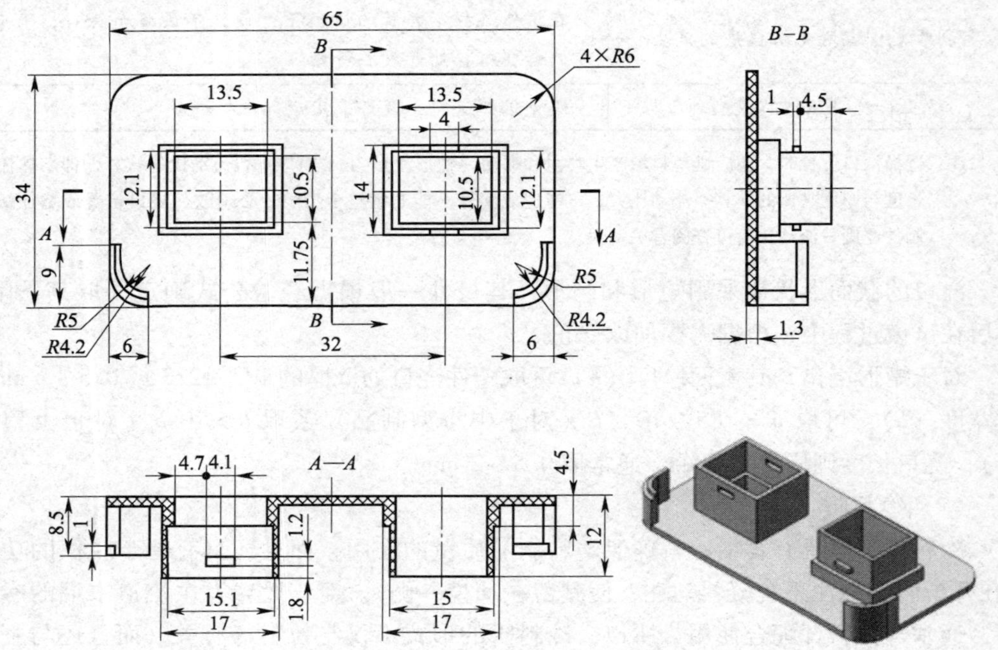

图 2—6—11　增强聚丙烯塑料制品

表 2—6—9　　　增强聚丙烯塑料制品浇注系统及分型面确定方案

内容	说明及图示
确定制品体积和质量	经 CAD 软件造型分析，塑料制品的体积约为 $V=4\ 087\ mm^3$，塑料制品的质量约为 4.25 g（增强聚丙烯的密度为 $\rho=1.04\ g/cm^3$）
确定型腔数	考虑到塑料制品质量较小，采用一模两件的模具结构
初选注射机	初步选用 XS—Z—60 型注射机
分型面选择	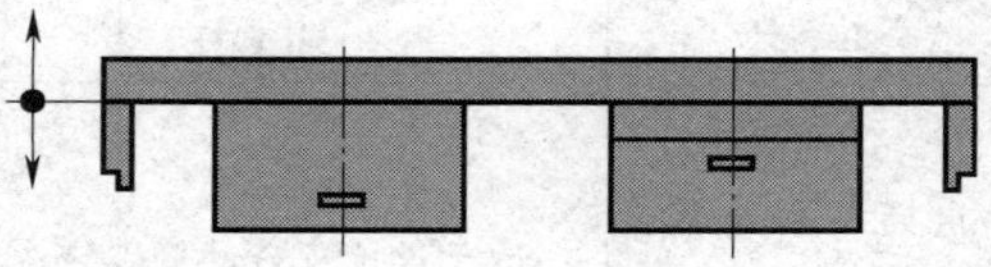 根据分型面选择的一般原则，选择水平分型方式既可降低模具的复杂程度，减少模具加工难度，又便于成型后脱模

续表

内容	说明及图示
型腔排列	由于采用一模两件模具结构，即成型模具需要两个型腔。为便于侧向分型抽芯机构的设置，采用图示排列方式
主流道设计	（图略） 查得 XS—Z—60 型注射机喷嘴的有关尺寸如下：喷嘴前端孔径 4 mm，喷嘴前端球面半径 12 mm。取主流道球面半径 13 mm，小端直径 4.5 mm；为便于拔出凝料，将主流道设计成圆锥体，其斜度取 3°，经换算，主流道大端直径为 8.5 mm
分流道设计	（图略） 为了便于加工，选用截面形状为半圆形的分流道，半径取 4 mm
浇口设计	（图略） 根据成型要求及型腔排列方式，选用矩形截面侧浇口，一方面形状比较简单，加工比较方便；另一方面，浇口修正比较容易，有时在生产现场也可进行 初选尺寸 1 mm×0.8 mm×0.6 mm，试模时修正
冷料阱设计	（图略） 此模具选用带有 Z 形头拉料杆的冷料阱。拉料杆底部固定在推杆固定板上。冷料阱直径与主流道大端直径相同或略大一些，取 10 mm；深度约为直径的 1～1.5 倍，取 15 mm

注：1. 塑件材料性能与成型性能分析省略。

2. 塑料制品结构工艺性分析省略。

3. 主流道通常不直接开在定模板上，而是将其单独设计成主流道衬套镶入定模板内。

目前，在复杂塑料制品注射模浇注系统的设计中，设计人员通常借助于模流分析软件进行浇注系统的设计和评估。通过软件，设计人员可以选择塑料材料，并设定熔体温度、模具温度和注射时间。软件会根据塑料制品的几何形状、材料、浇口位置等进行计算分析，帮助设计人员直观了解塑料填充型腔的流动情况，并给出评估结果。

3. 排气系统

塑料熔体充模时，需要置换出浇注系统、型腔内的空气以及塑料因受热或凝固而产生的挥发气体，使之及时排出模外，以免影响成型，产生塑件质量问题。

常用的排气方式有间隙排气、排气槽排气、排气塞排气，有关内容见表 2—6—10。

表 2—6—10　　　　常用排气方式

方式	说明
间隙排气	大多数情况下，可利用模具分型面或模具零件间的配合间隙自然排气，而不另设排气槽，特别是对于中小型模具 采用间隙排气时，应防止溢料的产生。对于尼龙、聚乙烯、聚丙烯、聚丙醛等低黏度塑料，其允许间隙为 0.025 ~ 0.03 mm；对于聚苯乙烯、有机玻璃、ABS 等中等黏度塑料，其允许间隙约为 0.05 mm；对于聚砜、聚碳酸酯、硬聚氯乙烯等高黏度塑料其允许间隙为 0.06 ~ 0.08 mm
排气槽排气	对于需要排出气体较多的大中型模具，通常在型腔一侧的分型面上开设排气槽，相邻间距为 30 ~ 50 mm，排气槽宽度可取 1.5 ~ 1.6 mm，深度以不大于所有塑料的溢边值为限，通常为 0.02 ~ 0.04 mm。另外，排气槽尽量不要开设在曲面上
排气塞排气	对于型腔最后充填部位不在分型面上，其附近又无活动型芯或推杆，可在型腔深处镶入排气塞。排气塞由具有通气微孔的特殊材料制成，市场上有标准产品供选购

一般来说，对于结构复杂的模具，事先较难估计发生气阻的准确位置，往往需要通过试模来确定其位置，然后再开设排气槽。排气槽一般开设在型腔最后被充模的地方。

课堂练习

1. 在注射模具装配图中，分型面用“─┤”表示，竖表示此处为分型面，箭头指向模具某部分的移动方向，而另一方向表示不动。若分型面两边的模板均作移动，则用“─┼─”表示。对于多个分型面，应按先后开模顺序，标出 A、B、C 或 Ⅰ、Ⅱ、Ⅲ等。试根据分型面的选择原则，完成表 2—6—11 的填写工作。

表 2—6—11　　　　分型面选择合理性比较

方案		比较说明
A	B	
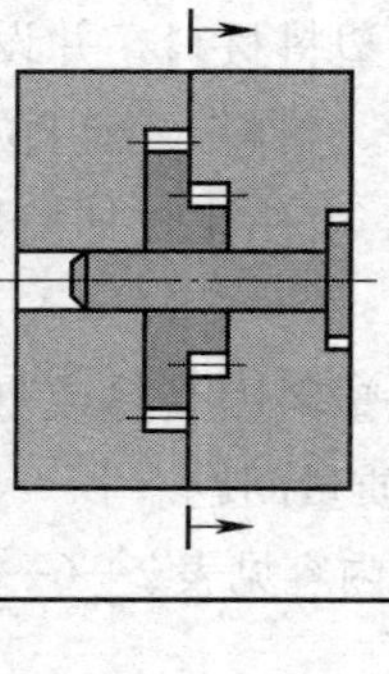	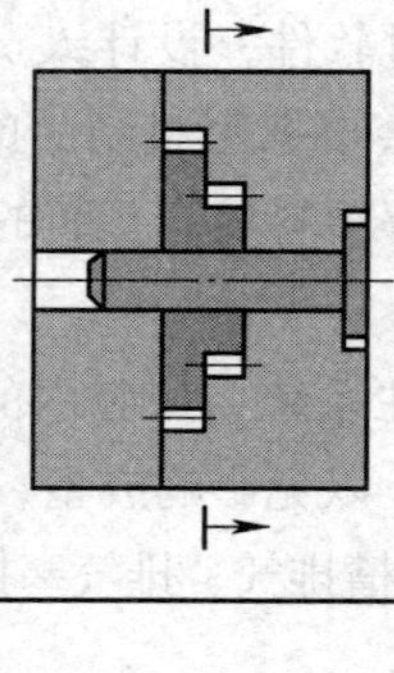	

续表

方案		比较说明
A	B	
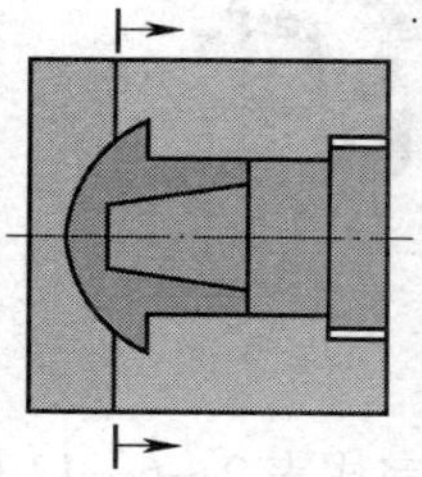	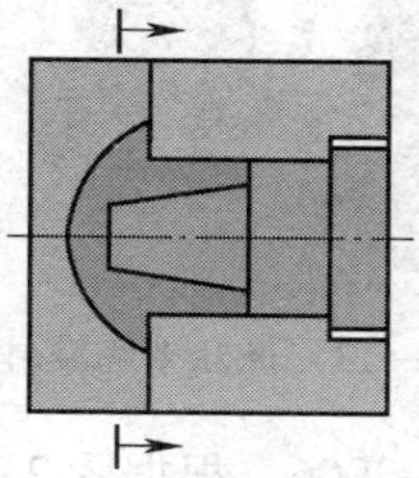	
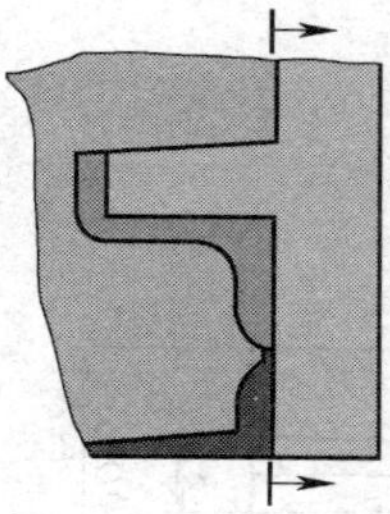	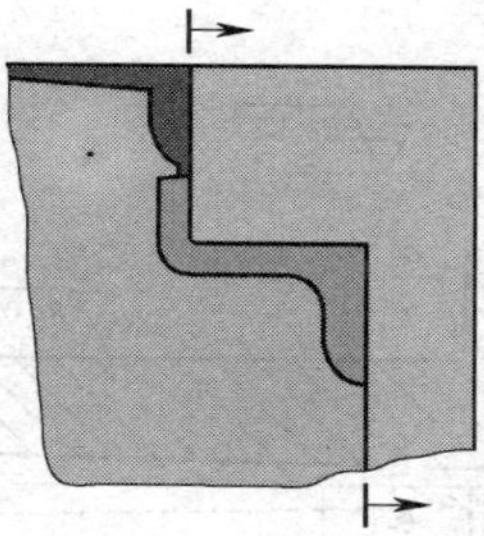	
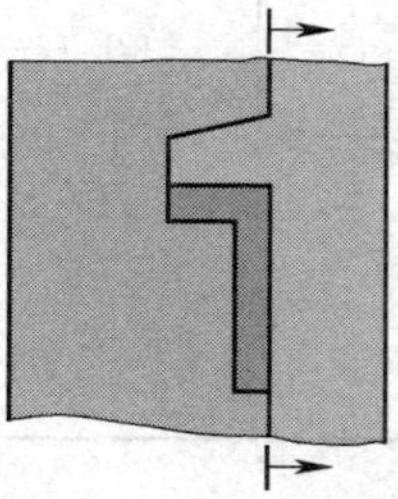	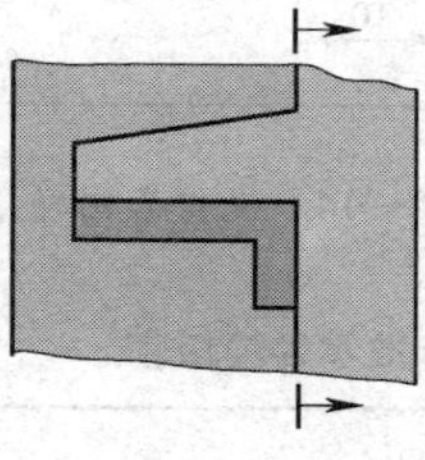	

2. 根据图 2—6—12 所示的塑料制品，试确定其注射模具的分型面位置。

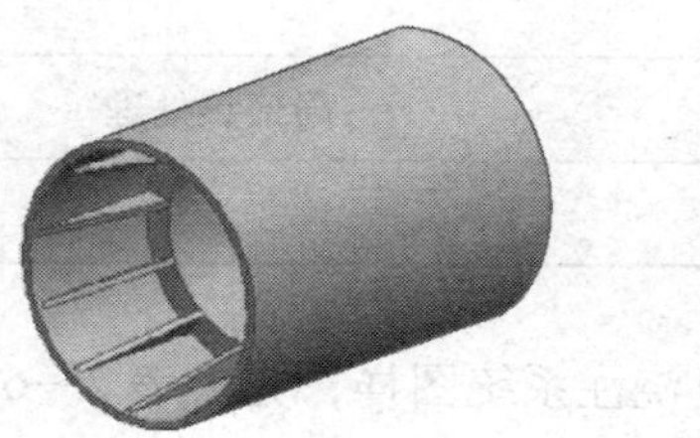
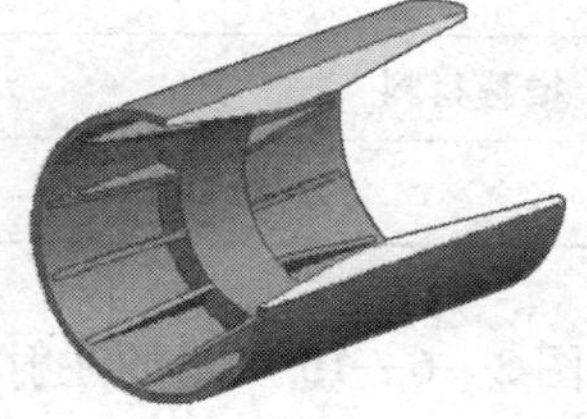

图 2—6—12　塑料制品

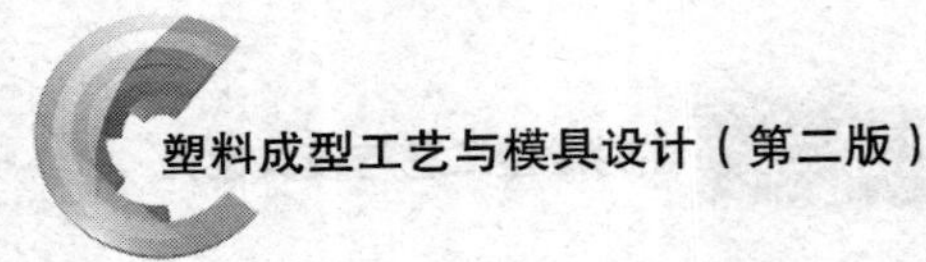

3．试根据图 2—6—13 所示的浇注系统凝料（含塑料制品），判断相应型腔的布局形式。

图 2—6—13　浇注系统凝料

4．查阅国家标准 GB/T 4169.19—2006，根据图 2—6—14，完成表 2—6—12 的填写工作。

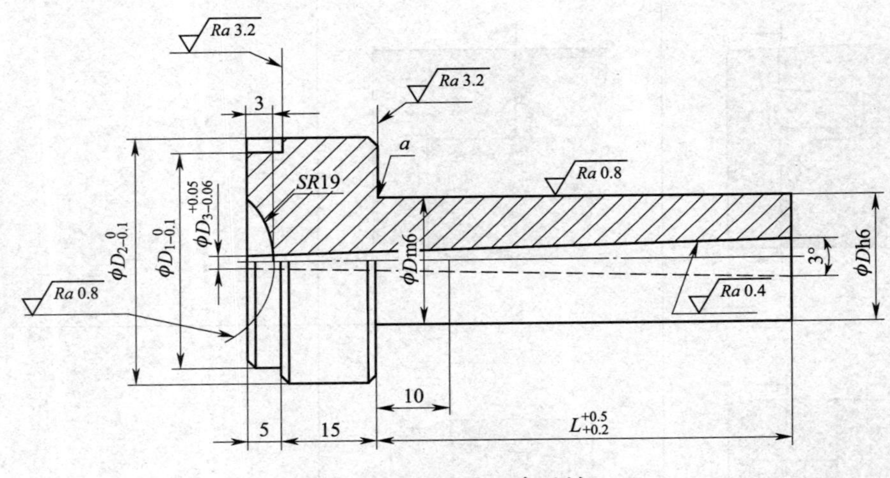

图 2—6—14　浇口套图样

表 2—6—12　　标准零件浇口套

<table>
<tr><th colspan="5">尺寸</th><th rowspan="2">标记</th></tr>
<tr><th>D</th><th>D1</th><th>D2</th><th>D3</th><th>L</th></tr>
<tr><td>12</td><td rowspan="2"></td><td rowspan="2"></td><td>2.8</td><td></td><td></td></tr>
<tr><td>25</td><td>4.2</td><td>100</td><td></td></tr>
<tr><th colspan="5">推荐材料</th><th>局部热处理</th></tr>
<tr><td colspan="5"></td><td></td></tr>
</table>

5．阅读如图 2—6—15 所示的注射模具浇注系统图样，完成表 2—6—13 的填写工作。

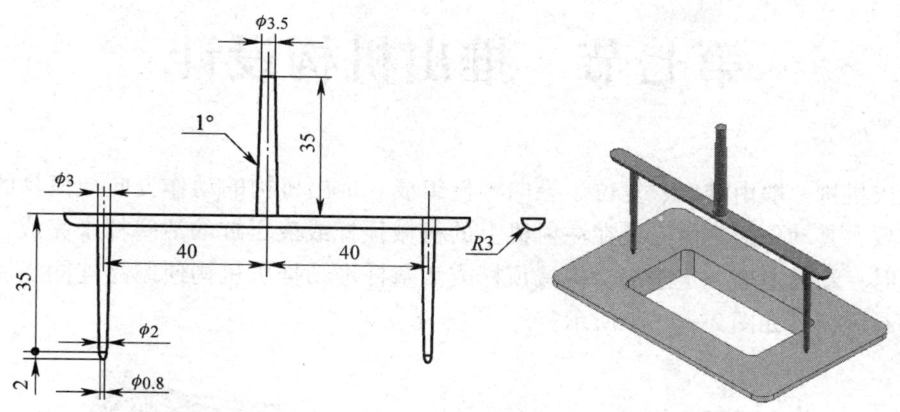

图 2—6—15　某注射模浇注系统图样

表 2—6—13　浇注系统图样识读

组成	
浇口类型	
各部分尺寸	

6. 聚苯乙烯底座制品如图 2—6—16 所示，其注射模具采用一模四腔形式，顶杆顶出，浇口采用侧浇口形式，试完成浇注系统的设计。

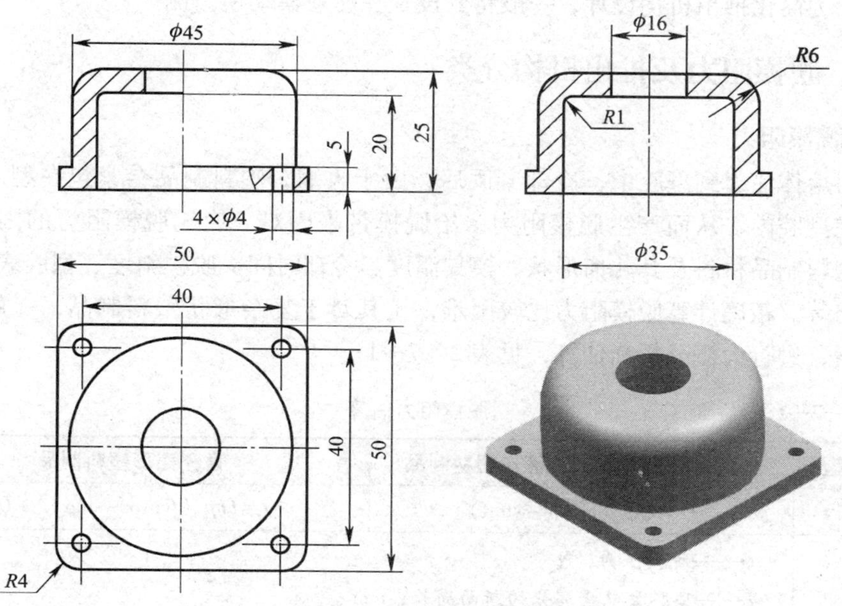

图 2—6—16　聚苯乙烯底座制品图样

第七节　推出机构设计

推出机构一般由推出、复位、导向零件组成。推出机构的动作方向与模具的开模方向一致，其动作通常由安装在注射机上的机械顶杆或液压缸的活塞杆来完成，即模具开模时，动模退至一定距离，机械顶杆或活塞杆推动推出机构使制品连同浇注系统凝料一起脱模，如图 2—7—1 所示。

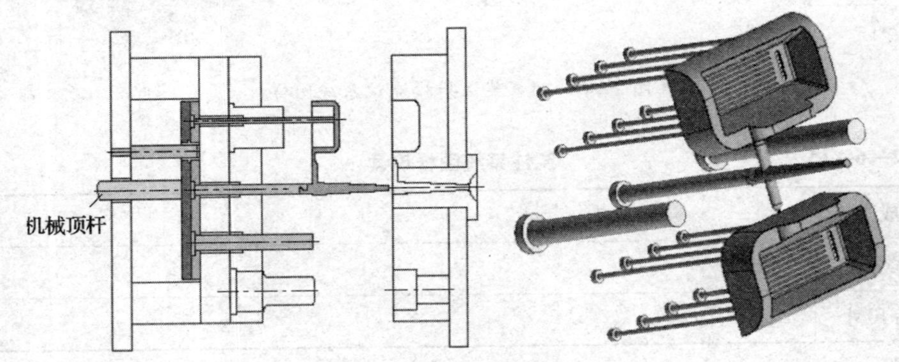

图 2—7—1　注射模推出机构

注射模推出机构有多种形式，需要根据塑料制品结构、模具结构及设备参数等进行选择，为简化推出机构设计，一般将其设置在注射模动模一侧。

一、脱模阻力及推出机构分类

1. 脱模阻力

塑料熔体注射到型腔中，冷却凝固后，由于收缩，塑料制品会紧包在型芯上，或者黏附在型腔内，从而产生脱模阻力，给脱模带来困难。影响脱模阻力的因素很多，例如，塑料制品材料及其几何形状、模具温度、冷却时间、脱模斜度、型腔表面结构、加工纹路等。精确计算脱模阻力比较困难，尤其对于复杂形状塑料制品，一般只考虑主要因素，进行大概分析和估算，见表 2—7—1。

表 2—7—1　　脱模阻力估算

制品类型	一般塑料制品和通孔壳形塑料制品	盲孔壳形塑料制品
估算公式	$Q = Lhp\ (f\cos\alpha - \sin\alpha)$	$Q = Lhp\ (f\cos\alpha - \sin\alpha)\ + Q_H$
公式说明	Q——脱模阻力，N L——型芯被包紧部分的断面周长，mm H——被包紧部分的深度	

续表

<table>
<tr><th>制品类型</th><th>一般塑料制品和通孔壳形塑料制品</th><th>盲孔壳形塑料制品</th></tr>
<tr><td>公式说明</td><td colspan="2">p——由收缩产生的单位面积上的正压力，一般取 7.8 ~ 11，MPa
F——摩擦因数，一般取 0.1 ~ 0.2
α——脱模斜度，(°)
Q_H——大气压力造成的阻力，N，$Q_H = PF$
P——大气压力，一般为 0.1 MPa
F——垂直于推出型芯方向的投影面积，mm^2</td></tr>
</table>

注：1. 确定实际脱模阻力时，应当考虑制品材料对型芯的黏附力以及制品刚性等要素的影响，即在计算公式基础上加以修正。

2. 对于盲孔壳形塑料制品，脱模时应考虑大气压力造成的阻力。

总之，塑料制品收缩率大、壁厚、型芯尺寸大、深度大、脱模斜度小、型芯表面粗糙则脱模阻力大；反之，脱模阻力小。

2. 推出机构分类

在实际生产中，推出机构可以根据动力来源、模具结构特征、推出机构结构特征等进行分类，如图 2—7—2 所示。其中，手动推出机构采用人工操纵脱模机构使塑料制品脱出，常用于不能设置推出机构的模具；机动推出机构依靠注射机的开模动作驱动模具上的推出机构，实现塑料制品自动脱模；液压和气动推出机构则在注射机或模具上设有专用液压或气动装置，将塑料制品通过模具上的推出机构推出或将塑料制品吹出。

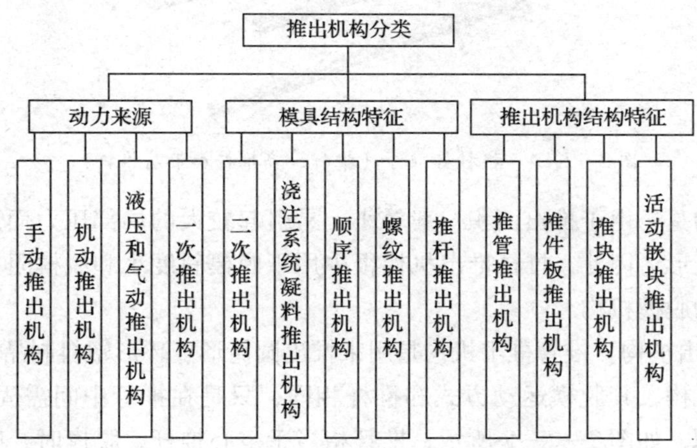

图 2—7—2 推出机构分类

（1）一次推出机构

凡在动模一侧施加一次推力就可以实现塑料制品脱模的机构称为一次推出机构，也称简单推出机构。常见的一次推出机构有推杆推出机构、推管推出机构、推件板推出机构、多元联合推出机构等形式。

1）推杆推出机构。推杆推出机构的典型结构如图 2—7—3 所示，它是推出机构中最简单、最常见的一种形式。

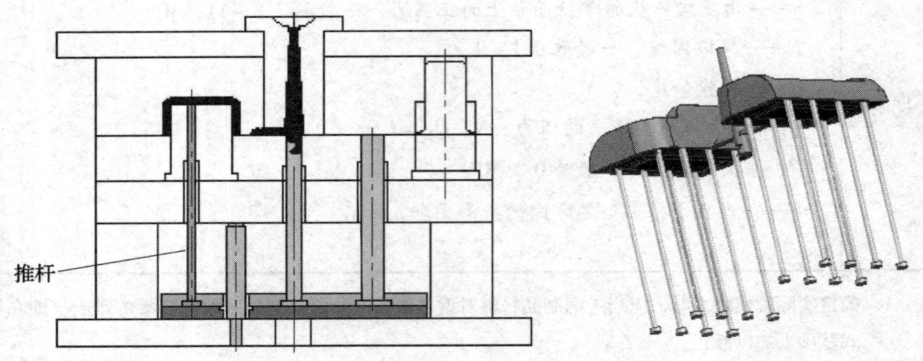

图 2—7—3　推杆推出机构典型结构

作为推出塑料制品的推杆，其截面大部分为圆形，这样容易达到与模板或型芯上推杆孔的配合精度。此外，推杆推出时运动阻力小，推出动作灵活可靠，损坏后便于更换。作为标准件（见图 2—7—4），推杆可根据需要直接购买。截面为半圆形的推杆可用标准圆形推杆改制。另外，推杆前端也可根据要求进行追加加工，以满足产品形状的要求。

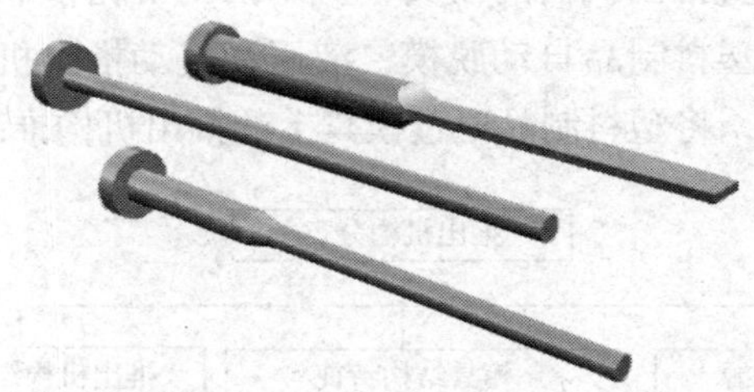

图 2—7—4　推杆标准件（推杆、扁推杆和带肩推杆）

需要指出的是，由于推出面积一般较小，易引起较大的局部压力而顶穿塑料制品或使塑料制品变形，因此，推杆推出机构很少用于脱模斜度小和脱模阻力大的管类或箱类塑料制品的脱模机构。

2）推管推出机构。推管推出机构是用来推出圆筒形、环形塑料制品或带孔塑料制品的一种推出机构，其脱模运动方式和推杆相同，只是在推管中间需固定一个型芯，与型芯配套使用，如图 2—7—5 所示，推管相当于空心推杆，脱模时，整个周边接触塑料制品，推力均匀，塑料制品不易变形，也不会留下明显的压痕，特别适合于小直径管状塑料制品或塑料制品上凸孔部分的脱模。

推管推出机构通常有三种结构形式：长推管、开槽推管和接力推管，如图 2—7—6 所示，长推管形式也称长型芯型，开槽推管和接力推管也称短型芯型。

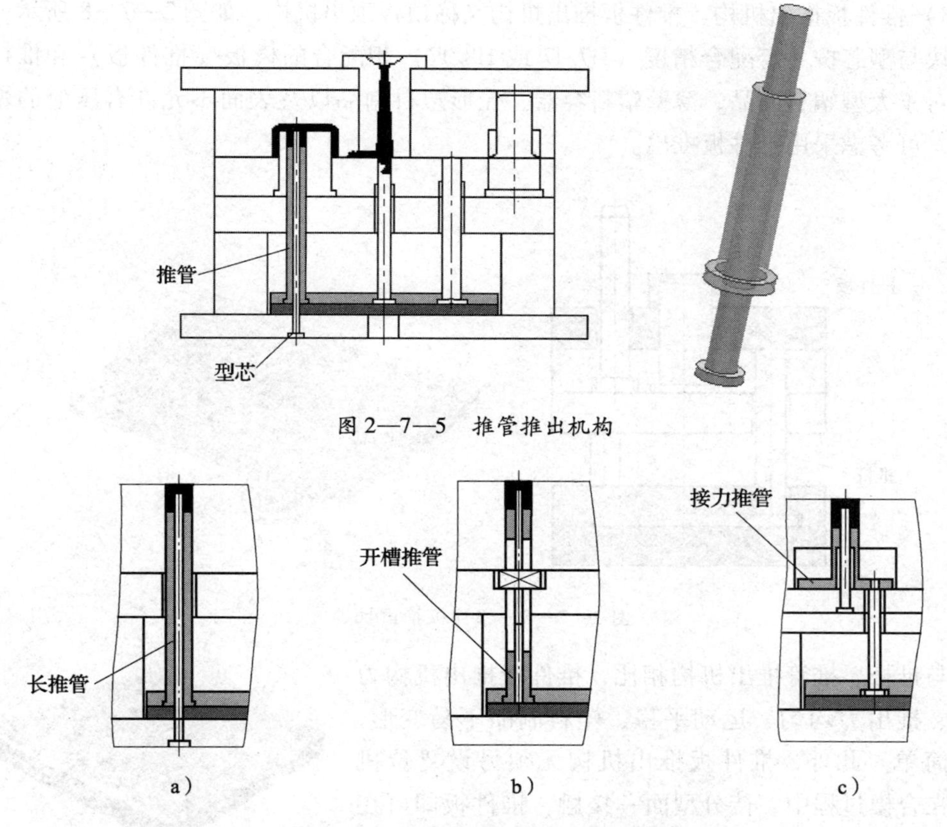

图 2—7—5 推管推出机构

图 2—7—6 推管推出机构的结构形式
a）长推管 b）开槽推管 c）接力推管

长推管是最简单、最常用的结构形式，型芯穿过推板固定于动模座板。这种结构的型芯较长，可兼作推出机构的导向柱，多用于推出距离不大的场合。作为标准件（GB/T 4169. 17—2006），长推管结构如图 2—7—7 所示。

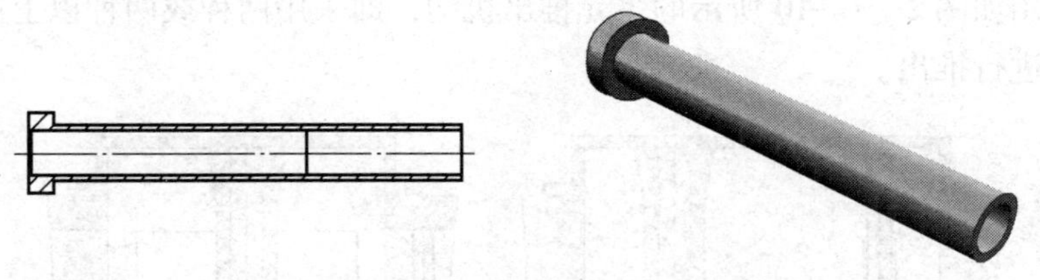

图 2—7—7 标准件推管结构

开槽推管采取型芯用销或键固定在动模板上的结构，其轴向开有一长槽，以容纳销（或键）和保证推出距离，一般应略长于推出距离。这种结构型芯较短，模具结构紧凑，但由于型芯紧固力小，适用于受力不大的型芯。接力推管采用型芯固定于动模垫板的结构，推管可在动模板内滑动。这种结构可使推管与型芯长度大为缩短，由于推出行程包含在动模板内，致使动模板厚度增加，多用于脱模距离不大的场合。

3）推件板推出机构。推件板推出机构又称顶板顶出机构，如图 2—7—8 所示，它由一块与型芯按一定配合精度（H7/f7 或 H8/f7）相配合的模板（推件板）和推杆组成。对于大型塑料制品、薄壁塑料容器、壳形塑料制品以及表面不允许有压痕的塑料制品，可考虑采用推件板推出。

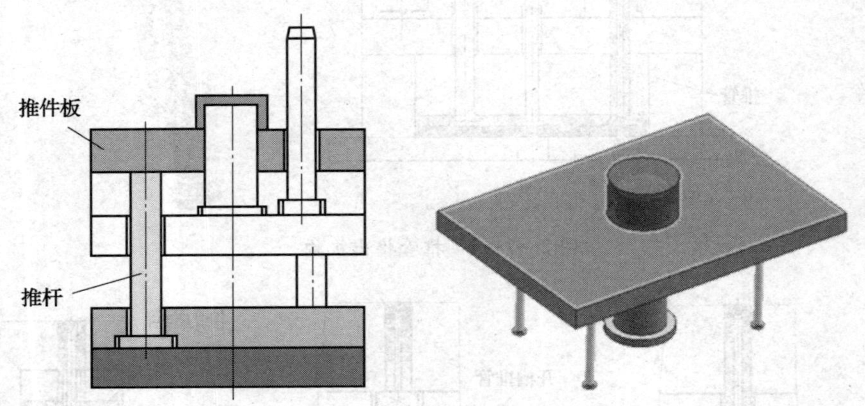

图 2—7—8　推件板推出机构

图 2—7—9　标准件推件板结构

与推杆、推管推出机构相比，推件板推出机构力量大、推出力均匀、运动平稳、塑料制品不易变形、结构简单。此外，推件板推出机构无须另设复位机构。在合模过程中，待分型面一接触，推件板即可在合模力的作用下回到初始位置。作为标准件（见图 2—7—9）的推件板，其尺寸规格由模板（A 型模板）GB/T 4169. 8—2006 规定。

4）多元推出机构及其他。在实际生产中往往会遇到深腔壳体、薄壁、凸台或带有金属嵌件等情况的复杂塑料制品，若采用单一的推出机构，将难以保证塑料制品质量，这时就要采用如图 2—7—10 所示的多元推出机构，即采用两种或两种以上的推出元件对塑料制品进行推出。

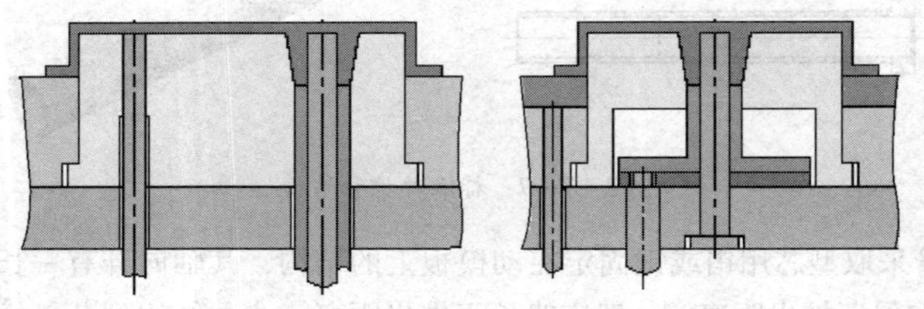

图 2—7—10　多元推出机构

另外，有些塑料制品由于结构形状等因素，还可考虑采用成型嵌件（如顶块）带出塑料制品（见图 2—7—11），或采用型腔（如螺纹型环）带出塑料制品。

（2）二次推出机构

通常情况下，塑料制品只需一次推出动作即可脱模，但对于某些在一次推出动作完成后，仍难以脱模的塑料制品，就要考虑增加一次推出动作，以确保其顺利脱落，二次推出机构由此应运而生。当然，有时为避免一次推出塑料制品受力过大造成变形甚至破裂，也可采用二次推出机构，例如，成型薄壁深腔塑料制品或形状复杂塑料制品等，采用二次推出，可以达到分散脱模力，保证塑料制品质量的效果。

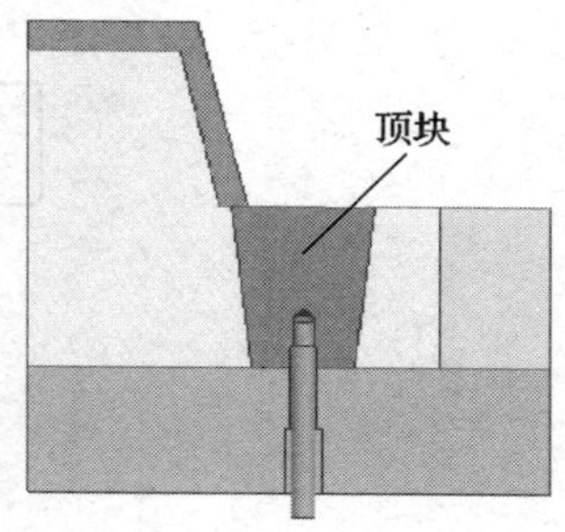

图 2—7—11　顶块顶出机构

二次推出机构依然是采用一次推出机构所采用的各种推出元件，如推杆、推管、推件板等，只是其推出方式有所改变。在注射模中，通常采用的推出方式有摆块拉杆式、拉钩式、U 形限制架式、八字摆杆式、斜楔拉钩式和液（气）压缸式等，有关内容可查阅相关资料，这里不再赘述。

（3）浇注系统凝料推出机构

在注射成型生产中，为了提高生产自动化程度，不仅要求塑料制品自动脱模，而且要求浇注系统凝料也能自动脱落。除点浇口和潜伏式浇口外，其他形式的浇口，浇注系统凝料与塑料制品通常是连在一起脱模的。要解决点浇口和潜伏式浇口浇注系统凝料的自动脱落问题，关键在于浇口与塑料制品的自动切断。因此，在采用点浇口和潜伏式浇口的模具中，常采用前端部分为倒扣形状的拉料杆（销）来满足上述要求，如图 2—7—12 所示，其工作过程如下：

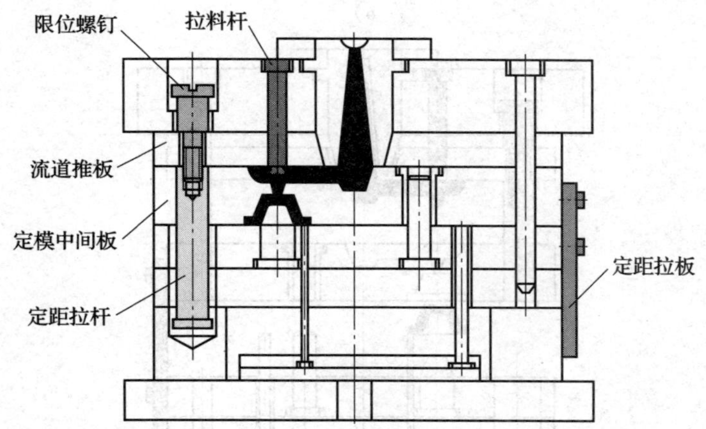

图 2—7—12　具有浇注系统凝料推出机构模具

开模时，首先在动、定模主分型面分型，浇口凝料被拉料杆拉断，如图 2—7—13a 所示；继续开模，在定距拉板的作用下，流道推板与定模中间板分型，浇注系统凝料脱离定模中间板，如图 2—7—13b 所示；最后，在定距拉杆和限位螺钉的作用下，流道推板与定模座板分型，浇注系统凝料从浇口套和拉料杆上脱出，如图 2—7—13c 所示。

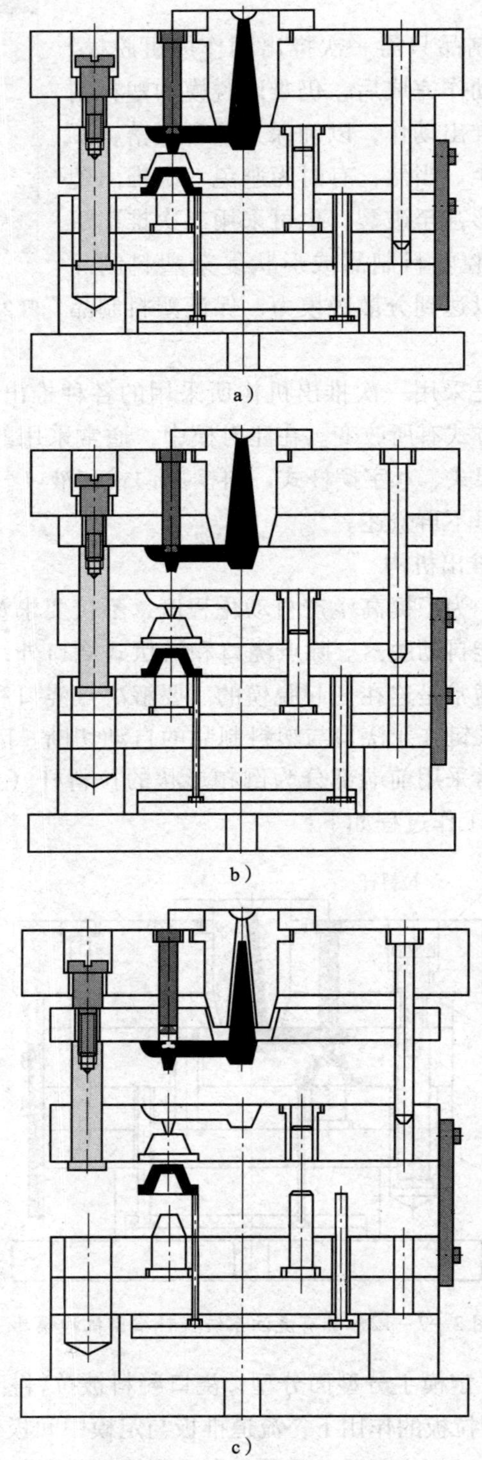

图 2—7—13　模具工作过程

根据塑料种类、成型周期、成型条件等因素的不同，可以采用不同类型的拉料杆，如图 2—7—14 所示，并可从市场上购得（如 MISUMI 模具用零件）。另外，必要时还可配套使用拉料杆衬套。

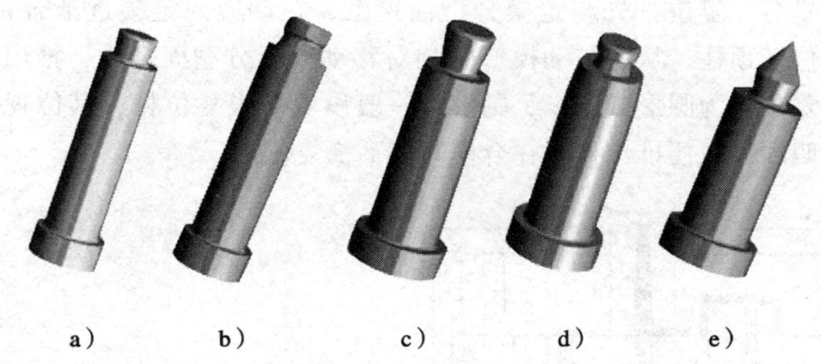

图 2—7—14 不同类型拉料杆

a）直杆标准型 b）直杆锁料型 c）锥度标准型 d）锥度锁料型 e）直杆笔锥型

二、推出机构的导向与复位

1. 导向

在推出机构中，当推杆较细，固定它的模板的质量容易使其弯曲，以致在推出时出现推出动作不够灵活，甚至折断推杆的现象，因此经常需要设置导向零件（支承柱和推板导套），如图 2—7—15 所示，且一般不少于两对。

作为标准件，支承柱和推板导套的结构如图 2—7—16 所示，使用时可按要求选用和购买。

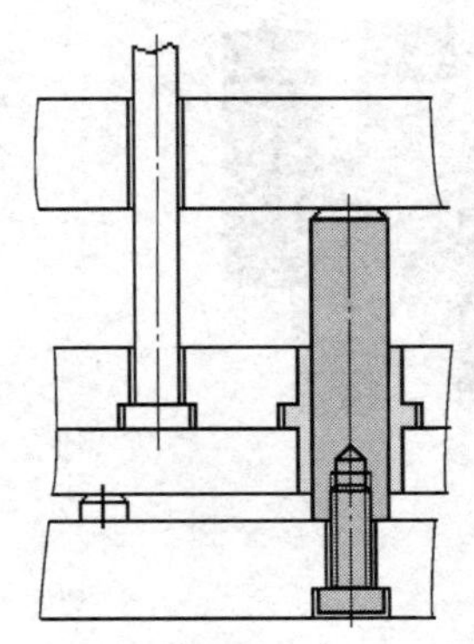

图 2—7—15 推出机构的导向

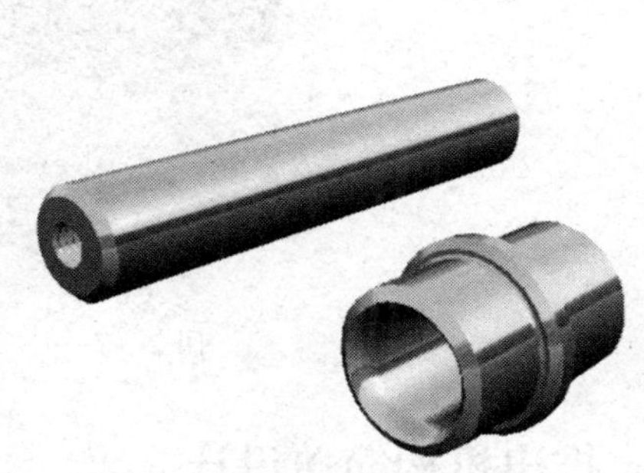

图 2—7—16 标准件支承柱和推板导套

2. 复位

为了确保推出机构中的推出零件合模后回到原来的位置，为下一次注射成型做准备，推出机构中通常还设有复位零件。复位零件一般采用复位杆（已标准化 GB/T 4169.13—2006）或复位弹簧。

（1）复位杆复位

复位杆也称回程杆，如图 2—7—17 所示，是最简单、最常用的复位零件，安装在推杆固定板上。复位杆端面设计在动、定模的分型面上。开模时，复位杆与推出机构一同推出；合模时，复位杆先与定模分型面接触，在动模向定模逐渐合拢的过程中，推出机构被复位杆顶住，从而与动模产生相对移动直至分型面合拢，推出机构就回到原来的位置。复位杆为圆形截面，每副模具一般设置 4 根复位杆，其位置应对称设在推杆固定板的四周，以便推出机构在合模时能平稳复位。

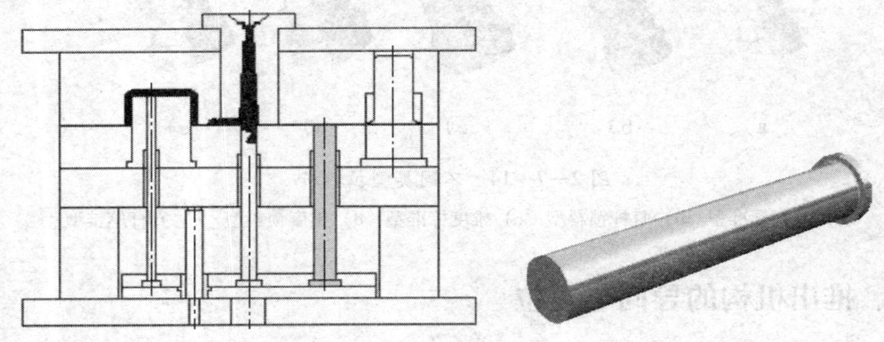

图 2—7—17　复位杆复位

（2）弹簧复位

弹簧是另一种复位零件，如图 2—7—18 所示。使用弹簧回复力使推出机构复位，结构简单，其复位先于合模动作完成，但必须注意弹簧要有足够的弹力，并及时更换失效的弹簧。

图 2—7—18　复位弹簧复位

三、推出机构简单设计

1. 设计原则及设计要点

（1）设计原则

推出机构的设计原则是，保证脱模时制品不变形、不损坏；保证制品外观良好，推件接触位置位于制品不明显处；结构可靠、运动灵活，有足够的强度和刚度。

由于制品收缩时包紧型芯，因此脱模力作用位置应尽量靠近型芯，同时应布置在制品强度、刚度大的位置，如凸缘、加强肋等位置，作用面积也尽量大些，以免塑件变形或损坏。

（2）设计要点

1）推杆推出机构设计要点。推杆是推杆推出机构的设计关键。设计推杆时，要考虑的因素包括基本形状、端面形状、端面尺寸、固定形式和安装高度等，其设计要点见表2—7—2。

表2—7—2　　推杆的设计要点

基本形状			
	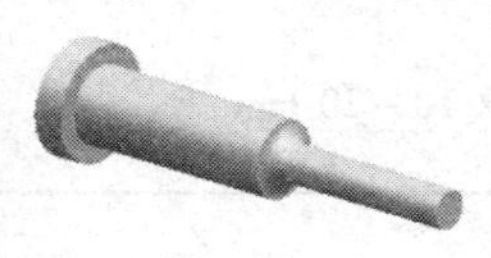		
直通式推杆尾部采用台肩固定，最为常用	阶梯式推杆工作部分较细，一般在直径小于2.5 mm时采用	顶盘式推杆适合于深筒形制品的推出	
端面形状			
	圆形是推杆工作端面最为常用的形状，根据需要还可以设计成特殊的端面形状，如矩形、三角形、半圆形等。由于特殊端面形状的推杆配合孔需要采用电火花、线切割等特种加工方法进行加工，因此，一般情况下都采用圆形杆		
端面尺寸			
一般圆形推杆的直径为2.5～12 mm；尽量避免使用直径2 mm以下的推杆			
固定形式			
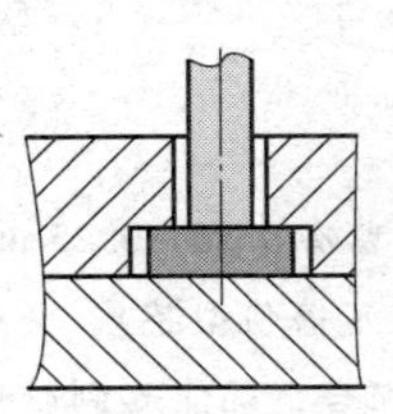	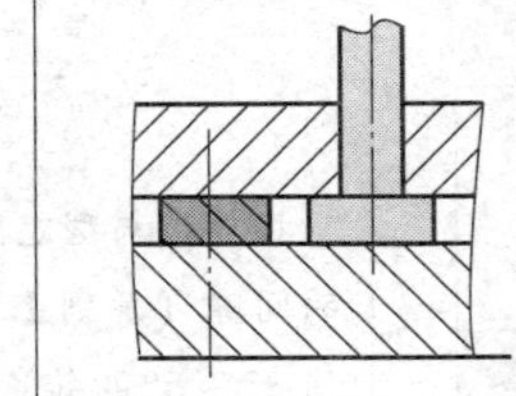	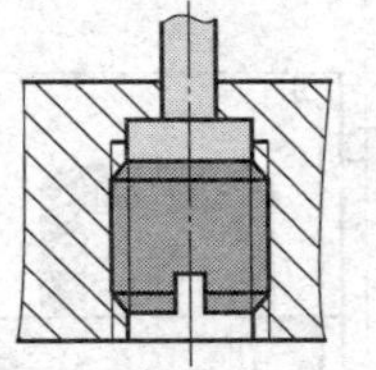	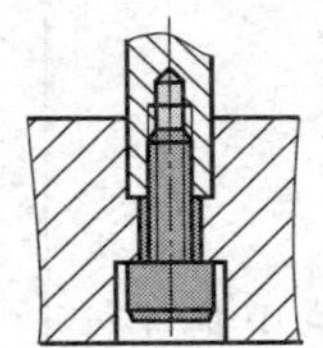
台肩固定。是最常用的形式，直径为d的推杆，在推杆固定板上的孔应为（$d+1$）mm	垫块固定。以垫块代替固定板沉孔，可方便加工	螺塞固定。适用于推杆固定板较厚的场合	螺钉固定。对于较粗的推杆可考虑采用

续表

安装高度
推杆的工作端面成型塑料制品的部分内表面，如果推杆的端面低于或高于该处型面，就会在塑料制品上产生凸台或凹痕，从而影响塑料制品的美观及使用。因此，通常推杆装入模具后，其端面应与型面平齐或高出型面 0.05～0.1 mm

注意	1. 推杆与推杆孔之间的配合双边间隙，应能保证不溢料而又能排气。对于流动性较好的塑料，如聚乙烯、聚丙烯、聚苯乙烯、尼龙等，应不大于 0.04 mm。其他塑料则应不大于 0.05 mm 2. 推杆近胶位一端的封胶位长度通常取 10～20 mm

2）推件板推出机构设计要点。推件板推出机构的设计要点见表 2—7—3。

表 2—7—3　　推件板推出机构的设计要点

要求	图示	说明
确保推件板推出塑料制品后留在模具上	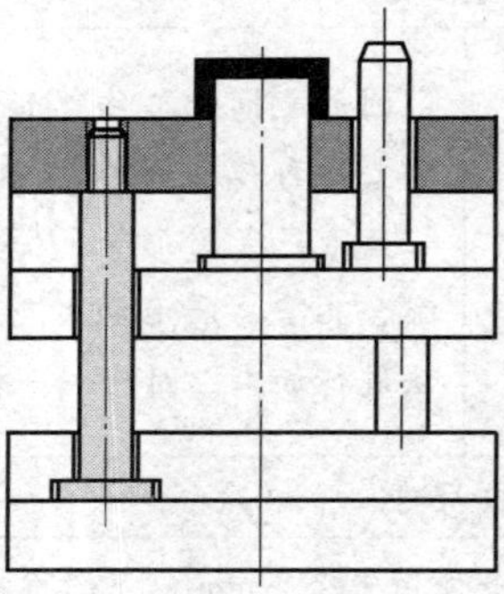	采用足够长度的导柱 当由于条件限制，导柱不能太长时，可采用将推杆前端做成螺杆，拧入推件板中，以确保推件板推出塑料制品时不脱离导柱
减小推件板和型芯的摩擦	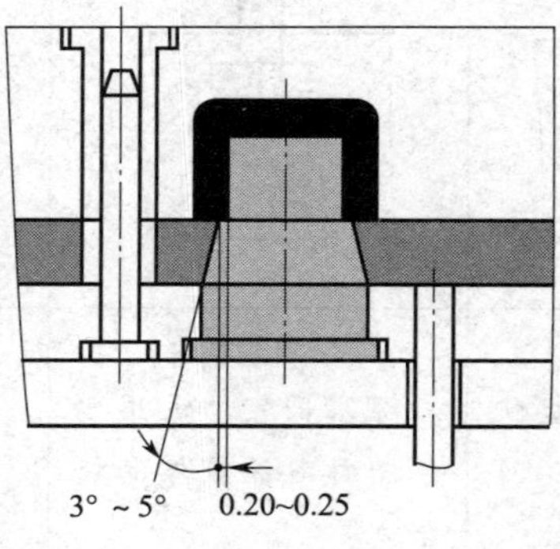 3°～5°　0.20~0.25	推件板与型芯间留有 0.20～0.25 mm 的间隙（原则上应不擦伤型芯），并采用 3°～5°的锥面配合，既能起到辅助定位作用，也可以防止推件板因偏心而溢料

续表

要求	图示	说明
设置引气装置		对于大型的深腔塑料制品或软质塑料制品，如采用推件板脱模，塑料制品与型芯间容易形成真空，从而造成脱模困难，甚至使塑料制品变形损坏，这时应考虑设置引气装置，开模时，大气压力克服弹簧力将推杆抬起而进气，塑料制品就能顺利地从型芯中推出

2. 简单设计示例

某材料为聚乙烯的旋钮零件，如图2—7—19所示，经分析决定采用注射成型，一模两腔布局，分型面选择在制品底部，潜伏式浇口，推杆推出机构进行脱模。

旋钮制品注射模推杆推出机构的简单设计见表2—7—4。

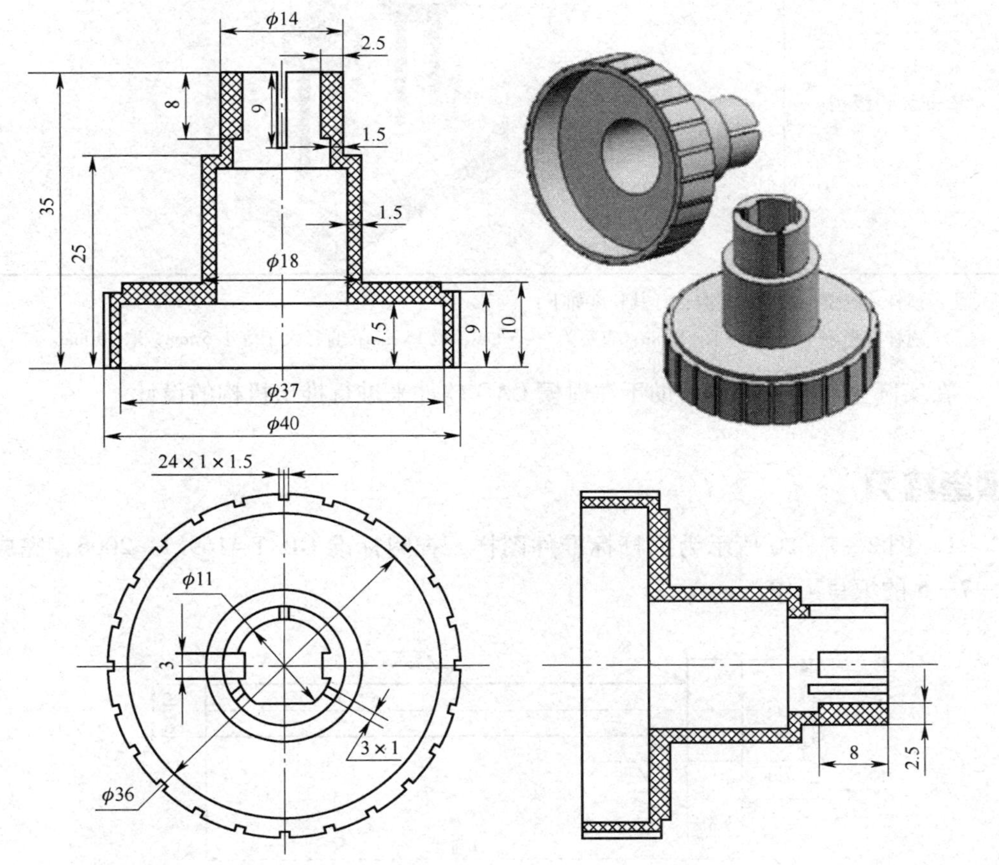

图2—7—19 旋钮零件

表 2—7—4　　旋钮零件注射模推杆推出机构简单设计

内容	说明
脱模力计算	通过公式 $Q=Lhp\ (f\cos\alpha-\sin\alpha)$ 计算脱模力。经计算，旋钮型芯的包络面积为0.2 m^2；查得聚乙烯塑料型腔脱模斜度为25′~45′，型芯脱模斜度20′~45′；聚乙烯对钢的摩擦因数为0.1~0.3；制品对型芯单位面积上的包紧力 p 取8~12MPa；代入公式计算可以得知，旋钮的脱模推出力较小
推杆基本形状确定	采用直通式推杆
推杆工作端面形状确定	采用常用的圆形
推杆端面尺寸确定	因塑料制品的推出力较小，选用直径为6 mm的标准推杆
推杆固定形式确定	采用台肩固定，直径为6 mm的推杆，在推杆固定板上的孔径应为7 mm，推杆台肩部分的直径为12 mm
推出机构模型	

注：顶杆近胶位一端须做封胶位，其长度如下：
顶杆直径小于3 mm，取12 mm；直径为3~5 mm，取15 mm；直径大于等于6 mm，取20 mm。

在实际生产中，往往借助于注射模CAD软件来进行推出机构的设计。

课堂练习

1. 图2—7—20所示为推杆标准件图样，查阅标准GB/T 4169.1—2006，完成表2—7—5的填写工作。

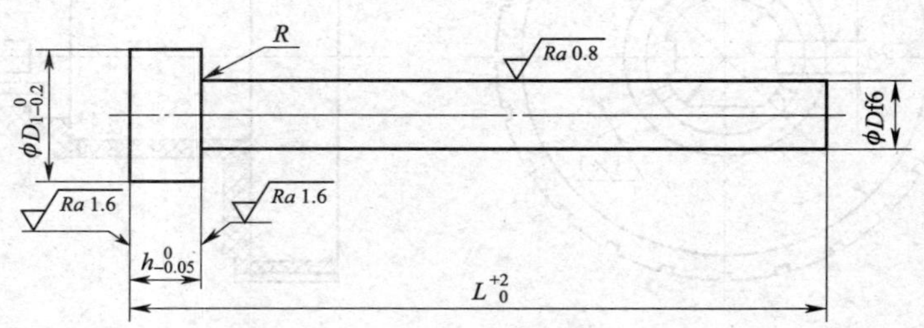

图2—7—20　推杆标准件图样

表 2—7—5 推杆标准件

D 规格	
L 规格	
推荐材料	
热处理要求	
推杆标记	
D =1 mm L =80 mm	

2．图 2—7—21 所示为推管标准件图样，查阅标准 GB/T 4169. 17—2006，完成表 2—7—6 的填写工作。

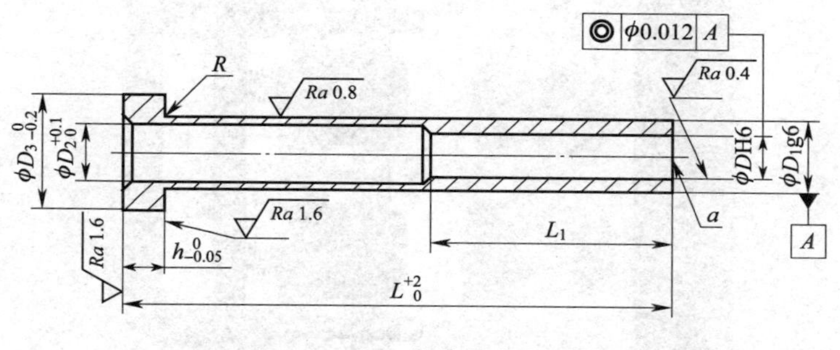

图 2—7—21 推管标准件图样

表 2—7—6 推管标准件

D 规格	
L 规格	
推荐材料	
热处理要求	
推杆标记	
D =1 mm L =80 mm	

3．试完成图 2—7—19 所示的旋钮零件注射模脱模力的估算。

4．试写出图 2—7—22 所示的模具中脱模机构零件的名称及作用。

5．试分析说明图 2—7—23 所示的注射模具的推出机构类型。

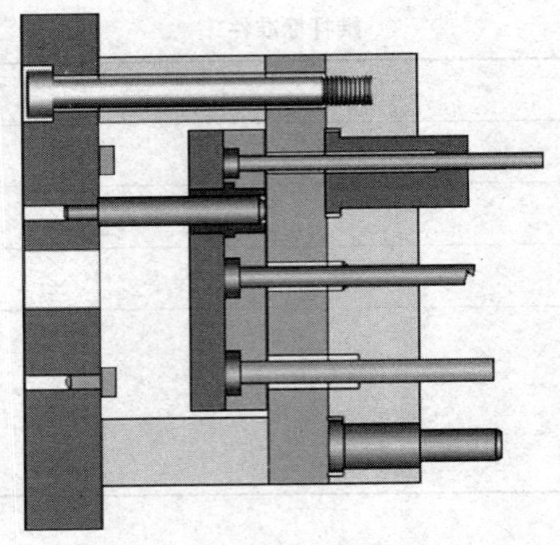

图 2—7—22　某注射模具下模

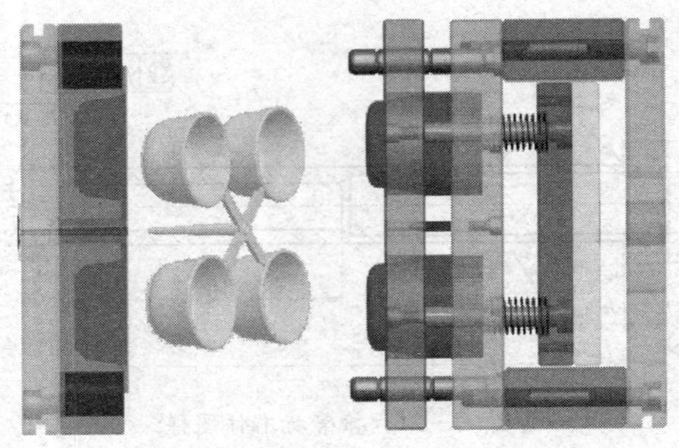

图 2—7—23　塑料碗注射模具

第八节　侧向抽芯机构设计

一般来说，塑料制品的脱模方向都与模具开闭模方向相同。但当脱模方向确定后，如果成型产品上仍有倒钩结构（侧凹、侧凸或侧孔部位），则开模时固化后的制品就会因型芯的干涉而无法正常脱模。此时，必须将模具上的型芯做成可侧向移动的零件——滑动型芯，并通过侧向抽芯机构完成分型脱模工作。

不难理解，塑料制品的倒钩主要可分为外侧面凹凸和内侧面凹凸两大类，与此相对应地，侧向抽芯机构可分为外侧面抽芯机构和内侧面抽芯机构两大类，如图 2—8—1 所示，其中，斜导柱式侧向抽芯机构主要适用于外侧面抽芯场合，斜导杆式侧向抽芯机构主要适用于内侧面抽芯场合。

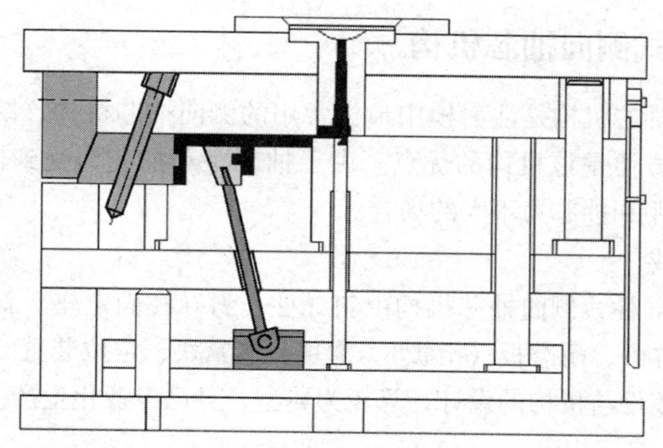

图 2—8—1 带有侧向抽芯机构的注射模具

一、结构形式概述

在注射模设计中，根据需要可以采用不同结构形式的侧向抽芯机构。常见的侧向抽芯机构形式如图 2—8—2 所示，其中，斜导柱式、斜导杆式、弯销式、斜滑块式、斜导槽式、齿轮齿条式及活型芯式属于机动式抽芯机构，它们利用开模运动使模具侧向脱模或把型芯从塑料制品中抽出，机构虽比较复杂，但操作方便，生产效率高，在生产中应用较多。

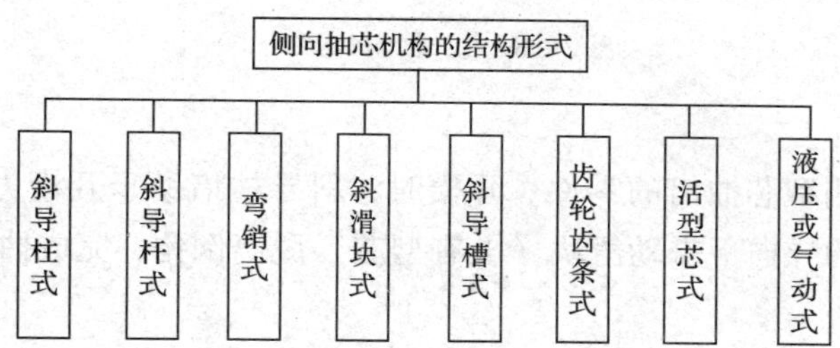

图 2—8—2 侧向抽芯机构的结构形式

在要求抽芯力和抽芯距较大的情况下，可考虑采用液压或气动式抽芯机构。另外，在新产品试制或小批量生产时，可考虑采用图 2—8—3 所示的手动式侧向抽芯机构，它采用内六角螺栓丝杠抽芯。

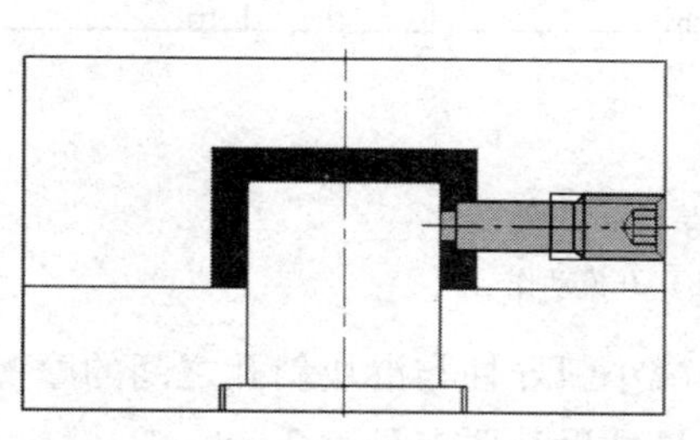

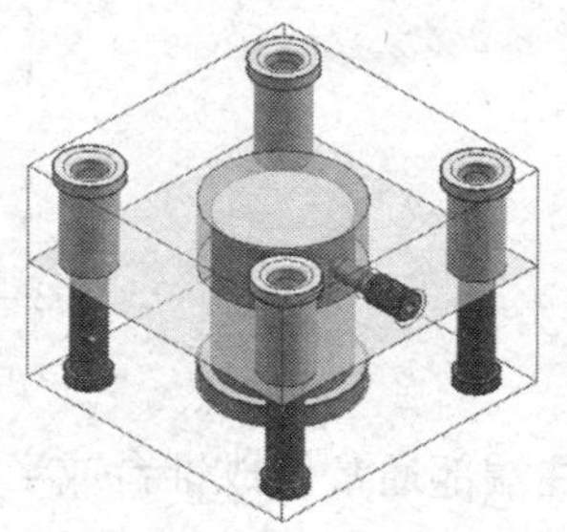

图 2—8—3 手动式侧向抽芯机构

二、斜导柱式侧向抽芯机构

斜导柱式侧向抽芯机构是注射模中最为常用的侧向抽芯机构。结构紧凑、动作安全可靠、加工制造方便是该机构的优点。由于抽芯距和抽芯力受到模具结构的限制，它一般适用于抽芯距和抽芯力不大的场合。

1. 机构的组成

根据需要，斜导柱式侧向抽芯机构由斜导柱、斜导柱固定座、斜导柱螺钉、斜导柱压板、滑槽（导轨）、耐磨板（滑板）、滑块、楔紧块、定位装置等零件组成，如图2—8—4所示，其零件与机构的设计计算较为典型，且已专业化生产。

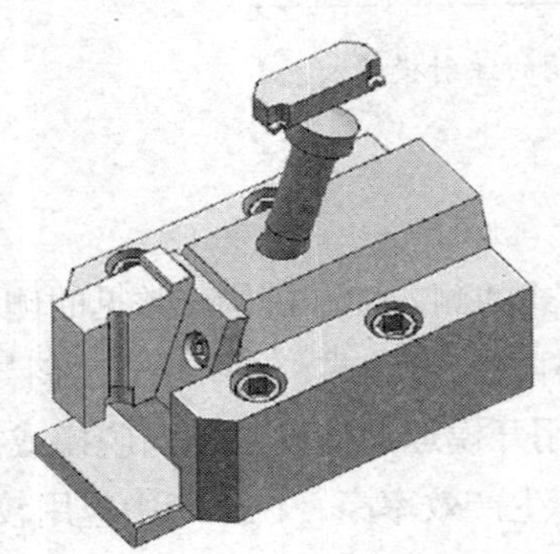
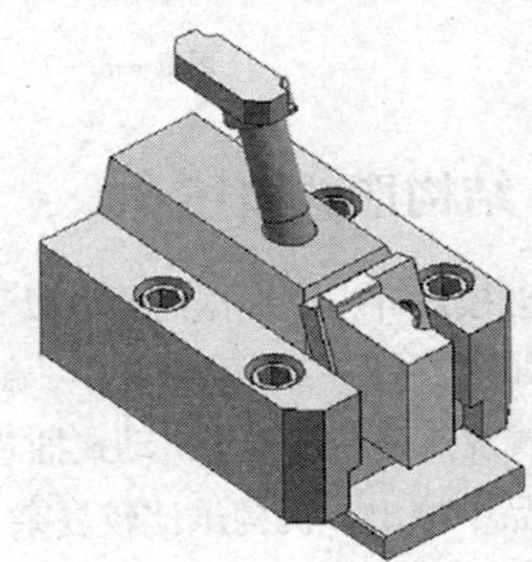

图2—8—4 机构的组成

（1）斜导柱

斜导柱是驱动侧型芯抽出的零件。开模时，斜导柱借助于开模力，与滑块产生相对运动，并在滑槽的导向下带动滑块（上有型芯）脱离倒钩，完成抽芯，如图2—8—5所示。

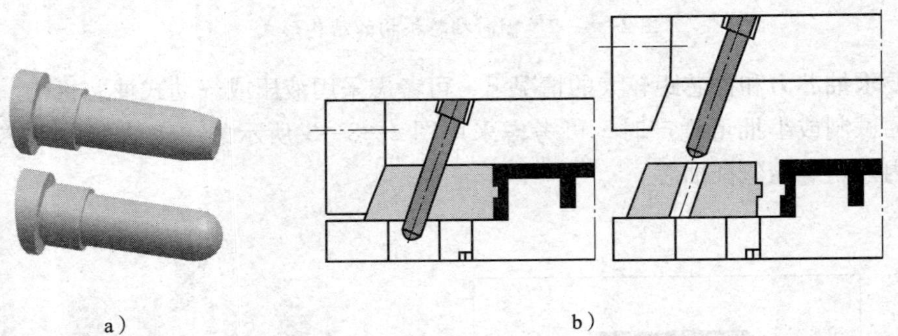

a） b）

图2—8—5 斜导柱和开模动作

a）斜导柱 b）开模动作

斜导柱端部通常做成锥台或半球形，为减小斜导柱与滑块斜孔之间的摩擦与磨损，可在斜导柱外圆周上铣出两个对称平面。斜导柱设计要点见表2—8—1。

表 2—8—1　　斜导柱设计要点

安装配合	斜导柱倾斜角 α
	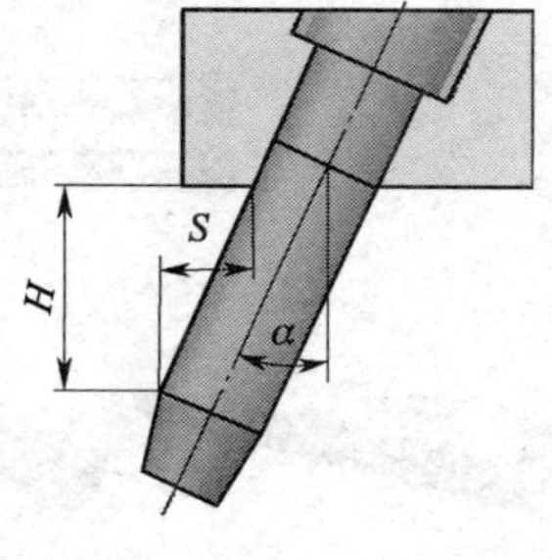
斜导柱与其固定板采用过渡配合 H7/m6 连接 斜导柱与滑块孔采用间隙配合（如 H11/b11），或在两者间保留 1 mm 以上的间隙	斜导柱轴向与开模方向的夹角称为斜导柱的倾斜角。倾斜角的大小对斜导柱的有效工作长度、抽芯距（S）、抽芯距对应的开模行程（H）和抽芯机构受力状况起着决定性作用 倾斜角一般不大于 25°，通常采用 15°~20°

斜导柱直径

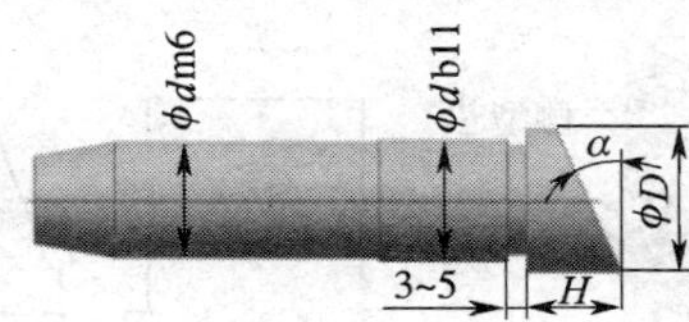

公称直径 d 尺寸	公称直径 d 公差	D	H	斜导柱固定孔公差
12	+0.019 +0.007	17	10	+0.019 0
15		20	12	
20	+0.023 +0.008	25	15	+0.023 0
25		30		
30	+0.027 +0.009	35	20	+0.027 0
35		40		
40		45	25	

计算比较复杂，实际设计中经常采用查表法确定

斜导柱长度

主要根据抽芯距、斜导柱直径及倾斜角来确定

备注	斜导柱材料多为碳素工具钢，也可采用 20 钢渗碳，热处理硬度≥55HRC，表面粗糙度 Ra 值小于 0.63 μm

根据需要，可从市场上直接购得斜导柱零件，例如，MISUMI公司的标准型斜导柱、经济型斜导柱、内螺纹固定型斜导柱（及配合用斜导柱螺钉）、外螺纹固定型斜导柱、螺栓贯通固定型斜导柱，它们的结构如图2—8—6所示。

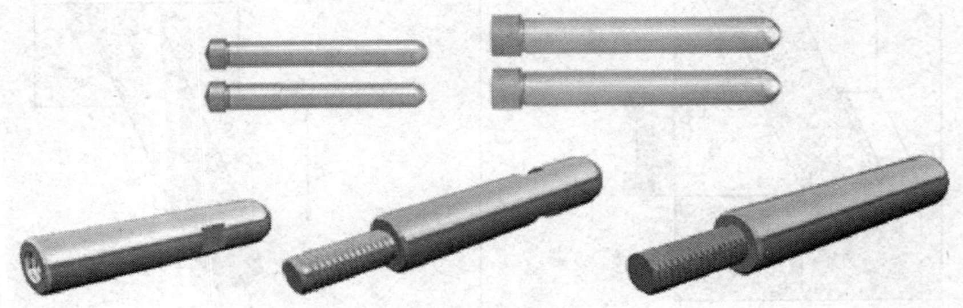

图2—8—6　其他斜导柱零件

（2）滑块

滑块（见图2—8—7）是斜导柱侧向抽芯机构中的一个重要零件。滑块上安装有侧型芯或成型镶块，注射成型时，塑料制品上有关尺寸的准确性和抽芯运动的可靠性都需要靠它来保证。

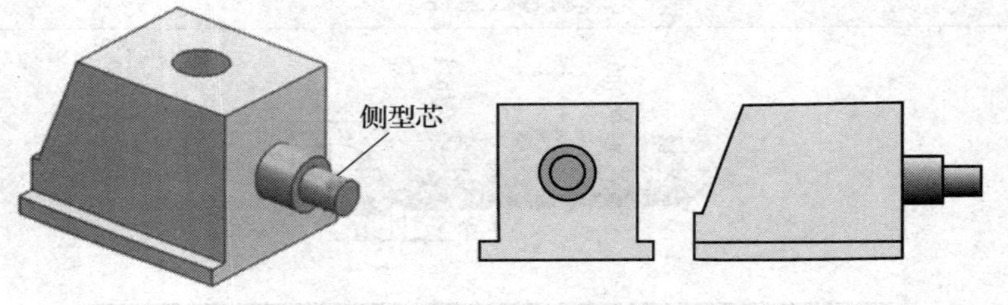

图2—8—7　滑块

滑块的设计要点见表2—8—2。

表2—8—2　　**滑块设计要点**

结构形式
 整体式　　组合式
根据具体制品和模具结构灵活设计，既可与侧型芯做成一个整体，也可采用组合式装配结构。整体式结构多用于形状简单的场合；组合式结构加工较为方便，且可节省优质钢材

续表

与侧型芯的连接形式

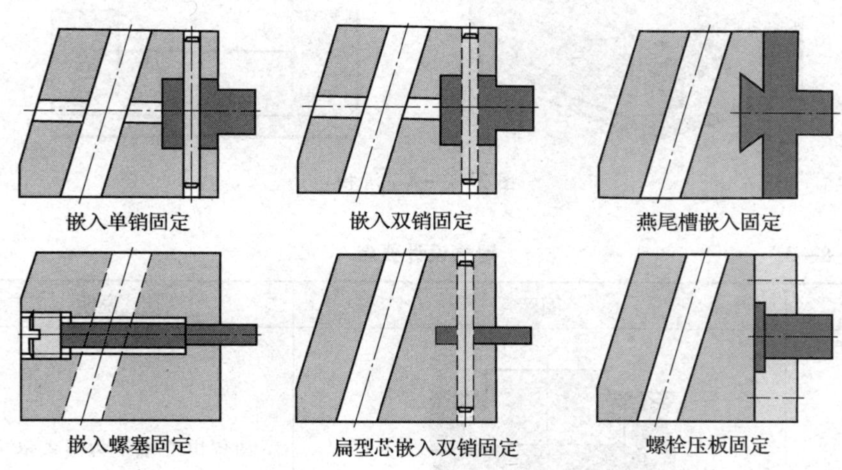

嵌入单销固定　嵌入双销固定　燕尾槽嵌入固定

嵌入螺塞固定　扁型芯嵌入双销固定　螺栓压板固定

燕尾槽嵌入固定适用于侧型芯较大的场合。侧型芯嵌入螺塞固定适用于小型侧型芯。扁型芯嵌入双销固定适用于薄片侧型芯。螺塞压板固定适用于多个侧型芯场合

常用尺寸

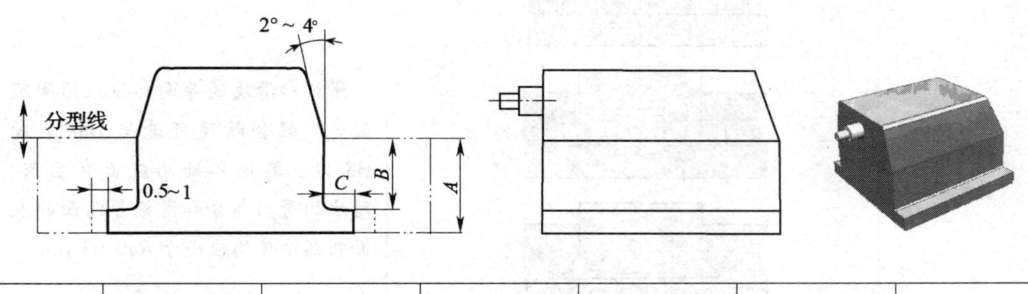

A	<30	30～40	40～50	50～65	65～100	100～160
B	8	10	12	15	20	25
C	6	8	10		12	15
备注	滑块一般采用T8A制造，滑动部分可局部或全部淬硬40～45HRC，其他尺寸按需选择					

（3）滑槽（导轨）

在侧向抽芯过程中，滑块必须在图2—8—8所示的滑槽内运动，并要求运动平稳且具有一定精度，滑槽的设计要点见表2—8—3。

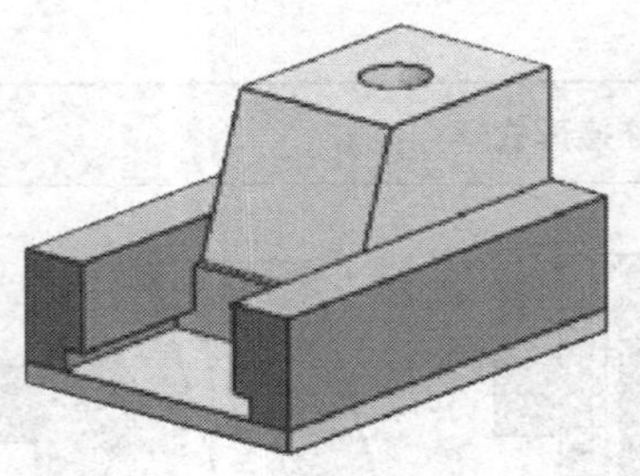
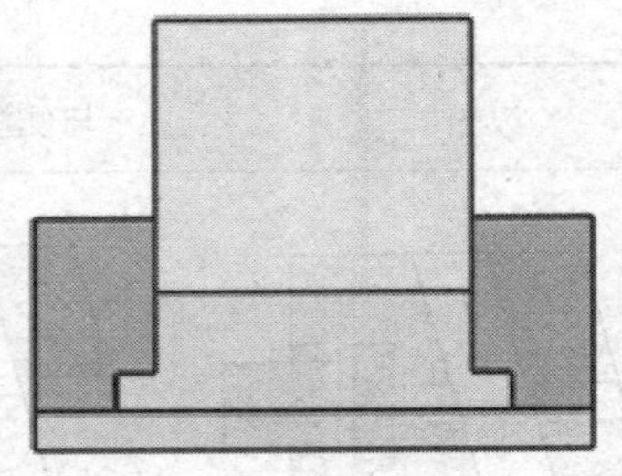

图 2—8—8　滑槽

表 2—8—3　　滑槽设计要点

要点	图示	说明
结构形式		图例中滑槽结构形式依次为整体式压块滑槽、分块式压块滑槽、组合式压块滑槽、底部定位式压块滑槽、整体式燕尾滑槽
与滑块的配合		滑槽对滑块的导向部位采用间隙配合，配合精度可选用 H8/g7 或 H8/h8，其他各处均应留有间隙。滑块的滑动部分和滑槽导向面的表面粗糙度值均应小于 $Ra0.63$ μm

注：1. 滑槽可用耐磨材料制造，也可用碳素工具钢制造，硬度要求为 52～56HRC。

2. 滑块完成抽芯动作后，其滑动部分仍应有全部或部分长度留在滑槽内。滑块的滑动配合长度通常要大于滑块宽度的 1.5 倍，而且保留在滑槽内的长度不应小于该数值的 2/3。

根据需要，也可从市场上直接购得滑块（导轨）零件，例如，MISUMI 公司的自润滑导轨（无槽型、导槽型），并配合使用自润滑滑板，如图 2—8—9 所示。

（4）楔紧块

楔紧块（见图 2—8—10）是合模时为了防止滑块受到注射压力而后退所设置的锁紧零件。楔紧块的强度、刚度及精度若得不到保证，将导致成型制品相关尺寸的变化，或周边毛刺的出现。

图 2—8—9　其他滑块零件及自润滑滑板

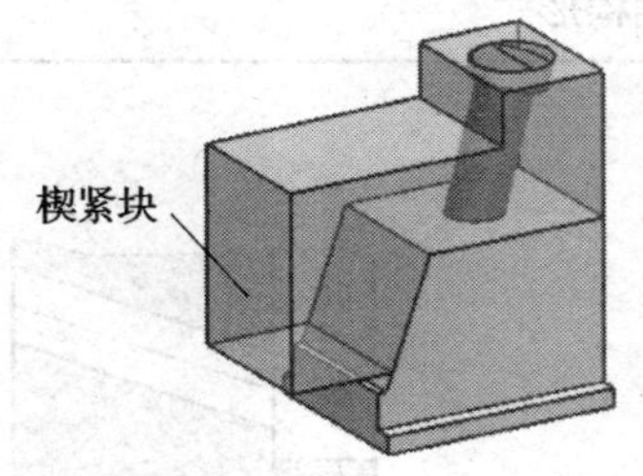

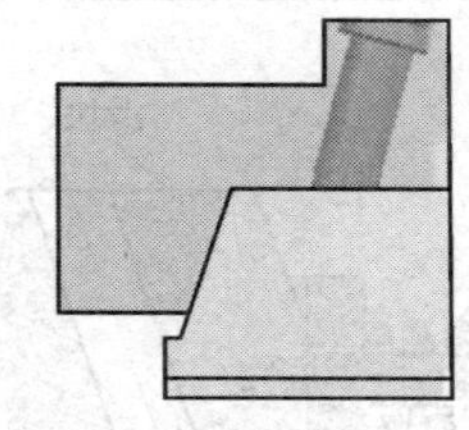

图 2—8—10　楔紧块

楔紧块的设计要点见表 2—8—4。

表 2—8—4　　**楔紧块设计要点**

形式与特点	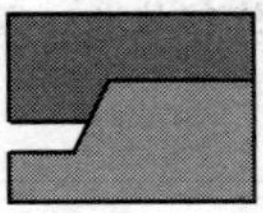	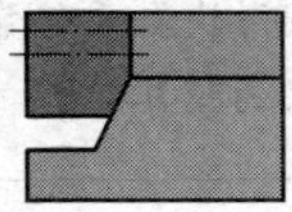	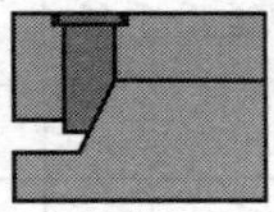	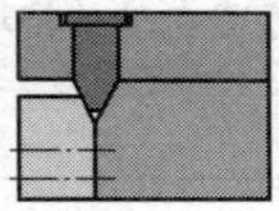	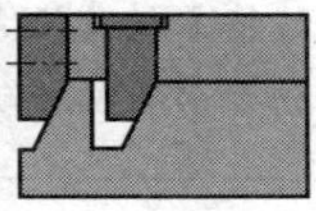
	整体式结构。牢固可靠，能承受较大的侧向力，但加工比较麻烦且耗材较多	销钉定位、螺钉紧固，结构简单，加工方便，应用普遍，但承载能力较差	上方嵌入式楔紧块。能对楔紧块起加强作用，可承受很大的侧向力	下方嵌入式紧固楔紧块。锁紧作用加强，能承受很大的侧向力	采用两个楔紧块。加强作用很大，但安装调整困难
楔角	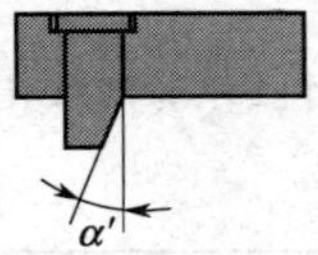 α' $\alpha'=\alpha+(2°\sim3°)$	在侧向抽芯机构中，楔紧块的楔角是一个重要参数。为了保证在合模时能压紧滑块，而在开模时它又能迅速脱离滑块，避免楔紧块影响斜导柱对滑块的驱动，楔角一般必须大于斜导柱的倾斜角（α）。通常取 $\alpha'=\alpha+（2°\sim3°）$			
注意	1. 一般不允许斜导柱起锁紧侧型芯的作用 2. 开模时需要使楔紧块首先脱开				

（5）定位装置

定位装置如图 2—8—11 所示，其作用是在开模过程中用来保证滑块停留在刚脱离斜导柱的地方，不发生任何移动，以避免再次合模时斜导柱不能准确地插入滑块斜孔中。

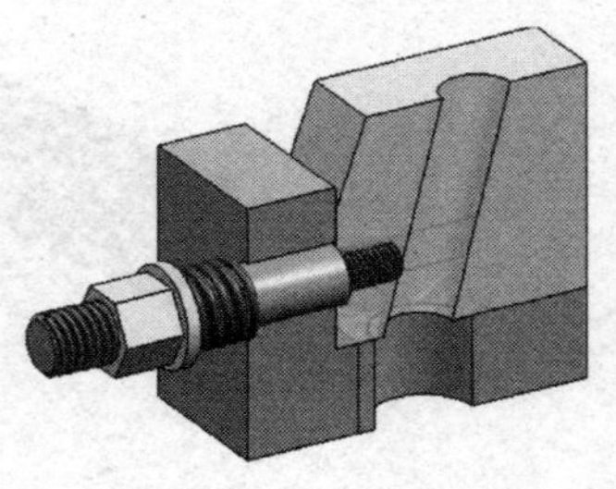

图 2—8—11　定位装置

定位装置的设计主要是定位装置形式的选择，相关内容见表 2—8—5。

表 2—8—5　定位装置的结构形式

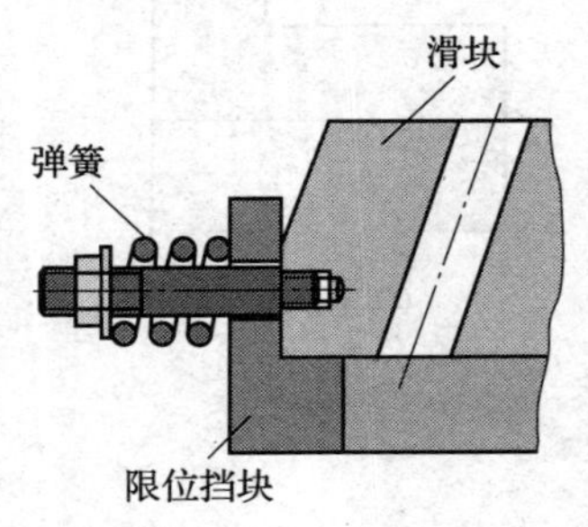 	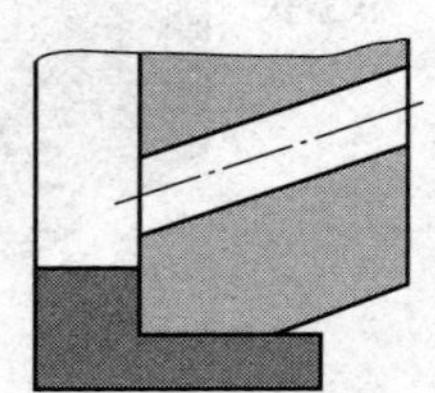
利用弹簧定位： 依靠弹簧使滑块停留在限位挡块上，适用于任何方向的抽芯动作	利用滑块自重定位： 利用滑块自重停靠在限位挡块上，适用于向下抽芯的模具
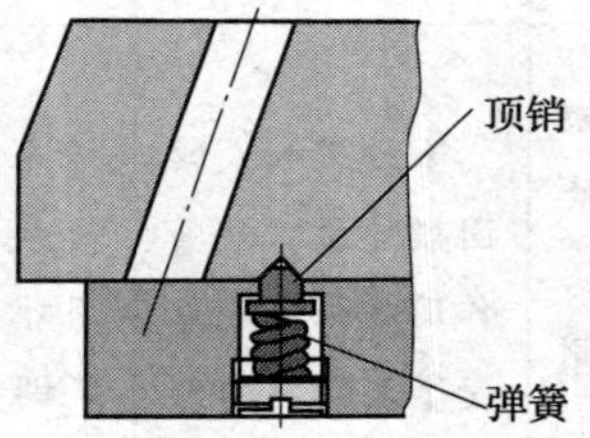 	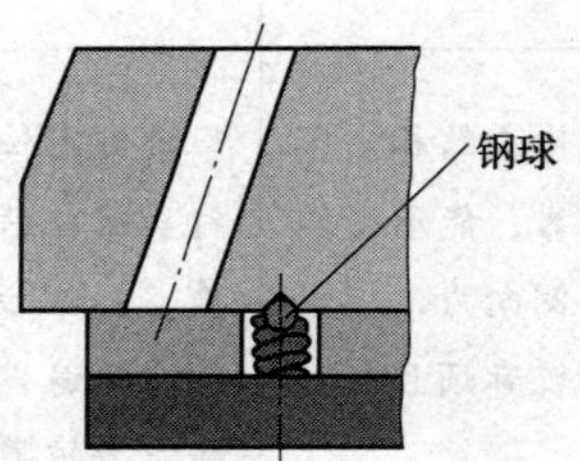
利用弹簧顶销定位和利用弹簧钢球定位： 均采用弹簧，只是安装弹簧的方法有所不同，适用于水平的侧向抽芯动作。弹簧钢丝直径一般可选 1～1.5 mm，钢球直径通常取 5～10 mm	

一般情况下，斜导柱、滑块、滑槽、楔紧块、定位装置等作为一套组件来使用，例如，MISUMI 公司的小型侧抽芯滑块组件（见图 2—8—12），这在很大程度上减少了设计和加工工作，仅需按照设计要求进行选择即可。

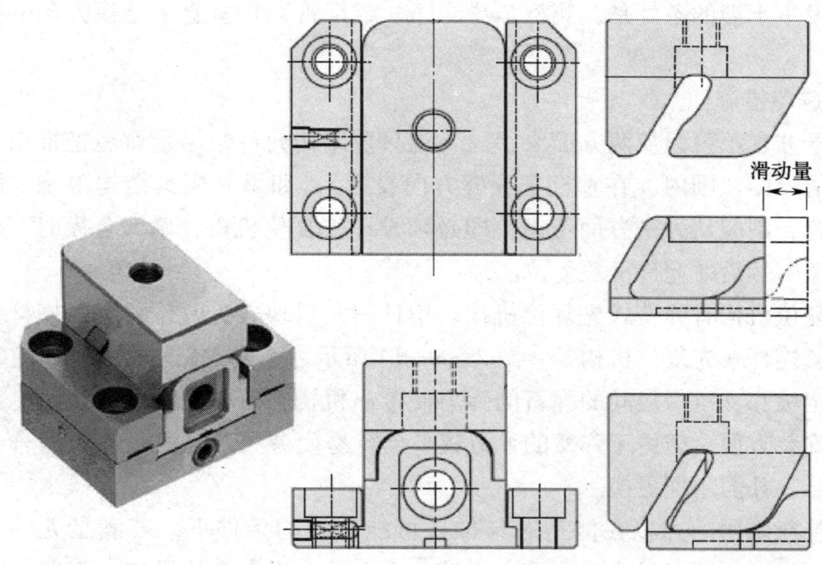

图 2—8—12　小型侧抽芯滑块组件

2. 干涉现象及其避免

（1）干涉现象

从总体结构上来看，斜导柱侧向抽芯机构注射模有两种形式：一是斜导柱在定模、滑块在动模的结构；二是斜导柱在动模、滑块在定模的结构。

需要注意的是，对于应用非常广泛的第一种结构形式，如果采用推杆（或推管）推出机构并依靠复位杆使推出机构复位，很有可能出现滑块先于推出机构复位的现象，从而导致滑块上的侧型芯与模具中的推出零件发生碰撞，这就是所谓的干涉现象，如图 2—8—13 所示。

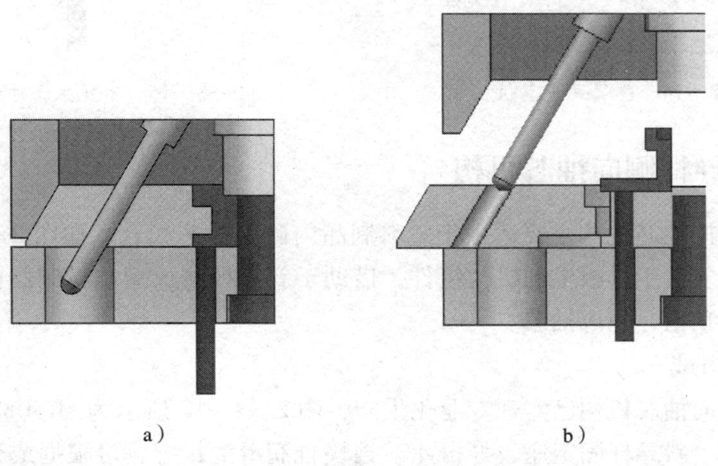

图 2—8—13　干涉现象

a）合模状态　b）可能发生干涉的状态

可能发生干涉的条件是：侧型芯与推杆（或推管）在垂直于开模方向的投影发生重合。

（2）避免措施

避免干涉现象可以从两方面入手。一是只要结构允许，尽量避免把推出零件布置在侧型芯的投影范围内（在垂直于开模方向投影）；如果受模具结构限制，两者的投影必须重合，则应从另一方面考虑，即必须设计先复位机构，确保合模时，优先使推出零件复位，然后才允许滑块复位。

常用复位机构有弹簧式先复位机构、楔杆三角滑块式先复位机构、楔杆摆杆式先复位机构、连杆式先复位机构等。图2—8—14所示为弹簧式先复位机构，它利用安装在推杆固定板和支承板之间的弹簧的弹力使推出机构在合模之前进行复位，该机构结构简单、安装方便，但由于弹簧的弹力较小且容易疲劳失效，故一般只适合于复位力不大的场合，并需定期更换。

需要补充说明一点，在侧型芯与推杆可能干涉的条件下，若满足 $h_c - S_C \cot\alpha \geqslant 0.5$ mm（见图2—8—15），也可避免干涉，而不必采用先复位机构。其中，h_c 为在完全合模状态下，推杆端面到侧型芯的最近距离（沿开模方向）；S_C 为在垂直于开模方向的平面上，侧型芯与推杆投影在抽芯方向上的重合长度；α 为斜导柱的倾斜角。

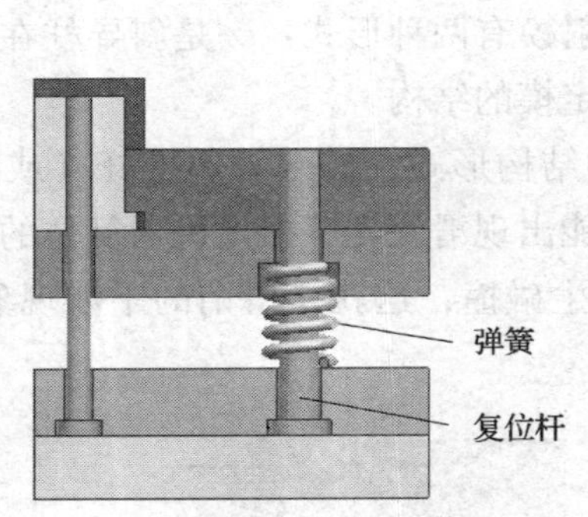

图2—8—14　弹簧式先复位机构

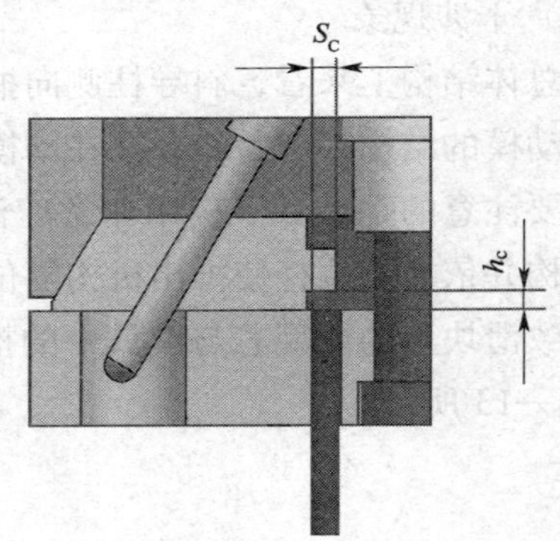

图2—8—15　不发生干涉的条件

三、斜导杆侧向抽芯机构

斜导杆侧向抽芯机构主要适用于塑料制品内侧面抽芯场合，如图2—8—16所示，开模时，通过安装于推板上的机构组件，借助于斜导杆将成型塑料制品内侧面倒钩形状的型芯斜向顶出，完成抽芯。

1. 结构组成

斜导杆侧向抽芯机构已实现专业化生产，图2—8—17所示为MISUMI组件，其中包括：斜导杆、斜导杆固定座、导滑座、挡块自润滑滑板等，可根据成型制品的凹凸形状来选择。另外，斜导杆固定座可在倾斜角度（θ）范围内活动，行程量可进行调节（拆下挡块后）。

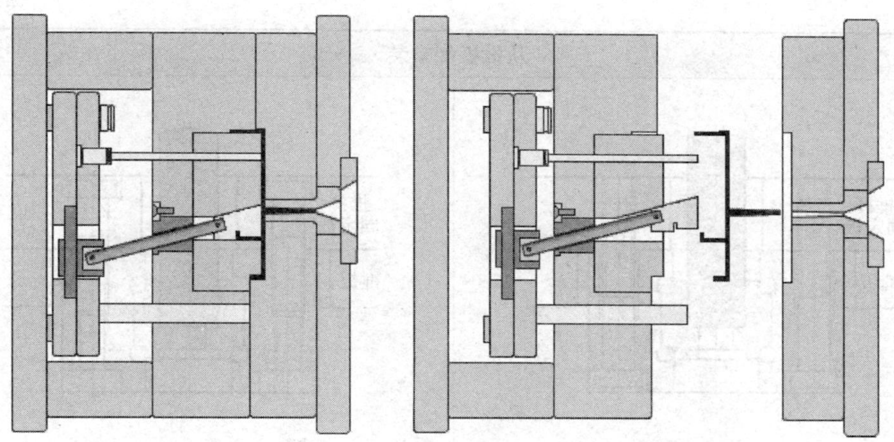

图 2—8—16　带有斜导杆侧向抽芯机构的注射模结构

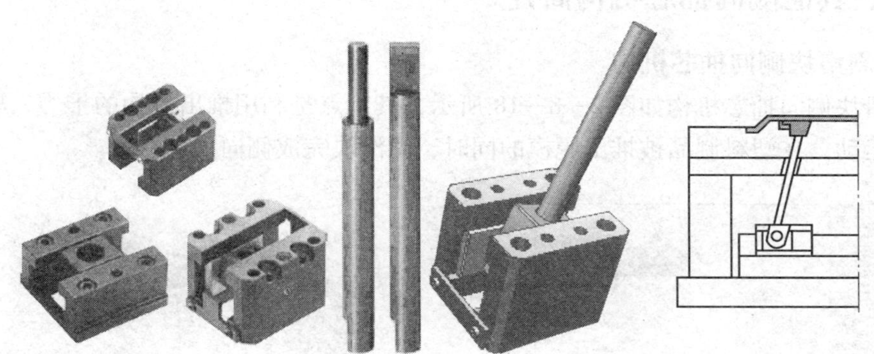

图 2—8—17　斜导杆侧向抽芯机构组件及使用示意

2. 安装方式

根据使用需要，斜导杆侧向抽芯机构能从推板上下两个方向进行安装，具体方式见表 2—8—6。

表 2—8—6　　斜导杆侧向抽芯机构的安装方式

从推杆固定板侧安装
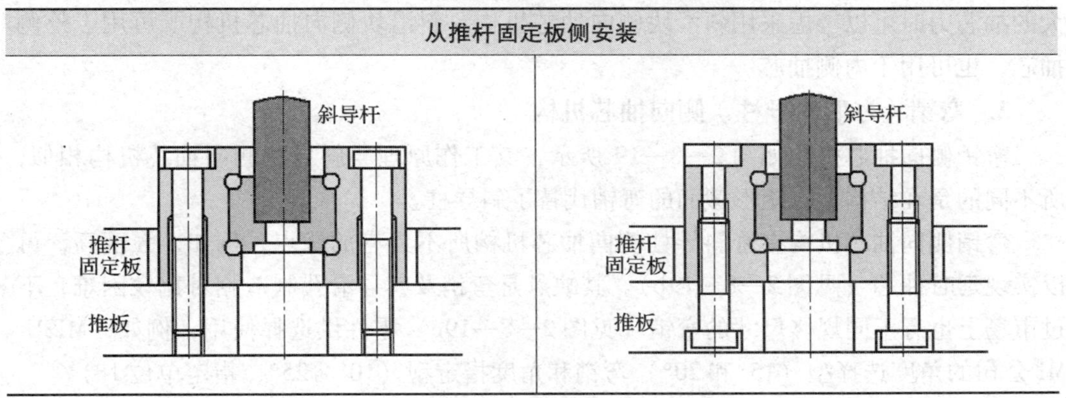

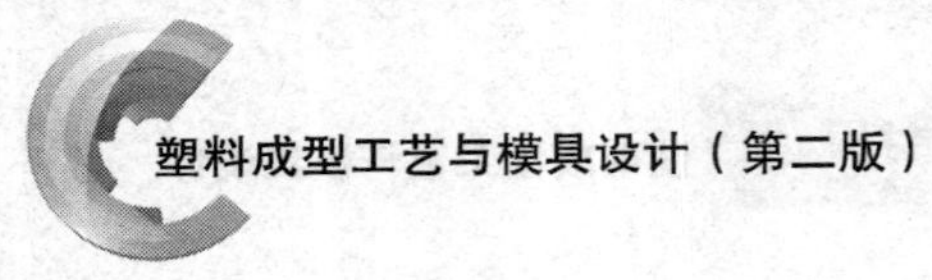

续表

从推板侧安装
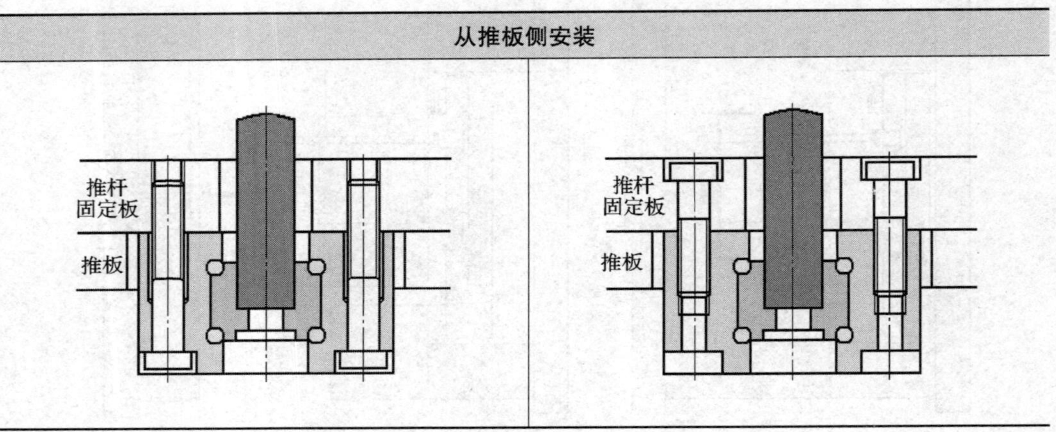

四、其他侧向抽芯机构简介

1. 斜滑块侧向抽芯机构

斜滑块侧向抽芯机构如图 2—8—18 所示，其特点是利用推出机构的推力，驱动滑块斜向运动，在塑料制品被推出脱模的同时，由滑块完成侧向抽芯动作。

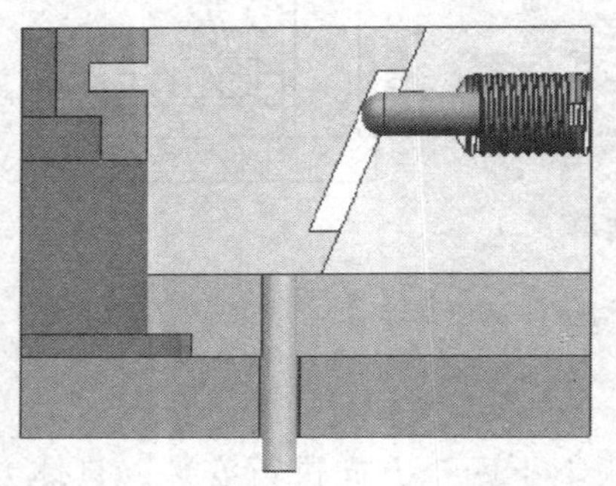
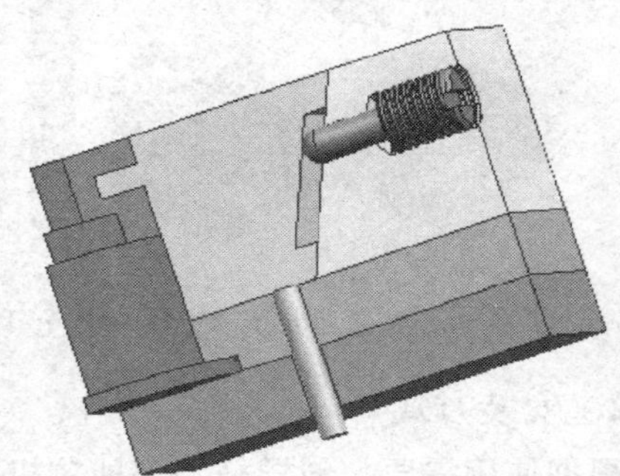

图 2—8—18 斜滑块侧向抽芯机构

当塑料制品的侧凹较浅，所需的抽芯距不大，但侧凹的成型面积较大，而需要较大的抽芯力时可以考虑采用斜滑块侧向抽芯机构。斜滑块侧向抽芯机构既可用于外侧抽芯，也可用于内侧抽芯。

2. 弯销（方形斜导柱）侧向抽芯机构

弯销侧向抽芯机构如图 2—8—19 所示，其工作原理与斜导柱侧向抽芯机构相似，所不同的是在结构上以矩形截面的弯销代替了斜导柱。

弯销侧向抽芯机构有着斜导柱侧向抽芯机构所不具有的优点，例如，强度高，可以实现延时抽芯（见图 2—8—19b）。其缺点是弯销及其导滑孔制造相对比较困难，不过市场上也有不同规格尺寸的弯销（见图 2—8—19c）零件供选择使用，例如，MISUMI 公司的角度选择型（15°和 20°）弯销和角度指定型（10°～25°，指定单位 1°）。

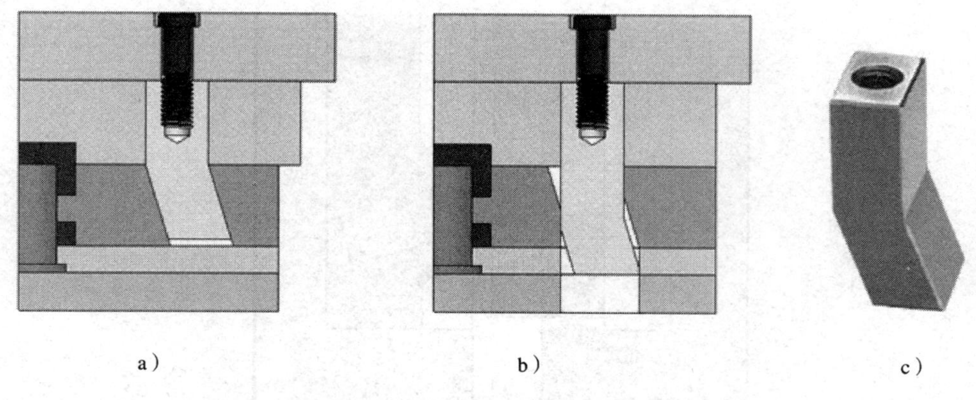

图 2—8—19　弯销侧向抽芯机构

另外，还有斜导槽抽芯机构、齿轮齿条侧向抽芯机构、液压或气动侧向抽芯机构等，相关内容可查阅有关资料。

课堂练习

1. 设计抽芯机构时，抽芯距的计算不能忽视。一般来说，取抽芯距 = 产品倒钩尺寸 + 安全余量。通常，安全余量的取值可依据表 2—8—7 进行。试计算成型图 2—8—20 所示圆形骨架塑料制品时的抽芯距。

表 2—8—7　　侧向抽芯安全余量取值　　mm

制品倒钩尺寸	<5	5~15	15~30	30~50	≥50
安全余量	>2	>3	>4	>5	>6

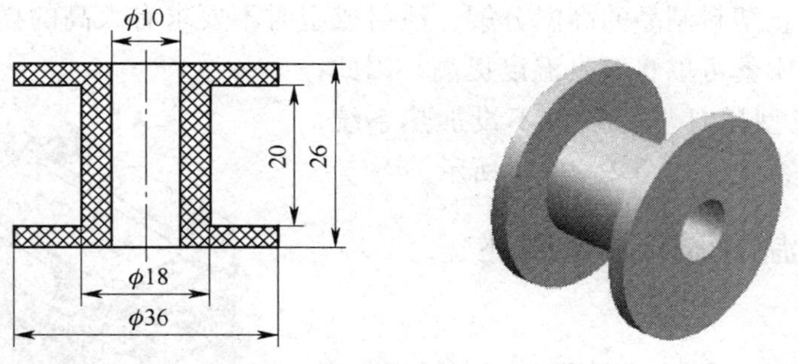

图 2—8—20　圆形骨架塑料制品图样

2. 识读图 2—8—21 所示的某塑料制品注射成型模具局部图样，完成下列工作。

（1）确定抽芯距。

（2）确定抽芯机构类型。

（3）绘制塑料制品的大致图样。

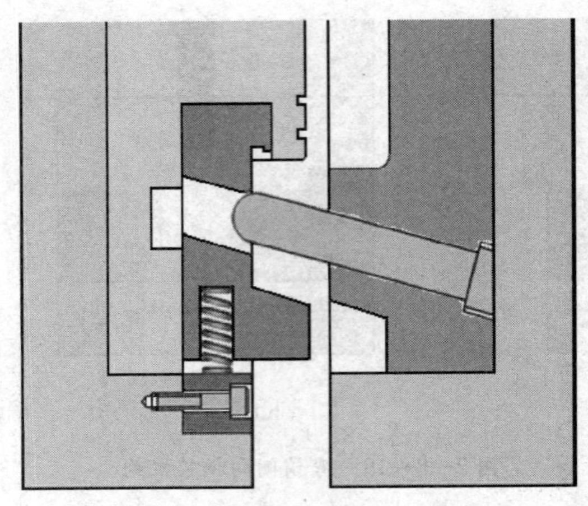

图 2—8—21　某塑料制品注射成型模具局部图样

第九节　温度调节系统设计

塑料制品成型过程中，模温及其波动影响制品的收缩、变形、强度、应力、表面质量等。模温过高，成型收缩率大，脱模后制品变形大，并且容易造成溢料和粘模；模温过低，塑料熔体流动性变差，塑料制品轮廓不清晰，甚至不能充满型腔；模温不均匀，型芯、型腔温差过大，会导致制品收缩不均匀，引起变形，影响形状和尺寸精度。所以，模具中应设置温度调节系统，通过对模具温度的控制，使塑料制品有良好的质量和较高的生产效率。

通常，为防止塑料制品的高温分解，注射成型时不要求有太高的模温，模具温度低时只要注射几次就可以将模具温度提高，因此，在中小型注射成型模具上一般可不设加热系统，而只需设置冷却系统，如图 2—9—1 所示。

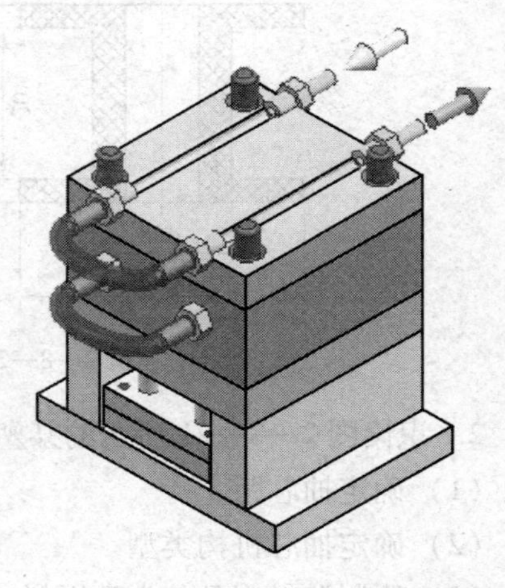

图 2—9—1　注射模冷却系统模型

一、模具温度调节系统概述

1. 功能

为了满足塑料制品的成型要求，注射模具温度调节系统匀具备如下功能：使型腔、型芯的温度保持在规定的范围之内，并保持均匀的模具温度，以便成型工艺得以顺利进行；使塑料制品尺寸稳定、变形小、表面质量高、物理和力学性能好。

2. 温度要求

注射入模具中的热塑性熔融树脂，必须在模具内冷却固化才能成为塑料制品，所以，模具温度必须低于注射入型腔内的熔融树脂温度，即达到 T_g（玻璃化温度）以下的某一温度范围。为了提高成型效率，在生产实际中，一般通过缩短冷却时间的方法来缩短成型周期。由于树脂本身的性能特点不同，不同的塑料要求有不同的模具温度。部分树脂的成型温度与模具温度见表2—9—1。

表2—9—1　　部分树脂的成型温度与模具温度　　℃

树脂名称	成型温度	模具温度	树脂名称	成型温度	模具温度
LDPE	190～240	20～60	PS	170～280	20～70
HDPE	210～270	20～60	AS	220～280	40～80
PP	200～270	20～60	ABS	200～270	40～80
PA6	230～290	40～60	PMMA	170～270	20～90
PA66	280～300	40～80	硬PVC	190～215	20～60
PA610	230～290	36～60	软PVC	170～190	20～40
POM	180～220	60～120	PC	250～290	90～110

对于黏度低、流动性好的塑料，如聚乙烯、聚丙烯、聚苯乙烯、聚酰胺等，因成型工艺要求模温不太高，常用水对模具进行冷却，有时为了进一步缩短冷却时间，也可以使用冷凝处理后的冷水进行冷却。对于黏度低、流动性差的塑料，如聚碳酸酯、聚砜、聚甲醛、聚苯醚和氟塑料等，为了提高充型性能，考虑到成型工艺要求有较高的模具温度，因此经常需要对模具进行加热。

总之，对于黏流温度 T_f 或熔点 T_m 较低的塑料，一般需要用冷水对模具冷却，而对于高黏流温度和高熔点塑料，可用温水进行模温控制。对于热固性塑料，模温要求在150～200℃，必须对模具加热。

二、模具冷却系统设计

1. 基本要求和设计原则

（1）基本要求

设计模具冷却系统应满足如下基本要求：实现温度调节系统的功能；根据塑料品种、成型方法及模具尺寸大小，正确确定模温的调节方法；尽量做到结构简单、加工方便、成本低廉。

（2）设计原则

设置冷却效果良好的冷却水路是缩短制品成型周期、提高生产效率的最有效方法。如果不能实现均匀、快速冷却，则会使塑件内部产生应力而导致产品变形或开裂，故应根据制品形状、壁厚及塑料品种，设计与加工出能实现均匀、快速冷却的冷却系统。

所以，快速冷却、冷却均匀、加工简单是冷却系统设计应遵循的基本原则。

2. 常见结构形式及设计要求

（1）常见结构形式

由于塑料制品形状各异，冷却水路的结构形式也不相同。注射模具中常见冷却水路的形式有外部直通式、平面回路式、隔板式、喷流式等，如图 2—9—2 所示。

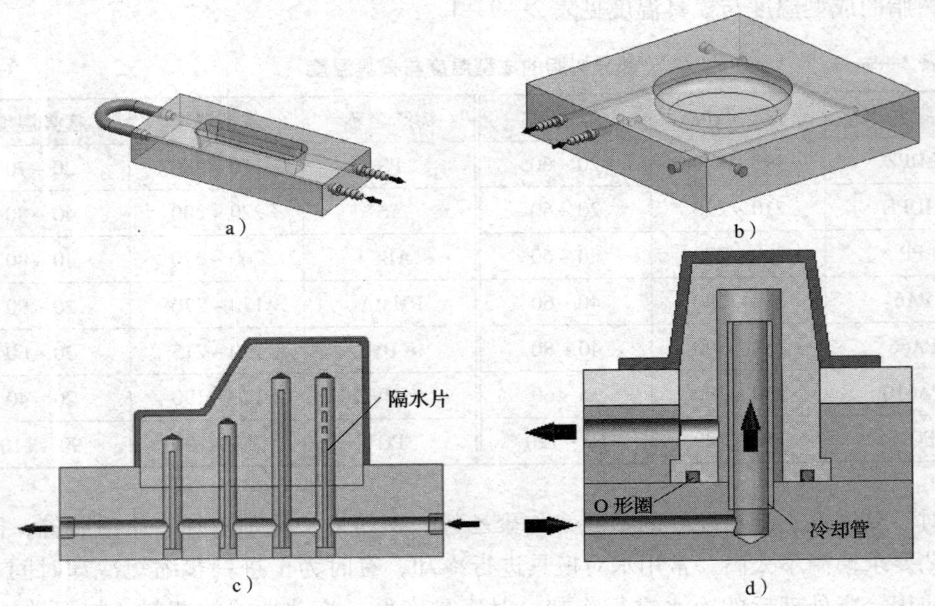

图 2—9—2　冷却水路形式

a）外部直通式　b）平面回路式　c）隔板式　d）喷流式

外部连接的直通式水路最为简单，它采用水管接头和橡胶管将模内管道连接成单路或多路管道，这种形式加工方便，适合较浅的型腔；平面回路式也适合较浅的型腔，特别是圆形型腔；对于较高的拱形制品，采用隔板式水路可取得很好的冷却效果；喷流式冷却水路则用于带有嵌件的型芯冷却。其中，隔水片、冷却管、O 形圈、止水塞等冷却相关零件如图 2—9—3 所示。

（2）设计要求

冷却系统设计时，通常应满足下列要求：

1）在满足冷却所需的传热面积和模具结构允许的前提下，冷却水孔的数量应尽可能多，水孔直径应尽可能大，如图 2—9—4 所示。

需要注意的是，无论多大的模具，水孔的直径不要超过 14 mm，否则冷却水难以成为湍流状态，以致降低热交换效率。

2）冷却水孔的布置应合理，成型壁厚均匀的塑料制品，冷却水孔离型腔表面的距离应相等；成型壁厚不均匀的塑料制品，厚处冷却水路到型腔表面的距离应近些，间距也应适当小些，如图 2—9—5 所示。

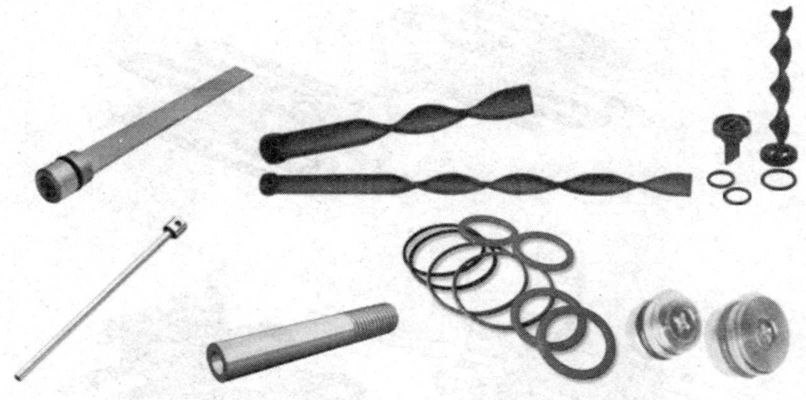

图 2—9—3 各种隔水片、冷却管、O 形圈和止水塞

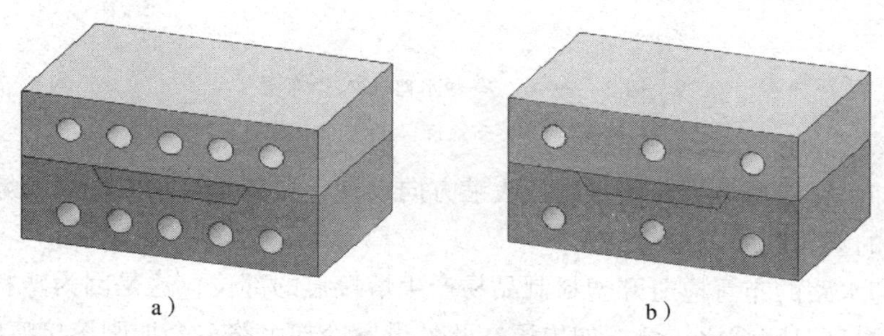

a） b）

图 2—9—4 冷却水孔数量

a）冷却速度快 b）冷却速度慢

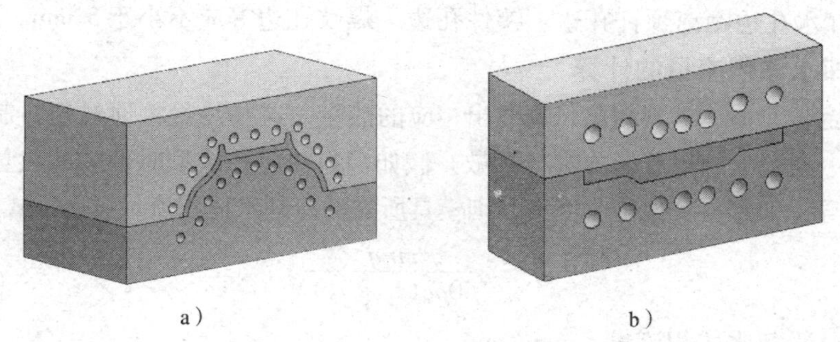

a） b）

图 2—9—5 冷却水孔布置

a）与塑料制品轮廓吻合 b）厚壁处加强冷却

一般来说，水孔边至型腔表面的距离为 10 ~ 15 mm，水孔直径取 6 ~ 12 mm，孔距最好为孔径的 3 ~ 5 倍，水孔边到镶件或顶出机构边缘至少 5 mm 以上。

3）冷却水路出入口的布置应注意两点：一是浇口处应加强冷却；二是冷却水路的出、入口温差应尽量小。这是因为塑料熔体在充填型腔时，浇口附近温度最高，距离浇口越远，温度就越低，布置形式示意如图 2—9—6 所示。

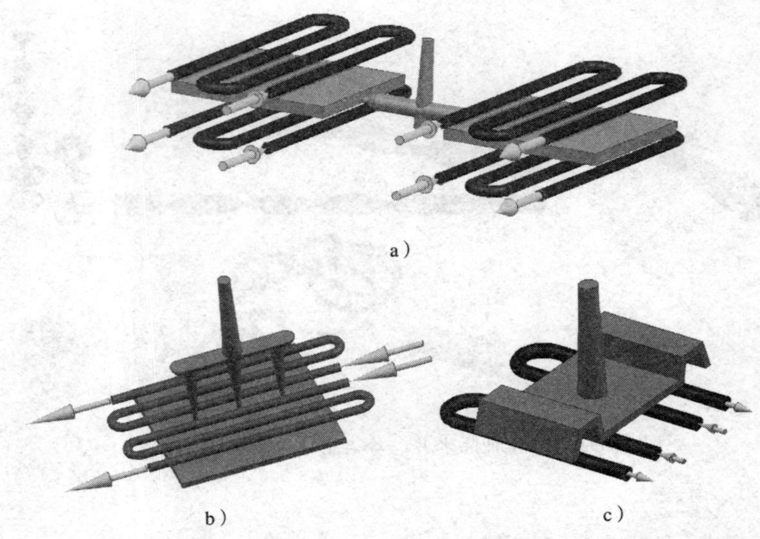

a）

b）　　c）

图 2—9—6　冷却水路出入口布置

a）侧浇口　b）多点浇口　c）直接浇口

4）冷却水路应尽量沿着塑料制品收缩方向设置，尤其是对于成型聚乙烯、聚丙烯等收缩率大的塑料制品。

5）冷却水路的布置应避开塑料制品易产生熔接痕的部位，这是因为塑料制品易产生熔接痕处本身温度就比较低，如果再在此处设置冷却水路，会加剧熔接痕的产生。

6）冷却水孔通过镶件时，应加密封圈防止漏水。

7）冷却水孔应避免与其他零件发生干涉。

8）冷却水孔边距离顶杆孔边、镶件孔边、螺纹孔边等应不小于 5 mm。

3. 冷却水体积流量的计算

塑料制品成型时，塑料树脂将释放出相应的热量，这些热量将通过塑料制品周围的介质以传导、对流、辐射等形式进行扩散。假如塑料树脂在成型时释放的热量全部由冷却进行传导，即忽略其他传热因素，则模具所需的冷却水体积流量可由下式进行计算：

$$q_v = \frac{mnq}{60\rho c(t_1 - t_2)}$$

式中　q_v——冷却水体积流量，mm^3/min；

m——每次注射入模具内的树脂质量，kg；

n——每小时注射次数；

q——单位质量树脂在模具内释放的热量（见表 3—5—2），J/kg；

c——冷却水的比热容，J/（kg·℃）；

ρ——冷却水的密度，kg/m^3；

t_1——冷却水出口处温度，℃；

t_2——冷却水入口处温度，℃。

表 2—9—2　　树脂成型时放出的热量　　10^5 J/kg

树脂名称	*q* 值	树脂名称	*q* 值	树脂名称	*q* 值
ABS	3 ~ 4	CA	2.9	PP	5.9
AS	3.35	CAB	2.7	PA6	5.6
POM	4.2	PA66	6.5 ~ 7.5	PS	2.7
PAVC	2.9	LDPE	5.9 ~ 6.9	PTFE	5.0
丙烯酸类	2.9	HDPE	6.9 ~ 8.2	PVC	1.7 ~ 3.6
PMMA	2.1	PC	2.9	SAN	2.7 ~ 3.6

4. 设计示例

某防护罩塑料制品，如图 2—9—7 所示，材料为 ABS，采用注射成型工艺生产，其注射成型模具温度调节系统设计如下。

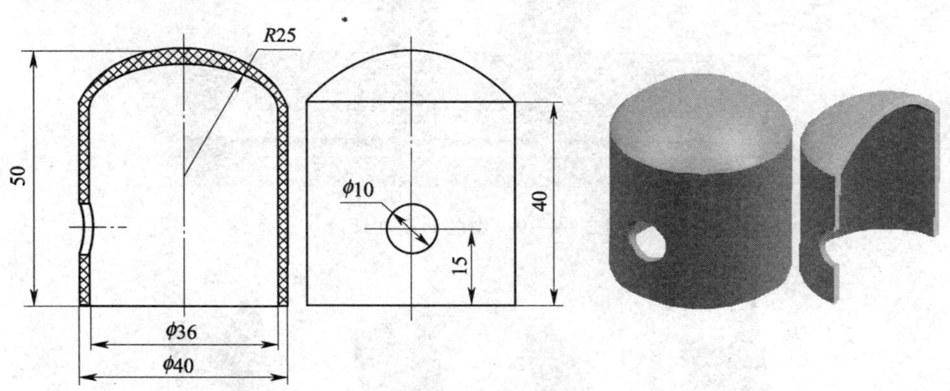

图 2—9—7　防护罩塑料制品图样

（1）冷却水体积流量计算

根据成型需要，设定成型模具平均工作温度为 40℃，采用 20℃的水作为成型模具的冷却介质，其出口温度为 30℃，每次注射塑料质量 0.36 kg，注射成型周期为 60 s，即每小时注射 60 次。

查表 2—9—2，取 ABS 注射成型固化时单位质量放出热量为 3.5×10^5 J/kg。

冷却水的体积流量计算结果为 3×10^{-3} m^3/min。

（2）冷却系统结构设计

该塑料制品成型模具的冷却包括两部分：型芯冷却和型腔冷却。

1）型腔冷却水路。根据冷却系统设计的基本原则，考虑到热交换效率，将型腔冷却水路直径取为 10 mm，并将其开设在定模板上，数量为两条，间距为 70 mm，如图 2—9—8 所示。

2）型芯冷却水路。对于型芯冷却水路，根据成型塑料制品的结构特点，设计时，在型芯（镶件）内部开设 $\phi16$ mm 的冷却水孔，并在中间用隔水片隔开，且型芯与支承板间采用密封圈进行密封，如图 2—9—9 所示。

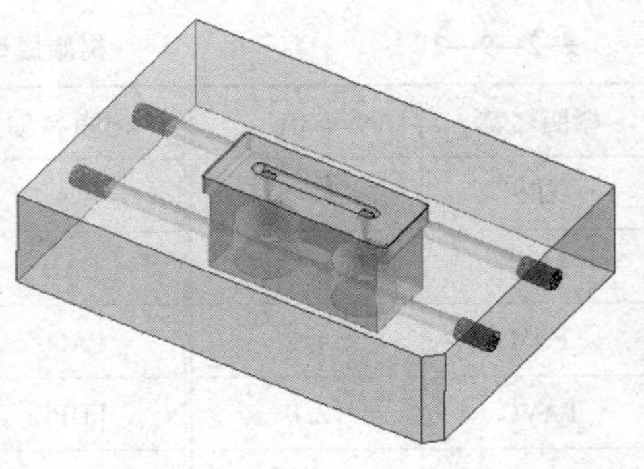

图 2—9—8　型腔的冷却设计

冷却时，冷却水通过支承板上的 $\phi10$ mm 的冷却水孔进入，沿着隔水板的一侧上升到型芯的上部，绕过隔水片，流入另一侧，再流回支承板上的冷却水孔内，进行第二个型芯的冷却，最终流出模具。根据需要，可采用不同类型的隔水片（见图 2—9—10），甚至可以采用螺旋隔水片来提高冷却效率。

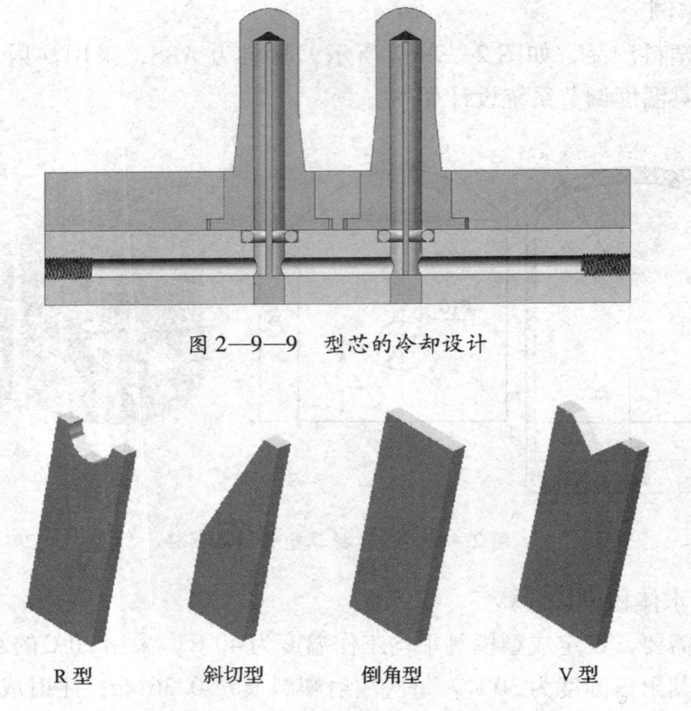

图 2—9—9　型芯的冷却设计

图 2—9—10　不同类型的隔水片

三、加热系统简介

当注射模具型腔表面温度要求控制在 90 ~ 200℃ 时，广泛采用筒式加热器进行温度控制，如图 2—9—11 所示。该结构不仅简便，并能在短时间内升温。

采用筒式加热器加热方案时，需计算所需加热器热容量，并选择筒式加热器外径、长度和输出功率数，还要确定加热器根数等。例如，某模具加热部分质量为 130 kg，气温 20℃，模具温度设定为 120℃，加热时间为半小时，则所需加热器容量（M）为：

M＝加热物体的质量（kg）×加热物体的比热［J/（kg·℃）］×上升温度（℃）/加热时间（s）＝130×461×（120－20）/1 800≈3 329.5（W），需要指出的是，以上计算未考虑热量损失，若取效率 η＝0.5，则加热器的实际容量约为 6 659（W）。若选用加热器的外径尺寸为 12 mm，长度为 250 mm，功率为 1 300 W，则所需加热器个数约为 6 659/1 300≈5（根）。

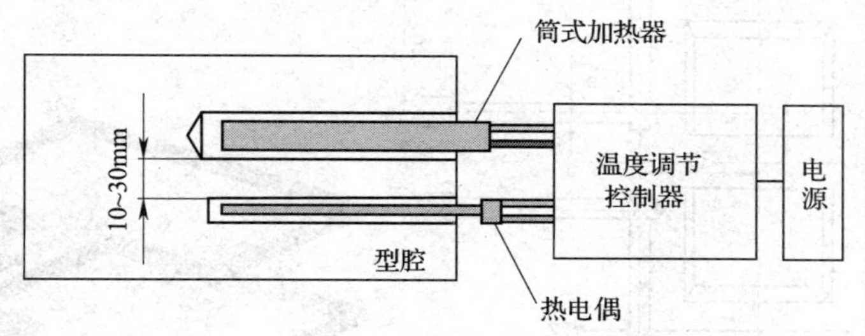

图 2—9—11　筒式加热器温度控制系统结构

筒式加热器及相关零件的安装方法、安装要求及使用注意事项，可查阅相关资料，不予赘述。

课堂练习

1．为了缩小冷却水路出入口冷却水的温差，应根据型腔形状的不同进行水道的排布，试比较图 2—9—12 所示两种冷却水道排布形式的合理性。

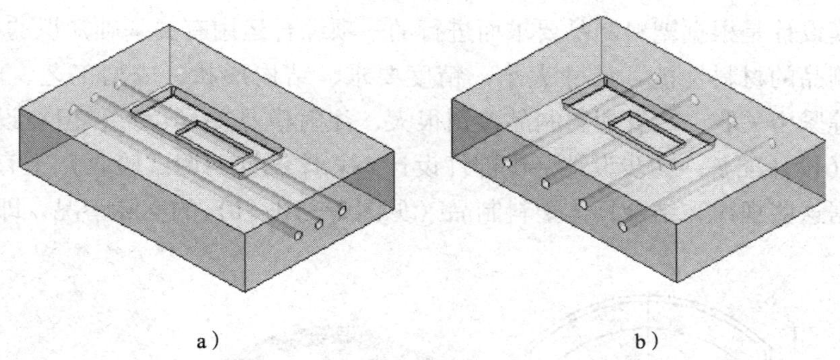

a）　　b）

图 2—9—12　冷却水道排布形式合理性比较

2．识读图 2—9—13 所示注射模冷却水路设计图样，完成表 2—9—3 的填写工作。

表 2—9—3　　冷却水路设计

冷却水路形式	
水孔直径	
水孔边至型腔表面距离	

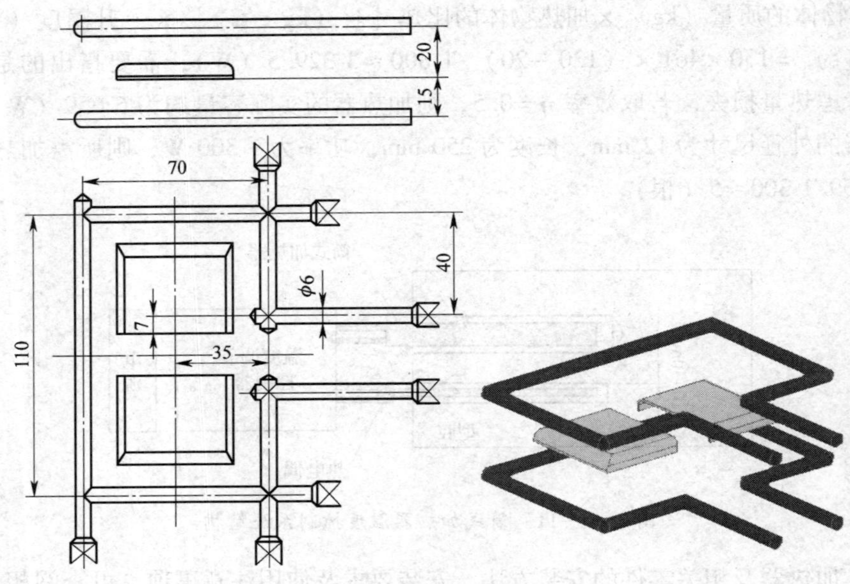

图 2—9—13　冷却水路设计图样

第十节　注射模设计

注射模设计是根据塑料制品要求而进行的一项综合运用有关基础知识的技术工作，它与塑料制品的材料性能、尺寸大小、精度要求、结构形状、成型工艺、成型设备、生产规模等紧密关联。尽管塑料制品差别很大，注射模具差异也大，但在设计思路和设计流程（设计准备→初步设计→零部件设计→总体设计→调试验收）上存在着共同规律，根据这些规律，结合具体塑料制品（见图 2—10—1）的实际情况，即可设计合

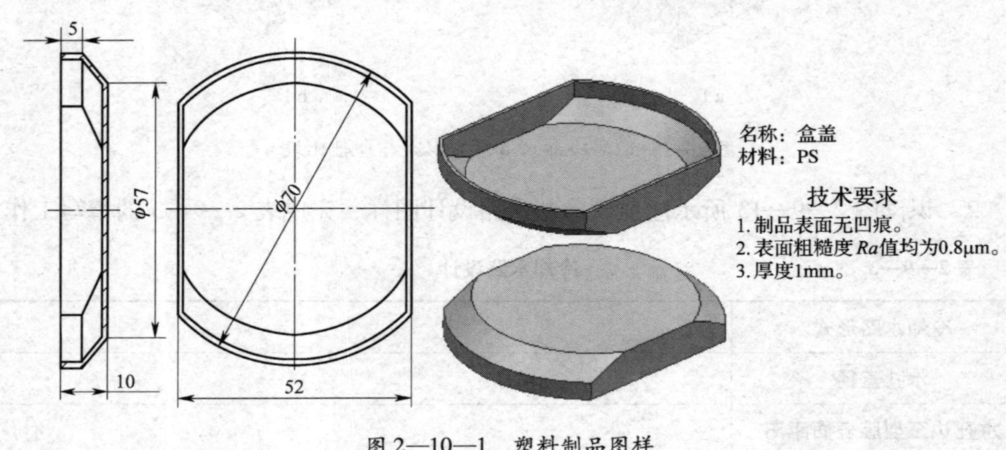

图 2—10—1　塑料制品图样

理、经济的注射模。

需要指出的是，由于大多数注射模具零件形状复杂，传统的手工设计周期长，模具图的绘制也非常繁杂，所以利用计算机辅助手段（CAD）来进行注射模具结构设计已成必然。

一、设计准备

设计准备阶段即进行注射模设计的前期工作。应在充分了解塑料制品用途及技术要求的前提下，进行成型工艺性分析，成型工艺设计，并进行型腔数量及布局的确定。

1. 塑料制品成型工艺性分析

塑料制品工艺性分析可从下列三方面进行：塑料制品原材料分析、塑料制品工艺性分析、塑料制品成型工艺特性分析。

（1）塑料制品原材料分析

从使用性能、适用场合分析塑料制品的原材料，并得出分析结论。例如，对于图 2—10—1 所示盒盖制品，必须就 PS 材料进行原材料分析，看其是否适合注射成型。

（2）塑料制品工艺性分析

从制品的形状结构、尺寸大小、精度和表面质量要求等方面，对采用的成型工艺和模具结构的适应程度进行分析，并得出分析结论。

（3）塑料制品成型特性分析

根据注射成型要求，完成塑料制品材料（如盒盖材料 PS）成型特性分析，并给出模具设计建议。

2. 塑料制品成型工艺设计

塑料制品成型工艺设计包括以下工作内容：塑料制品体积和质量计算、压力机的初步选用、成型工艺参数的确定。

（1）塑料制品体积和质量计算

根据成型塑料制品零件图样，通过计算或利用 CAD 软件获得塑料制品体积和质量。例如，采用 UG 或 CAXA 等进行图 2—10—1 所示盒盖制品实体建模，获取制品体积数据；通过查阅并设置 PS 材料的密度，获取制品质量数据。

（2）压力机的初步选用

根据生产规模、考虑塑料制品外形尺寸、结合生产厂家设备情况等因素，初步选用注射机（如螺杆式），查得有关技术规范及特性，供模具设计用。

（3）注射工艺参数的确定

塑料制品成型时，其工艺参数的确定不可忽视，主要包括成型温度、成型压力和成型时间等。根据制品材料（如盒盖材料 PS），查得有关成型工艺参数，这些参数在试模时可做适当修改。

3. 型腔数量及布局

单型腔注射模具有塑料制品形状和尺寸一致性好、成型工艺条件容易控制、模具结构紧凑、制造成本低、制造周期短等优点，而多型腔注射模具可以提高塑料制品成型效率，降低塑料制品整体成本。

按照注射机的额定注射量或按照注射机的锁模力，可以进行型腔个数的确定。当采用多型腔结构方案时，还应进行型腔布局，并尽量采用平衡式布局。例如，对于图2—10—1 所示的盒盖制品，可以采用多型腔平衡式型腔布局。

二、初步设计

注射模初步设计主要涉及有关的工艺计算和模具结构布局设计，它通常包括下列内容：分型面选择及浇注系统设计、成型零件结构设计及工作尺寸计算、推出机构和温度控制系统设计。必要时，还要进行侧向抽芯机构的设计。

1. 分型面选择及浇注系统设计

（1）分型面选择

根据分型面的确定原则，并考虑型腔在分型面上投影面积的大小应避免接近或超过所选用注射机的最大成型面积，即可进行塑料制品注射模分型面的确定。对于图2—10—1 所示的盒盖制品，分型面选择则比较简单明了。

（2）浇注系统设计

浇注系统设计的合理与否，直接影响塑料制品的外观、性能、精度及成型周期等。

1）主流道设计。根据主流道设计原则，结合所选注射机喷嘴尺寸及主流道与喷嘴的关系，进行主流道设计。通常，主流道设计成圆锥状，并将其单独设计成主流道衬套（浇口套）镶入定模板内，或采用标准件。

2）分流道设计。根据分流道设计原则，结合制品的具体情况，进行分流道设计。例如，对于图2—10—1 所示的盒盖制品成型，可考虑采用便于加工的分流道，如半圆形截面分流道等。

3）浇口设计。根据浇口设计原则，结合塑料制品的具体结构，并尽量考虑开模时自动切断浇口，实现浇注系统凝料与塑料制品的分离。当然，试模时浇口可进行必要的修正。

4）冷料阱设计。为避免成型过程中的前锋冷料进入型腔，浇注系统设计时还应考虑冷料阱的设计。开设冷料阱时，注意其位置，并考虑开模时将浇注系统凝料一并拉出。

2. 成型零件结构设计及工作尺寸计算

（1）成型零件结构设计

根据成型制品结构，考虑节省模具用钢材料及加工制造等因素，选择合适的成型零件结构形式（如组合式结构），安装方式、材料及热处理等。

（2）工作尺寸计算

成型零件的工作尺寸对应着成型制品的相应尺寸，计算时，可根据制品尺寸有无标注公差分为两类进行，如本塑料制品上所有尺寸均未标注公差。当然，对于复杂形状的塑料制品，成型零件的工作尺寸通常通过设计软件自动获取。

3. 推出机构和温度控制系统设计

（1）推出机构设计

根据推出机构的选择原则，考虑到制品的结构特点及产品要求，进行推出机构设计，并考虑推出机构的复位。

对于图 2—10—1 所示塑料制品的注射模，可采用推杆推出，推出机构推杆截面选择圆形。这样既可以保证推出动作灵活可靠，又便于推杆损坏后的更换，并可考虑采用标准件。

（2）温度控制系统设计

对于图 2—10—1 所示塑料制品的注射成型模具没有高的模具温度要求，无须设置加热系统，而应设置冷却系统。

三、零部件设计

注射模零部件设计是指模具标准件的选用、模具非标准零件的设计。

1. 模具标准件的选用

就标准件而言，通常包括通用标准件及模具专用标准件。通用标准件如紧固件等；模具专用标准件如定位圈、浇口套、推杆、推管、导柱和导套、模具专用弹簧、冷却及加热元件，紧密定位组件、开模控制零件等。

由于标准件可在市场上购得，设计模具时，应尽可能地选用标准件，这对缩短模具设计、制造周期，降低模具设计、制造成本都极其有利。

2. 模具非标准零件的设计

注射模中的非标准零件主要包括成型零件中的型芯、型腔、电极（铜公）、镶块、镶件、抽芯部分的镶件、滑块、斜导柱、斜楔及其他相关的加工零件。所以，非标准零件是零部件设计的重点。

四、总体设计

注射模总体设计包括下列工作：标准模架的选用与校核、模具图样的绘制。

1. 模架的选用与校核

（1）模架的选用

模具设计时，模架的结构形式直接影响到模具的导向与定位机构、推出（脱模）机构、浇注系统等形式。所以，必须根据制品对各系统的要求选择合适的模架。

作为注射模具基础部件的模架，已经标准化。根据需要，可以选用相应的系列。

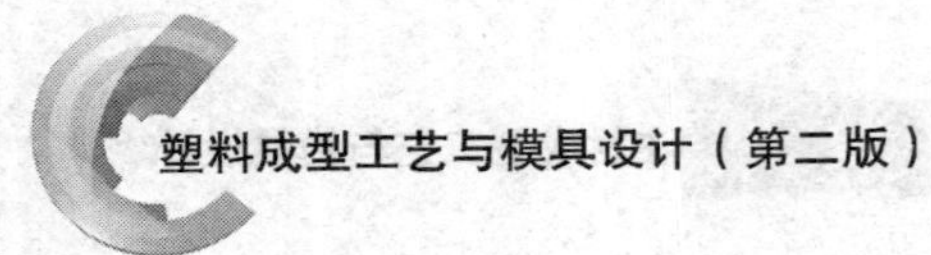

（2）主要尺寸校核

模架主要尺寸校核的目的，在于检验所选模架与注射机之间的关系，包括闭合高度校核、开模空间（行程）和顶出机构校核和安装校核等，如不合适需重新选择注射机。

1）闭合高度校核。模具设计时，应使模具的总厚度（闭合高度）在注射机可安装模具最大厚度（最大闭合高度）与最小厚度（最小闭合高度）之间。例如，某模具闭合高度为250 mm，注射机最小闭合高度为200 mm，注射机最大闭合高度为300 mm，则闭合高度满足条件。

2）开模空间和顶出机构校核。注射机的开模空间（行程）是有限的，成型时，制品从模具中取出时所需的开模距离必须小于注射机的最大开模距离。

开模行程一般可分为两种情况：一是当注射机采用液压、机械联合作用的锁模机构时，最大开模行程由连杆机构的最大行程决定，并不受模具厚度的影响，即与模具厚度无关；二是当注射机采用全液压式锁模机构时，最大开模行程等于动模板与定模板之间的最大开距减去模具厚度，即注射机最大开模行程与模具厚度有关。开模行程和顶出机构的校核方法见表2—10—1。

表2—10—1　　开模行程和顶出机构校核

模具类型及图例	注射机类型	要求
H_1　H_2　5～10 单分型面	最大开模行程与模具厚度无关	$S \geqslant H_1 + H_2 +$（5～10）mm S——注射机最大开模行程，mm H_1——塑料制品脱模距离（型芯高度），mm H_2——包括流道凝料在内的塑料制品高度，mm
	最大开模行程与模具厚度有关	$S \geqslant H_m + H_1 + H_2 +$（5～10）mm H_m——模具厚度，mm
a H_1　H_2　5～10 双分型面	最大开模行程与模具厚度无关	$S \geqslant H_1 + H_2 + a +$（5～10）mm a——中间板与定模板之间分开的距离，mm
	最大开模行程与模具厚度有关	$S \geqslant H_m + H_1 + H_2 + a +$（5～10）mm

续表

模具类型及图例	注射机类型	要求
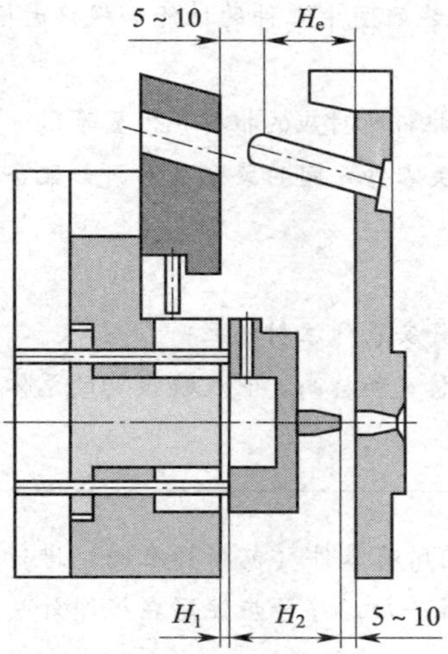 斜导柱侧向抽芯分型	最大开模行程与模具厚度无关	当抽芯高度 $H_e>H_1+H_2$ 时， $S \geqslant H_e+$（5~10）mm 当抽芯高度 $H_e<H_1+H_2$ 时， $S \geqslant H_1+H_2+$（5~10）mm （如果注射机最大开模行程与模具厚度有关时，注射机的最大开模行程应在以上两式右端加上 H_m）

3）安装校核。模具设计时，应校核模具的外形尺寸，确保模具能从注射机拉杆之间装入。例如，某模具外形尺寸为 400 mm × 260 mm，所选注射机拉杆空间为 260 mm × 290 mm，显然，注射机所提供的模具安装空间不足，应重新选择。

2. 模具图样的绘制

模具图样的绘制包括模具装配图的绘制及非标准零件图的绘制。

（1）装配图的绘制

在绘制模具装配图过程中，应对已设计的浇注系统、冷却系统、推出脱模机构、抽芯机构（如果有）等做进一步的协调和完善，使模具结构更趋完美。

1）装配图内容。装配图的重点是表达各零件之间的装配关系及相对位置，模具装配图的绘制必须遵循“机械制图”国家标准。一张完整的注射模装配图应具有的内容见表 2—10—2。

表 2—10—2　完整注射模装配图应具有的内容

内容	说明
一组图形	用来表示模具的构造、工作原理、零件间的装配、连接关系及主要零件的结构形状
必要的尺寸	用来表示模具装配整体的规格或性能，以及装配、安装、检验、运输等方面所需要的尺寸

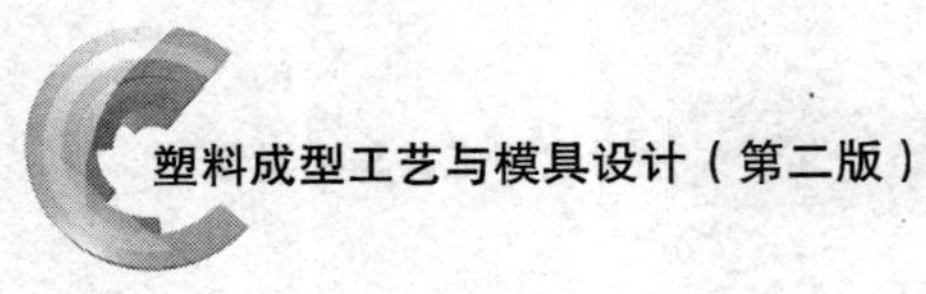

续表

内容	说明
必要的尺寸	1. 性能（规格）尺寸：这类尺寸标明模具装配图中零件的性能和规格大小，如 M12×50 等 2. 特征尺寸（定位圈直径、高度，注射机推杆所对应的推杆孔位置等） 3. 装配关系尺寸：这类尺寸标明模具中相关零件之间的装配关系，如配合尺寸、配合代号和主要孔距尺寸等 4. 极限尺寸（活动零件的起止位置） 5. 安装尺寸：标注这类尺寸是为了将该模具安装到注射机上 6. 总体尺寸：这类尺寸是指模具的总长、总宽和总高。它反映模具的总体大小
零件编号	为了便于读图和图样管理，应将组成模具的所有零件（包括标准件）进行统一编号。相同的零件编一个序号，一般只标注一次。序号应注写在视图外明显的位置上。具体规定如下： 1. 序号的字号应比图上数字的尺寸大一号或两号。一般从被标注零件的轮廓内用细实线画出指引线，在零件一端画圆点，另一端画水平细实线或细实线圆 2. 直接将序号写在指引线附近，这时的序号应比图上尺寸数字大两号 3. 当指引线所指零件很薄，或为涂黑的剖面而不便画圆点时，可用箭头代替圆点，箭头直接指在该部件的轮廓线上 4. 指引线不要相互交叉、不要与剖面线平行，必要时允许画成一次折线 5. 对于一组零、部件，可按图 2—10—2 所示的形式引注 6. 序号应按顺时针（或逆时针）方向整齐地顺次排列。如在整个图上无法连续时，可只在每个水平或垂直方向顺次排列 7. 在编写序号时，要尽量使各序号之间距离均匀一致
标题栏	用来填明模具的名称、绘图比例、质量和图号、设计者、校对者、工艺者、审核者、批准者姓名和设计单位信息等
明细表	用来记载模具非标准件的名称、序号、材料、数量及标准件的规格、标准代号等。明细表一般绘制在标题栏上方，明细表的填写，应按编号顺序自下而上地进行。位置不够时，可在与标题栏毗邻的左侧延续，但应尽可能与右侧对齐。图 2—10—3 所示为装配图上标题栏和明细表采用的格式之一
技术要求	用文字或代号说明模具在装配、检验、调试时需达到的技术条件和要求及使用规范等。一般包括：对模具在装配、检验时的具体要求；关系模具关键件性能指标方面的要求；安装、运输及使用方面的要求；有关验收项目的规定等

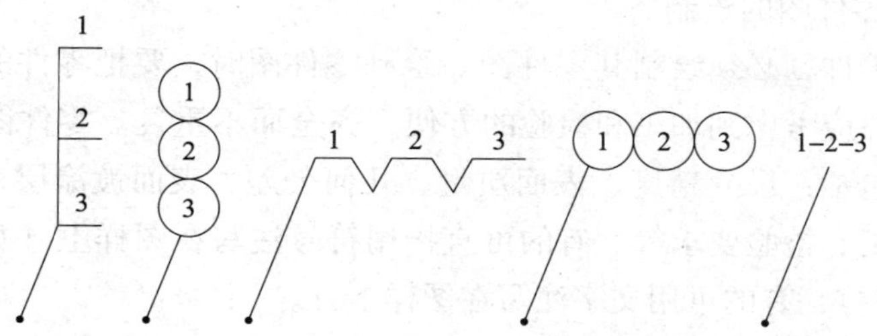

图 2—10—2 一组零、部件序号的引注

<table>
<tr><td></td><td colspan="2"></td><td></td><td colspan="2"></td><td colspan="2"></td></tr>
<tr><td>序号</td><td colspan="2">名称</td><td>数量</td><td colspan="2">材料</td><td colspan="2">备注</td></tr>
<tr><td colspan="3" rowspan="2">（图名）</td><td>比例</td><td></td><td colspan="3" rowspan="2">（图 号）</td></tr>
<tr><td>件数</td><td></td></tr>
<tr><td>制图</td><td></td><td></td><td>质量</td><td></td><td colspan="2">共 张</td><td>第 张</td></tr>
<tr><td>描图</td><td></td><td></td><td colspan="5" rowspan="2">（单位名）</td></tr>
<tr><td>审核</td><td></td><td></td></tr>
</table>

图 2—10—3 装配图上的标题栏和明细表格式

2）装配图布局。为了方便识读，注射模装配图应有合理的布局，如图 2—10—4 所示。绘制时，一般以三个视图为主（简单的可用两个或一个视图）。一个是动模、定模合模状态下的主剖视图，可表达模具各零件间的装配关系。一个是动模或定模分型面的投影视图，一般可表达型腔数量及布局，浇口位置，导柱、推杆等零件的布置情况；一般采用动模分型面的投影视图，当分型面上定模侧形状较复杂时，可采用定模分型面的投影视图。当零件数量较多，装配关系较复杂时，可再采用一个动模、定模合模状态下的左剖视图。当用上述三个视图还不能完整、清楚表达各零件间的装配关系时，还可再增加一些局部视图。

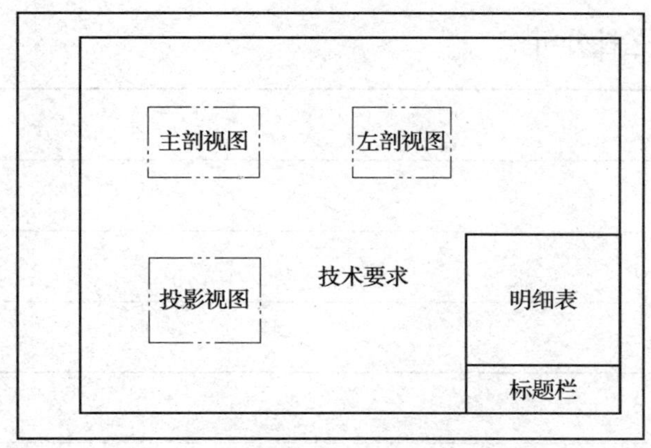

图 2—10—4 注射模装配图布局

（2）非标准零件图的绘制

对于非标准零件，必须绘制其零件图。绘制零件图时，要把零件的每一部位都表达清楚。尺寸标注应考虑到加工和检验的方便，齐全而不重复。零件图上应注写技术要求，技术要求包括：尺寸精度、表面质量、几何公差、表面镀涂层、零件材料、热处理要求以及加工、检验要求等。有的可直接用符号注写在图样上（如尺寸公差、表面质量、几何公差），有的可用文字注写在图样下方。

五、调试验收

严格意义上讲，模具设计工作应在用户验收合格后才真正结束。调试验收工作在模具加工完成的基础上进行，涉及的内容包括：试模材料检查及模具装配检查，试件质量检查，试模过程记录等，具体内容参见相关课程，常见注射成型塑料制品的缺陷及原因分析可参见教材附录三。

课堂练习

根据图 2—10—1 所示塑料制品设计信息，结合所学知识，按下列要求，设计该产品的注射成型模具，并完成装配图绘制。设生产纲领为 50 000 件。

1. 塑料制品原材料分析

材料名称	
使用性能	
适用场合	
分析结论	

2. 塑料制品工艺性分析

尺寸大小	
形状结构	
精度要求	
表面质量	
特殊结构	
分析结论	

3. 成型工艺特性及模具设计建议

塑料制品成型特性	模具设计建议

4. 塑料制品体积和质量

制品名称		材料密度	
制品体积		制品质量	

5. 选择注射机参数

注射机型号		额定注射量	
注射压力		注射行程	
锁模力		最大成型面积	
最大开、合模行程		模具最大厚度	
模具最小厚度		喷嘴圆弧半径	
喷嘴孔直径		动模、定模固定板尺寸	

6. 成型工艺参数的确定

模具温度		注射压力	
料筒后段温度		注射时间	
料筒中段温度		保压时间	
料筒前段温度		冷却时间	
喷嘴温度		成型周期	

7．型腔数量及布局

按额定注射量确定型腔数量	
按注射机锁模力确定型腔数量	
型腔布局示意图	

8．分型面确定

形状		位置	
投影面积校核		示意简图	

9．主流道设计

锥角		小端直径		主流道球面半径	
主流道图样					

10．分流道设计

截面形状		尺寸		开设位置	
分流道图样					

11．浇口设计

截面形状		尺寸		开设位置	
浇口图样					

12．冷料阱设计

开设位置		拉料杆形式	
冷料阱图样			

13．成型零件结构设计

型芯结构		型腔结构	
型芯安装		型腔安装	
型芯材料		型腔材料	
型芯热处理		型腔热处理	
型芯图样		型腔图样	

14．成型零件工作尺寸计算

类型	制品尺寸	计算公式	平均收缩率	计算结果
型芯尺寸				
型腔尺寸				

15. 推杆推出机构设计

推杆形式		推杆直径		推杆数量		复位方式	
推杆推出机构图样							

16. 冷却系统设计

水孔直径		开设部位		水孔数量		水孔间距	
冷却系统设计图样							

17. 零部件设计

所选标准件	
非标准件图样	

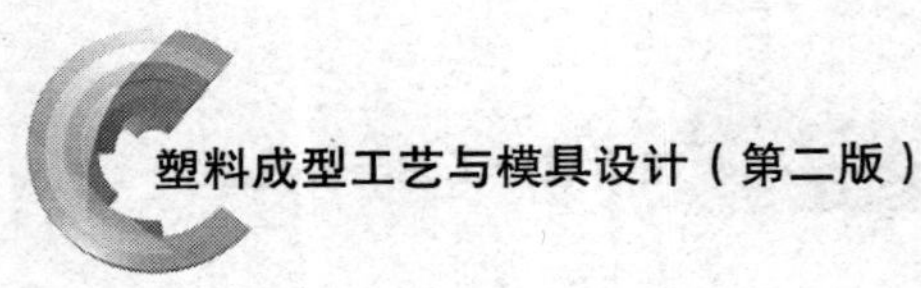

18．标准模架的选用

基本型号	
系列代号	
各模板厚度	
模架标记	
组合尺寸 图样	

第三章 其他塑料成型工艺与模具

第一节　压缩成型工艺与压缩模具

塑料有很多种成型方法，除了广泛使用的注射成型，还有压缩成型、压注成型、挤出成型、吹塑成型等。热固性塑料由于其性能特点在电器产品中（见图 3—1—1）比比皆是，鉴于其成型特点（如熔体黏度高、流动性能差等）的缘故，通常采用压缩或压注成型方法。

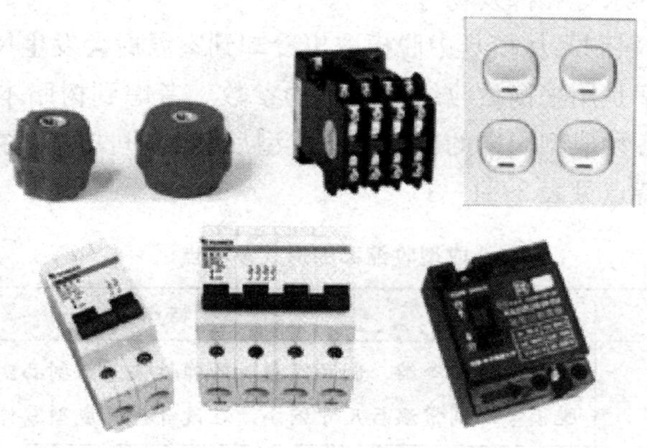

图 3—1—1　热固性塑料制品示例

一、压缩成型工艺

压缩成型也称压制成型、压塑成型或模压成型，它是热固性塑料经常采用的成型方法。

1. 成型原理

压缩成型原理可通过图 3—1—2 加以说明。首先将热固性塑料原料加入敞开的模具（加料腔）内，然后闭合模具加热使塑料熔化，通过合模压力的作用，熔融状态的塑料充满模具型腔，并产生化学交联反应，逐步转变为硬化定型的塑料制品，最后脱模取出制品。

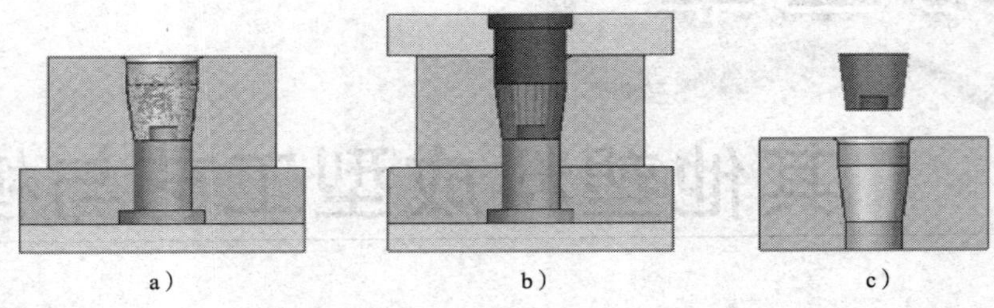

图 3—1—2　压缩成型原理

a）加料　b）压缩　c）脱模

2. 成型特性和工艺特性

在生产实际中，常用于压缩成型的热固性塑料有酚醛塑料、氨基塑料、有机硅塑料、环氧树脂、不饱和聚酯塑料、聚酰亚胺等，其中以酚醛塑料和氨基塑料的使用最为广泛。为了更好地成型热固性塑料制品，有必要熟悉与模具设计有关的工艺特性和成型特性。

(1) 工艺特性

热固性塑料成型时，与模具设计有关的工艺特性主要包括收缩性、流动性和硬化特性，以及塑料中的水分和挥发物等。

1）收缩率。塑料制品从模具中脱模取出冷却到室温后会发生尺寸收缩，这种性能称为收缩性，收缩率是用来衡量收缩性大小的参数。考虑到树脂本身不仅产生热胀冷缩，而且收缩还受各种成型因素的影响，故成型后制品的收缩率称为成型收缩率。成型收缩率的形式及特点见表 3—1—1。

表 3—1—1　　成型收缩率的形式及特点

形式	特点
制品线性尺寸收缩	由于热胀冷缩，制品脱模时的弹性恢复、制品变形等因素，导致制品脱模冷却到常温后尺寸缩小。在设计模具成型零件时，应予以补偿
收缩方向性	成型时塑料分子按方向排列，使制品呈各向异性，沿料流方向收缩大、强度高，沿料流垂直方向则收缩小、强度低。另外，成型时因制品各部位密度及填料分布不均匀，收缩率也不均匀，产生收缩差，使制品发生翘曲、变形、裂纹。设计模具时，应考虑收缩的方向性，按制品形状、料流方向来选择收缩率
后收缩	成型时，由于各种因素的影响，制品内存在着残余应力；脱模后，残余应力发生变化，导致制品发生再收缩。一般脱模 10 h 内收缩变化最大，24 h 后基本稳定，最后稳定则要经过 30 ~ 60 天

续表

形式	特点
后处理收缩	出于性能及工艺要求，有时在制品成型后需要进行热处理或表面处理，这将导致制品尺寸发生后处理收缩变化。在设计高精度要求制品的成型模具时，应考虑补偿该误差

2）流动性。流动性反映了塑料在一定温度与压力下填充型腔的能力，是压缩成型工艺及其模具设计必须考虑的重要因素。

对于面积大、嵌件多、型芯及嵌件细弱、带有狭窄深槽和薄壁的复杂形状制品，应考虑采用流动性好的塑料。当然，塑料流动性过好，成型时容易引起溢料，造成填充型腔不密实，从而导致制件组织疏松，还容易出现树脂、填料积聚，粘模，硬化过早等缺陷；而当塑料流动性过差时，则会产生填充不足，不易成型的后果。

3）硬化特性。热固性塑料在成型过程中，在加热受压条件下转变成可塑性黏流态，随之流动性增大填充型腔，与此同时，发生缩合反应，交联密度不断增加，流动性迅速下降，熔料逐渐固化变硬。

热固性塑料的硬化速度与塑料品种、塑件壁厚、制品形状、模具温度、塑料预热情况、加压时间等有关。一般来说，预热温度高，时间长（在允许范围内）则硬化速度加快，尤其是预压坯料经高频预热的则硬化速度显著加快，适当的预热应保持在使塑料能发挥出最大流动性的条件下，尽量提高其硬化速度。另外，模具温度高、加压时间长则硬化速度也随之增加。

对硬化速度快、流动状态差的塑料，应注意装料和装卸嵌件，并选择合理的成型条件，以免过早硬化或硬化不足，从而导致制品成型不良的后果。

4）水分和挥发物。塑料中水分和挥发物过多，会造成成型时流动性过大、溢料严重、成型周期长、收缩率大等问题，制品会出现气泡、组织疏松、变形翘曲、波纹、龟裂等缺陷。另外，某些气体挥发物对模具还有腐蚀作用，对人体有刺激作用。因此，必须采取相应的措施：第一，对塑料原料进行必要的预热、干燥，除去部分水分和气体，需要指出的是，塑料原料过于干燥会导致流动性变差、成型困难等；第二，在成型模具设计时，设置排气结构；第三，对模具型腔表面进行防腐处理。

(2) 成型特性

热固性塑料的成型特性与塑料的品种、所含填料及其粒度和均匀度有关。通常细粒度填料流动性较好，但预热不易均匀，易充入空气且不易排除，传热不良，成型时间长；而粗粒度填料容易造成塑料制品表面不均匀、无光泽。当然，过粗或过细的塑料原料直接影响比热容、压缩率及加料腔容积。常用热固性塑料的成型特性见表3—1—2。

表 3—1—2　　常用热固性塑料的成型工艺特性

塑料名称	成型工艺特性
酚醛塑料（PF）	压缩成型性能好，但模具温度对流动性影响较大，一般当温度超过 160℃时流动性迅速下降；硬化时会放出大量热量，厚壁、大型制品内部温度易过高，造成硬化不均及过热
氨基塑料	密胺塑料成型时有弱酸性分解及析出水分，成型模具应进行镀铬防腐处理，并注意排气；由于流动性好，硬化速度快，故预热及成型温度要适当，装料、合模及加工速度要快；带有嵌件的密胺塑料制品由于容易产生应力集中，故尺寸稳定性较差
环氧树脂	流动性好，硬化速度快；硬化收缩小，热刚性差，难以脱模，成型前应加脱模剂；固化时不会析出副产品，无须考虑排气

3. 压缩成型工艺

（1）成型工艺过程

压缩成型工艺过程可概括为三个阶段：准备阶段、成型阶段和后处理阶段，其完整过程如图 3—1—3 所示。

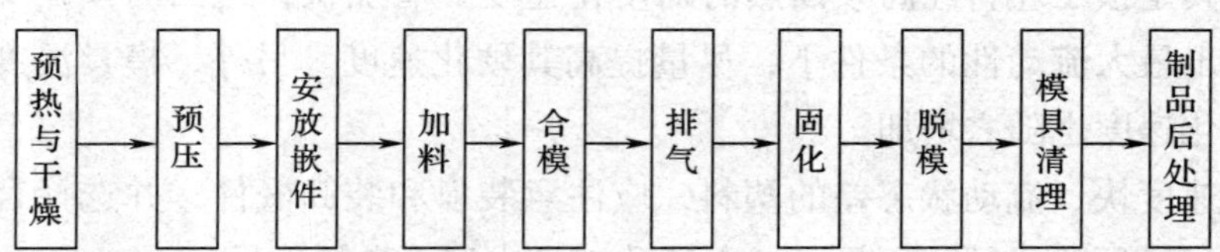

图 3—1—3　压缩成型工艺过程

1）准备阶段。准备阶段主要是指原料的预热与干燥、原料的预压等。

在压缩成型前，常通过烘箱或红外线加热炉，对热固性塑料进行预热与干燥。通过预热，为压缩模提供具有一定温度的热料，使塑料在模具内受热均匀，以缩短压缩成型周期；通过干燥，防止塑料中带有过多的水分和低分子挥发物，以确保塑料制品的成型质量。

考虑到热固性塑料的比容比较大，在采用压缩成型工艺之前，通常要在室温或稍高于室温的条件下，将松散的（例如，粉状、粒状、碎屑状、片状或长纤维状）成型物料压实成质量一定、形状一致的塑料型坯（例如，圆片形、圆盘形或与制品相似的形状），以便于放入压缩模加料腔中。预压压力通常为 40 ~ 200 MPa，通过预压后的型坯密度以达到制品密度的 20% 左右为最佳。

2）成型阶段。成型阶段一般包括加料、合模、排气、固化和脱模等，该阶段的有关说明见表 3—1—3。

表 3—1—3 成型阶段说明

成型阶段	有关说明
加料	在模具加料腔内加入已预热的定量物料。加料准确与否，将直接影响制品的密度和尺寸精度 常用的加料方法有体积质量法、容积法和计数法。体积质量法采用衡器称量物料，可精确控制加料量，但操作不方便；容积法使用一定容积或带有容积标度的容器加料，加料量控制不够精确，但操作方便；计数法适用于预压坯料 对于较大或较复杂的型腔，应考虑物料在型腔中的流动情况和型腔中各部位用料的多少，合理堆放物料，以免出现制品密度不匀或缺料现象
合模	通过压力使模具内成型零件闭合成与制品形状一致的型腔 合模时间一般为几秒至几十秒不等 为缩短成型周期并避免塑料过早固化或过多降解，凸模未接触物料前，应尽量加快合模速度；为避免嵌件和成型杆件位移和损坏，也为有利于排气并避免物料排出模外造成缺料，在凸模接触物料后，应放慢合模速度
排气	通过卸压排除型腔中的水蒸气、低分子挥发物及交联反应和制品体积收缩时产生的气体 排气的次数通常为 1 ~ 3 次，每次时间为 3 ~ 20 s 型腔中气体的存在，不仅会延长物料的传热过程，还会延长熔料的固化时间，使制品表面出现烧糊、烧焦、无光泽和气泡等现象
固化	塑料依靠交联反应固化定型，也称硬化 固化时间一般为 30 s 至数分钟不等 硬化程度的高低与塑料品种、模具温度及成型压力等有关，不一定达到 100%，最佳硬化时间应以硬化程度适中时为准；对于固化速度不高的塑料，只要制品能够完整脱模即可结束固化，以提高生产效率；当然，提前结束固化的制品要通过后烘来完成其固化，例如，酚醛压缩制品的后烘温度为 90 ~ 150℃，时间视制品的厚薄而定，通常为几小时至几十小时不等
脱模	压力机卸载回程，并将模具开启，通过推出机构将制品推出模外

需要注意的是，在成型带有嵌件的塑料制品时，加料前应将经预热的嵌件放入模具型腔内。另外，首件生产时，需将压缩模具置于成型压力机上预热至成型温度。

3）后处理阶段。对于脱出制品后的模具，应进行清理操作。另外，对于脱模后的压缩成型制品，必要时还要进行热处理。

压缩模具的清理对象为残留在模具内的杂物，其中包括碎屑、飞翅等。清理时，先采用铜签或铜刷将它们去除，然后通过压缩空气将它们吹净，以免留在下次成型的制品中，严重影响制品质量。

压缩成型制品的后处理主要是指退火处理。通过退火处理，消除制品内应力，提高制品的尺寸稳定性，减少制品的变形和开裂，并进一步交联固化，提高制品的电性能和力学性能。退火处理的工艺规范应根据制品材料、形状、嵌件等具体情况来确定。厚壁和壁厚相差悬殊的制品、易变形的制品，退火时宜采用较低的温度和较长的时间；对于形状复杂、薄壁、面积大的制品，退火处理最好在夹具上进行，以免制品变形。

（2）压缩成型工艺参数

热固性塑料的压缩成型，必须在一定温度、一定压力下和一定时间内完成，我们将成型压力、成型温度和成型时间，称为热固性塑料压缩成型工艺参数。

1）压缩成型压力。所谓压缩成型压力，是指压缩成型时压力机通过凸模对制品熔体在充满型腔和固化时，在模具分型面单位投影面积上施加的压力，简称成型压力，其值一般为 15 ~ 30 MPa。

促使物料流动充模，提高制品的密度和内在质量，克服塑料树脂在成型过程中的胀模力（因化学变化释放的低分子物质及塑料中的水分等产生），确保模具闭合，并保证制品具有稳定的尺寸、形状，减少飞翅，防止变形等，是施加成型压力的目的。当然，过大的成型压力会降低模具的使用寿命。

压缩成型压力大小的确定应考虑塑料的种类、制品结构及模具温度等因素，一般来说，塑料的流动性越小，制品越厚，制品形状越复杂，塑料固化速度和压缩比越大，所需的成型压力也越大，常见的热固性塑料压缩成型压力见表 3—1—4。

表 3—1—4　　常见热固性塑料压缩成型压力　　MPa

塑料类型	压缩成型压力
酚醛塑料（PF）	7 ~ 24
三聚氰胺 - 甲醛塑料（MF）	14 ~ 56
脲 - 甲醛塑料（UF）	14 ~ 56
聚酯塑料（UP）	0. 35 ~ 3. 5
邻苯二甲酸二丙烯脂塑料（PDPO）	3. 5 ~ 14
环氧树脂塑料（EP）	0. 7 ~ 14
有机硅塑料（DSMC）	0. 7 ~ 56

2）压缩成型温度。所谓压缩成型温度，是指压缩成型时所需的模具温度。

压缩成型温度的高低影响塑料熔料的充模，影响塑料成型时的硬化速度，进而影响塑料制品的质量。在一定温度范围内，模具温度升高，制品成型周期缩短，生产效率随之提高。不过，如果模具温度过高，将造成树脂和有机物分解，致使制品表面颜色暗淡。如果模具温度过低，硬化不足，也会造成制品表面无光，物理性能和力学性能下降。

常见的热固性塑料压缩成型温度见表 3—1—5。

表 3—1—5 常见热固性塑料压缩成型温度 ℃

塑料类型	压缩成型温度
酚醛塑料（PF）	140～180
三聚氰胺－甲醛塑料（MF）	140～180
脲－甲醛塑料（UF）	135～155
聚酯塑料（UP）	85～150
邻苯二甲酸二丙烯脂塑料（PDPO）	120～160
环氧树脂塑料（EP）	145～200
有机硅塑料（DSMC）	150～190

3）压缩成型时间。热固性塑料压缩成型时，必须在一定温度和一定压力下保持一定的时间，才能使其充分交联固化，成为性能良好的制品，我们将这一时间称为成型时间。压缩成型时间包括加料时间、充模时间、交联固化时间、脱模取制件时间和清模时间。

压缩成型时间的长短对制品的性能影响很大。成型时间过短，将使塑料硬化不足，制品外观性能变差，力学性能下降，易变形。适度增加成型时间，可以减小制品收缩率，提高制品耐热性能和其他物理、力学性能。但过长的成型时间，不仅会降低生产率，而且会使树脂交联过度，从而使制品收缩率增加，引起内应力，导致制品力学性能降低，甚至造成破裂。

压缩成型时间将取决于塑料的种类（树脂种类、挥发物含量等）、制品形状、成型的其他工艺条件及操作步骤（是否预压、预热、排气）等。随着成型温度的升高，制品固化速度将加快，所需成型时间将减少。另外，对于预热或预压的成型物料，以及采用较高成型压力时，采用的成型时间可适当缩短。当然，随着制品厚度的增加，成型时间应适当增加。

部分热固性塑料压缩成型的主要工艺参数见表 3—1—6。

表 3—1—6 部分热固性塑料压缩成型的主要工艺参数

工艺参数	酚醛塑料			氨基塑料
	一般工业用①	高电绝缘用②	耐高频电绝缘用③	
压缩成型温度（℃）	150～165	150～170	180～190	140～155
压缩成型压力（MPa）	25～35	25～35	>30	25～35
压缩时间（min/mm）	0.8～1.2	1.5～2.5	2.5	0.7～1.0

注：1. 是以苯酚－甲醛线型树脂的粉末为基础的压缩粉。

2. 是以甲酚－甲醛可溶性树脂的粉末为基础的压缩粉。

3. 是以苯酚－苯胺－甲醛树脂和无机矿物为基础的压缩粉。

(3) 压缩成型工艺规程编制示例

某为加木粉填充剂的酚醛塑料电器插头制品，要求大批量生产，结构及尺寸如图3—1—4所示，采用压缩成型工艺，其成型工艺规程编制如下。

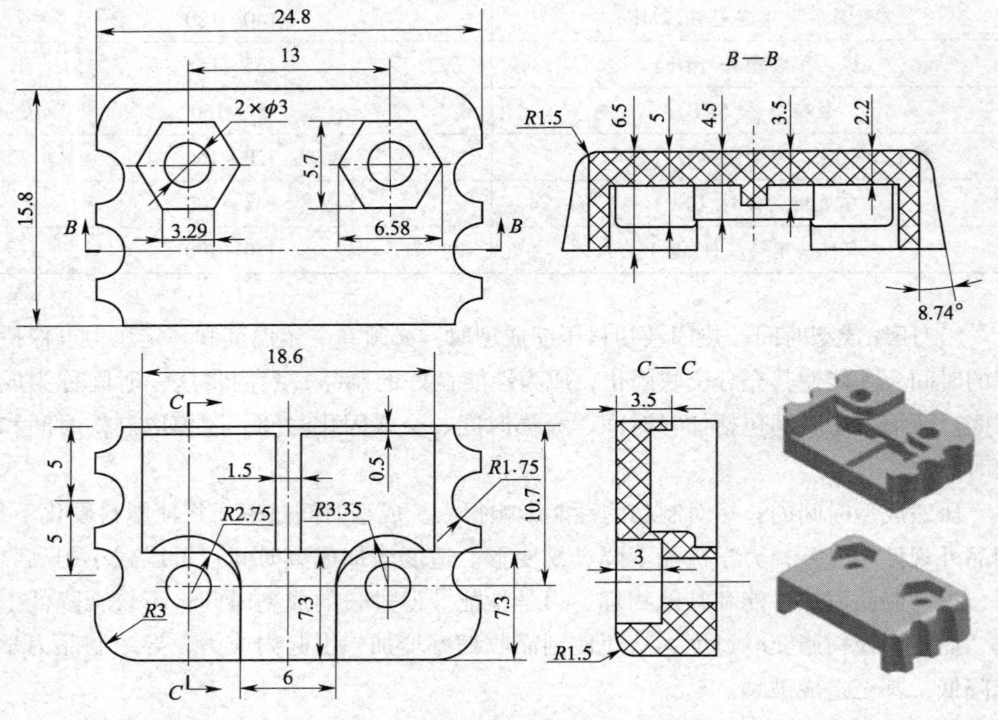

图3—1—4 酚醛塑料电器插头制品图样

1）制品材料分析。本电器插头材料为热固性塑料中的酚醛塑料，它以酚醛树脂为基础制得，由于酚醛树脂很脆，呈琥珀玻璃状，必须加入各种纤维或粉末状填料后才能获得具有一定性能要求的酚醛塑料，本制品采用木粉作为填充剂。另外，酚醛塑料具有一定的介电性能，可用于电工结构材料和电气绝缘材料。

2）制品结构工艺性分析。就整体而言，该制品为框形结构。其中，上表面比较简单，有两个中心相距13 mm的六方形沉孔；下表面相对复杂，包括对称的两个方槽、中间的长方形槽，以及两个与上表面六方形沉孔同轴的$\phi3$ mm通孔。整体来看，制品上无加强肋，无大的支承面，无侧孔和侧凹，无金属嵌件，无螺纹，无文字、符号及标记，结构相对比较简单，精度要求一般，表面质量也无特殊要求。另外，该制品高度尺寸长径比$L/D=6.5/24.8<2$，不影响脱模，可以不考虑脱模斜度。

3）工艺规程确定。为满足大批量生产该制品的要求，拟采用一模十六腔的固定式压缩模成型。其压缩工艺流程经预热和压制两个过程，不需进行后处理。

初步确定该制品的压缩成型工艺规程，见表3—1—7。

表 3—1—7　　压缩成型工艺规程

		塑料压缩成型工艺卡片							资料编号	
		零件名称		零件图号		装配图号	每模数量		共　页	第　页
车间		电器插头					16			
材料牌号	H161	操作条件		辅助材料			设备		工时定额	
零件质量（kg）		温度（℃）		名称	牌号	质量（kg）	工装代号			
毛料质量（kg）		压力（MPa）					工具			
毛料尺寸		相对湿度（%）					量具			
		保持时间					仪器			

制品草图：	主要工序
	1．模具预热 温度：（120±10）℃　时间：4～8 min
	2．加料
	3．加压闭模 成型压力：30 MPa　模具温度：（160±5）℃
	4．排气 1 次 5 s
	5．固化保压 成型时间：8 min
检验技术条件：	6．脱模

编制	校对	审核	车间主任	检验组长	主管工程师

需要指出的是，从严格意义上来说，塑料制品成型工艺规程的制定，应在制品材料性能分析、制品工艺性分析和成型方法选择的基础上进行，并最终完成工艺规程卡片的填写。

二、压缩成型模具

1．典型结构

压缩成型模具的典型结构如图 3—1—5 所示，其可以分为上模和下模两大部分，上模需要与压力机的滑块连接或接触，下模需要与压力机的工作台面连接或接触。成型时，两大部分依靠导柱导向开合，上模、下模闭合使装于加料腔和型腔中的塑料受热受压，成为熔融状态并充模整个型腔。当制品固化成型后开模，上模部分上移，上凸模脱离下模一段距离，抽出侧抽芯，推杆将制品推出模外。

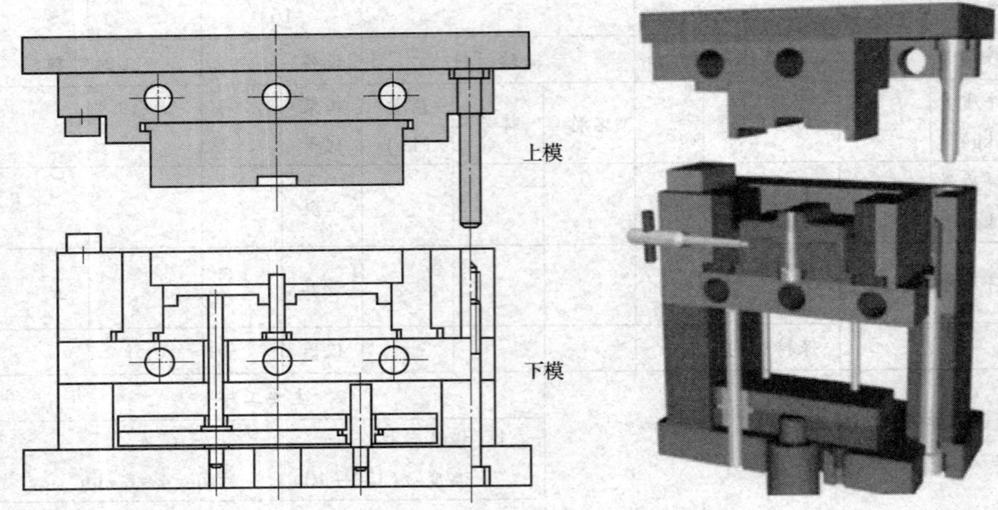

图 3—1—5　压缩模具典型结构

2．模具分类

压缩成型模具通常采用两种分类方法：一是按模具与压力机的连接方式分类，二是按模具总体结构特点分类。当然，根据需要还可以按分型面特征、按制品推出方式等进行分类。

（1）按模具与压力机的连接方式分类

按照压缩模具的上、下模在压力机上是否固定，压缩模具可分为移动式压缩模（上模、下模均不与压力机固定连接）、半固定式压缩模（通常上模固定在压力机上）、固定式压缩模（上模、下模分别固定在压力机的上、下工作台上）三种类型。

1）移动式压缩模。移动式压缩模结构如图 3—1—6 所示，模具不固定在压力机上，制品成型后将模具移出压力机，采用专门卸模工具（如 U 形支架等）开模取出制品。

2）半固定式压缩模。半固定式压缩模结构如图 3—1—7 所示，一般将上模固定在压力机上，下模可沿导轨移动，采用定位块定位；当然，根据需要也可采用下模固定的形式。

3）固定式压缩模。固定式压缩模结构如图 3—1—5 所示，上模、下模分别固定在压力机上下工作台上，开模、合模推出等动作均在机内完成，模具结构相对复杂，安装嵌件也不方便，适合于成型批量较大或尺寸较大的制品。

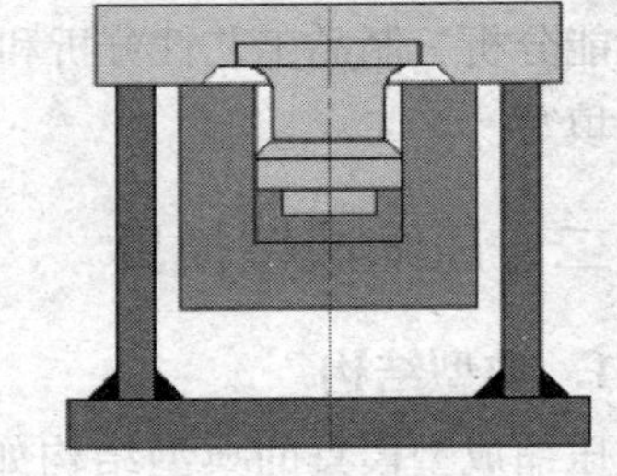

图 3—1—6　移动式压缩模结构

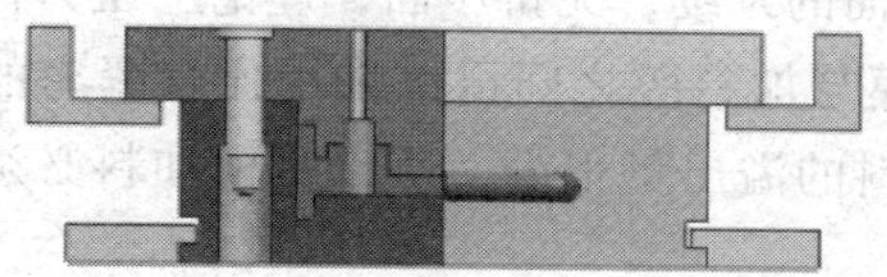
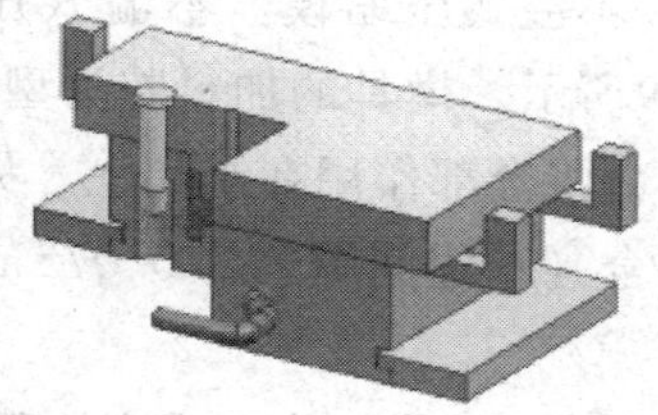

图 3—1—7 半固定式压缩模结构

（2）按模具总体结构特点分类

根据压缩模具加料腔形式不同，压缩模可分为溢式压缩模、不溢式压缩模、半溢式压缩模三种类型。

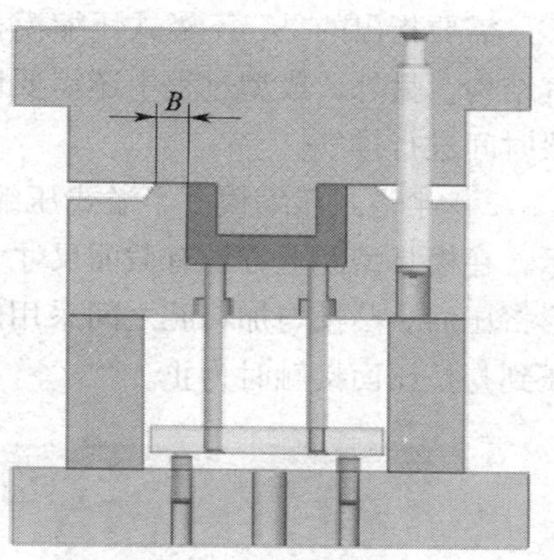

图 3—1—8 溢式压缩模结构

1）溢式压缩模。溢式压缩模结构示意如图 3—1—8 所示，它没有单独的加料腔，而将型腔本身作为加料腔，所以，型腔高度等于制品高度。凸模和凹模的配合完全依靠导柱定位来实现，没有其他的配合面，制品的径向壁厚尺寸精度不高。另外，凸模、凹模闭合成与制品形状一致的型腔之后，凹模对凸模有一个宽度为 B 的支承面，该支承面同时也是分型面。

溢式压缩模结构简单、耐用，造价低廉，制品容易取出，嵌件安放方便，对于扁平制品可不考虑推出机构。不过，在使用溢式压缩模压缩成型时要注意以下几点，具体内容见表 3—1—8。

表 3—1—8　　溢式压缩模成型注意事项

事项	说明
不适宜成型流动性较差的塑料	带有片状或纤维状填料的塑料，由于流动性较差，成型时将会产生较厚的飞翅，并影响模具闭合。如果必须使用溢式压缩模，最好在成型之前采用预压措施，或采用粒状物料
一般要求加料时有适当的过量值	加料不充分时，型腔内不会有多余的塑料从支承面处溢出，制品将会出现缺料或密度得不到要求的缺陷，加料的过量值通常控制在 7% 以下，否则会产生较厚的横向飞翅，使制品的尺寸精度和质量密度无法得到准确控制，且在去除飞翅时产生面积较大的疤痕，严重影响制品的外观
需要注意控制模具的闭合速度	闭合速度太慢时，溢出在支承面之间的塑料容易冻结，它们的变形和流动变得比较困难，制品的飞翅厚度随之增大，制品的尺寸精度将难以保证；闭合速度太快时，溢料量将会增大，制品密度同样会出现问题

2）不溢式压缩模。不溢式压缩模也称为闭式压缩模或正压模，其结构如图3—1—9所示，模具的加料腔为型腔上部截面的延续，无挤压面，理论上压力机所施加的压力将全部作用在制品上。另外，凸模与加料腔之间可以采用比较紧密的滑动间隙配合（单边间隙约为0.075 mm），塑料的溢出量很少，所以每模加料必须准确称量。

不溢式压缩模适宜于成型体积大、塑料流动性差的制品，模具必须设置推出装置，否则制品很难取出。

需要指出的是，不溢式压缩模存在着排气比较差的问题，所以模具中必须开设排气结构，另外，成型过程中还需要使压力机短暂卸载，以便使上模、下模暂时松开一段时间进行排气。

3）半溢式压缩模。半溢式压缩模也称为半开式压缩模，其结构如图3—1—10所示，在模具型腔上方设有截面尺寸大于制品尺寸的加料腔，它与型腔的分界处有一环形挤压面。凸模与加料腔之间采用间隙配合，并在四周开设溢料槽，成型时，凸模下压到与挤压面接触时为止。

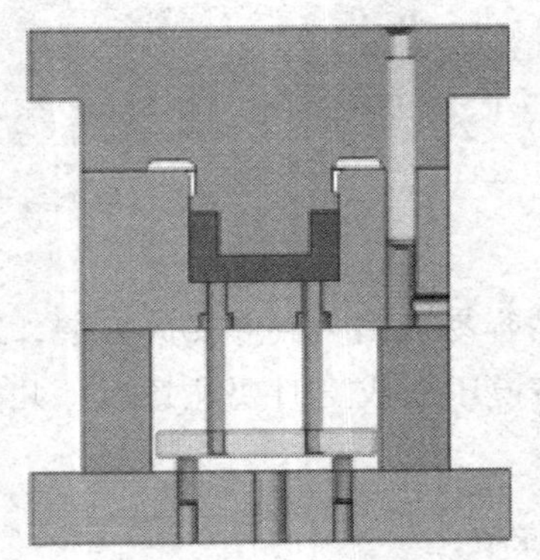

图3—1—9　不溢式压缩模结构

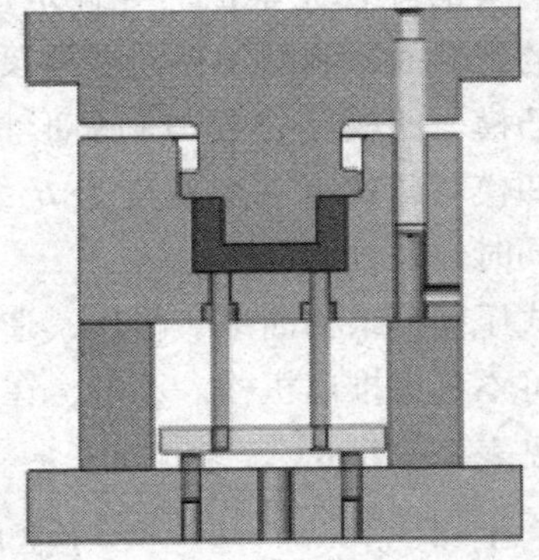

图3—1—10　半溢式压缩模结构

半溢式压缩模兼有溢式压缩模和不溢式压缩模的优点，制品密度、制品精度均较高，模具寿命长，制品容易脱模，生产中被广泛采用。另外，半溢式压缩模成型带有小嵌件的制品也比较方便。

3. 结构组成

压缩模通常由成型零件、加料装置、导向机构、侧向分型抽芯机构、推出机构、加热系统等几大部分组成。压缩模具的结构特点与注射模具基本相同，但也有其独特之处，如图3—1—11所示。

（1）成型零件

成型零件在模具闭合后形成成型制品要求的型腔，并直接与塑料接触，负责成型出制品的几何形状和尺寸。在图3—1—11中，成型零件包括上凸模3、下凸模7、凹模镶件4、侧型芯20和型芯6。

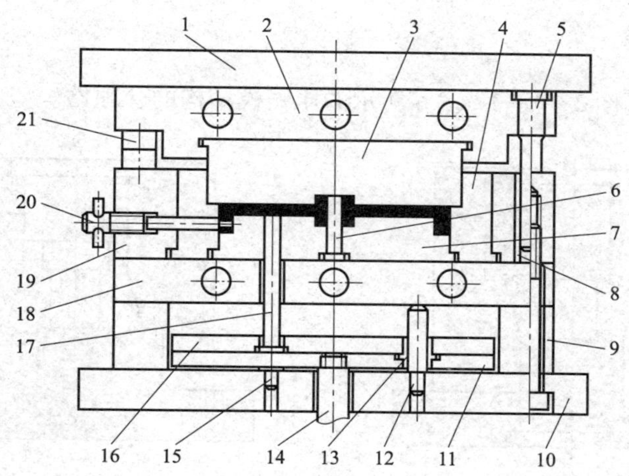

图 3—1—11 固定式压缩模结构

1—上模座板 2—加热板 3—上凸模 4—凹模镶件 5—导柱 6—型芯 7—下凸模 8—导套 9—垫块 10—下模座板 11—推板 12—推板导柱 13—推板导套 14—压力机顶杆 15—支承钉 16—推杆固定板 17—推杆 18—支承板（加热板） 19—凹模固定板 20—侧型芯 21—承压块

（2）加料装置

加料装置即加料腔或加料室，利用加料腔可以较多地容纳密度很小的松散状成型物料，从而可以通过较大的压缩率压缩成型出密度很高的制品。图 3—1—11 中，上凸模 3、凹模镶件 4、型芯 6、下凸模 7 共同构成加料腔。

（3）导向机构

导向机构用来保证上、下模合模的对中性。例如，图 3—1—11 中，上模周边的四根导柱 5 和下模周边的四只导套 8 构成了导向机构。

需要说明的是，为了保证推出机构顺利地上、下滑动，该模具的推出机构中也设置了导向机构。

（4）侧向分型抽芯机构

当压制带有侧孔或侧凹的制品时，模具上必须设有侧向分型抽芯机构，制件才能脱出。图 3—1—11 所示的制品带有侧孔，在开模顶出制件前应先用手转动丝杆抽出侧型芯 20。

（5）推出机构

图 3—1—11 中的推出机构由推杆 17、推杆固定板 16、推板 11、压力机顶杆 14 等零件组成。

（6）加热系统

热固性塑料压缩成型需要在较高的温度下进行，模具必须加热。电加热是常见的加热方法。图 3—1—11 中，加热板 2、18 分别对上模、下模进行加热，加热板圆孔中插入电加热棒。

课堂练习

1. 试比较说明图 3—1—12a、b 所示的压缩模结构的合理性。

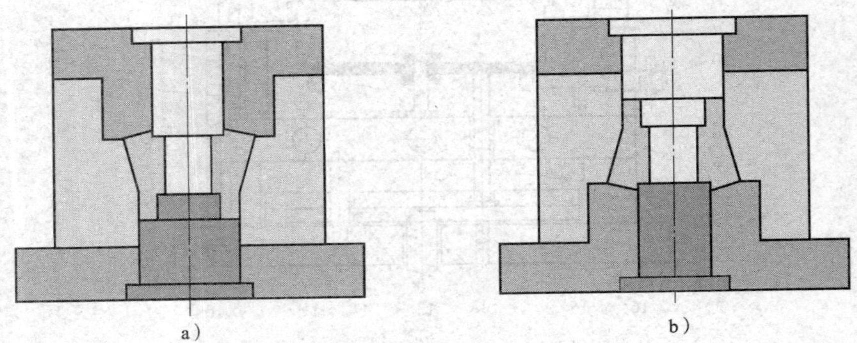

图 3—1—12　压缩模结构

2. 完成图 3—1—4 所示的电器插头制品体积的确定。

第二节　压注成型工艺与压注模具

热固性塑料采用压缩成型时，还存在着一些缺点。因此，在成功地吸收了压缩成型经验的基础上，发展了一种热固性塑料的成型方法——压注成型，又称传递成型或挤塑成型。

压注模（见图 3—2—1）是成型热固性塑料或封装电子元器件等采用的一种模具。压注模设有单独的加料腔，成型及加料前，模具先闭合，然后将塑料原料放入加料腔内预热，成为黏流状态后，在柱塞压力的作用下，熔料通过模具的浇注系统，以高速挤入型腔，最终硬化成型。

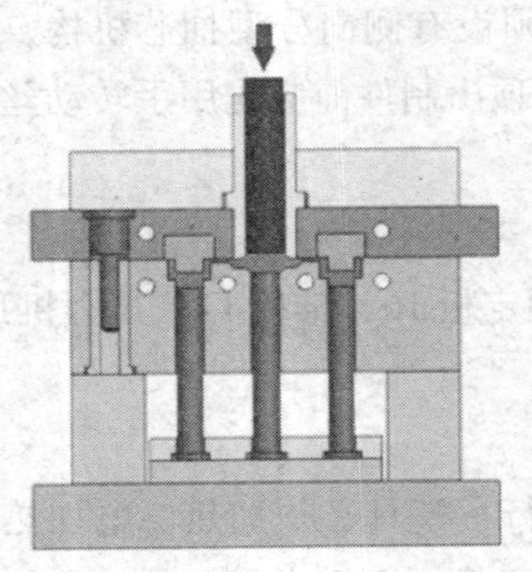

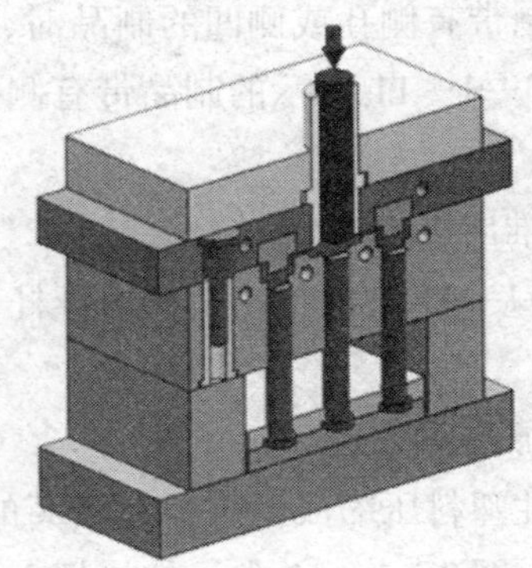

图 3—2—1　压注模结构

一、压注成型工艺

1. 原理及其特点

（1）成型原理

压注成型在原理上类似于压缩成型，两种成型原理的主要区别在于，压注成型模具设有单独的加料腔和完整的浇注系统。

热固性塑料压注成型原理如图 3—2—2 所示。首先完成模具的闭合，然后将塑料加入模具的加料腔中，待其受热成为黏流状态，通过压注柱塞的作用，将黏流状态的塑料经过浇注系统，高速挤入并充满预先闭合的型腔，塑料在型腔内继续受热、受压并发生化学反应而固化成型。经过一定时间后，打开模具，取出塑料制件品。

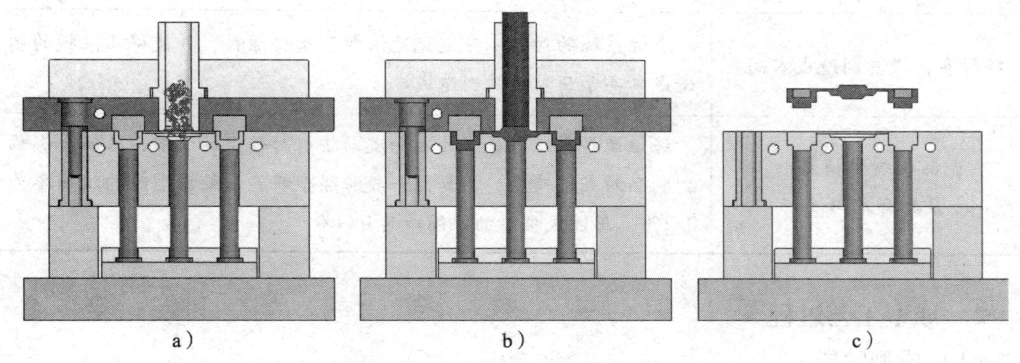

图 3—2—2 压注成型原理
a）加料 b）压注 c）塑件脱模

（2）成型特点

相对于热固性塑料的压缩成型，压注成型有着自身的特点，具体内容见表 3—2—1。

表 3—2—1 压注成型的特点

特点	具体内容
成型前模具已完全闭合	塑料的加热熔融在加料腔内进行，压力机在成型开始时只施压于加料腔内的塑料，使之通过浇注系统而快速注入型腔，当塑料完全充满型腔后，型腔内与加料腔中的压力趋于平衡
成型效率高	压注成型时，塑料以高速通过浇注系统注入型腔，因此，制品内外层塑料都有机会与高温流道壁相接触，使塑料升温快捷而均匀。又因为料流在通过浇口等窄小部位时产生的摩擦热使塑料温度进一步提高，所以制品在型腔内硬化速度很快。其硬化时间相当于压缩成型的 1/5 ~ 1/3

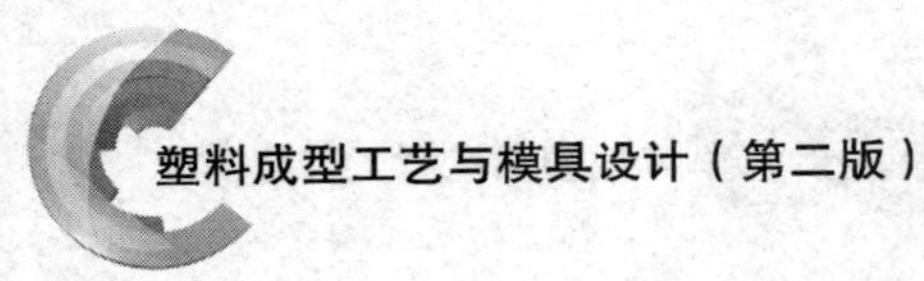

续表

特点	具体内容
制品质量好	成型过程中塑料受热均匀，交联硬化充分，使得制品的强度高，力学性能、电性能好；另外，压注成型时，塑料注入闭合的型腔，因此在分型面处，制品的飞翅很薄，在合模方向上也能保证其较准确的尺寸
适宜于成型带有细小嵌件、较深孔及较复杂的制品	压注成型时塑料以熔融状态注入型腔，对型芯、嵌件等产生的挤压力较小。通常，压注成型可成型出孔深不大于直径 10 倍的通孔、不大于直径 3 倍的盲孔，而压缩成型在垂直方向上成型的孔深不大于 3 倍直径，侧向孔深不大于 1.5 倍直径
耗材多，模具制造成本高	浇注系统的存在不可避免地浪费了塑料原料，并使得压注模的制造成本高于压缩模的制造成本
制品收缩率稍大，且具有方向性	纤维填料在压力状态的定向流动将引起较大的收缩，从而会影响到制品的成型精度，例如，一般酚醛塑料，压缩成型时的收缩率为 0.2%，压注成型时的收缩率为 0.9%

2. 成型工艺过程

（1）成型阶段

类似于压缩成型，压注成型工艺过程同样可以概括为准备阶段、成型阶段和后处理阶段。其中，成型阶段一般也可分为安放嵌件、合模、加料、排气、固化和脱模等过程，如图 3—2—3 所示。不过，与压缩成型过程不同的是，合模与加料环节顺序发生了改变，即加料前必须先完成合模操作，然后在加料腔中加入已预热的定量物料。

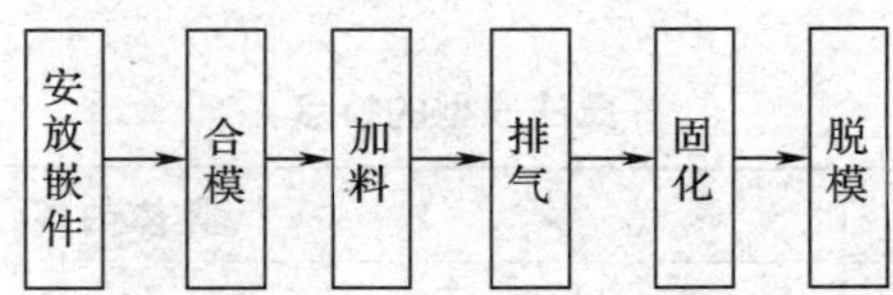

图 3—2—3　压注工艺成型阶段的一般过程

（2）工艺参数

压注成型工艺参数包括成型压力、成型温度和成型时间。

1）成型压力。压注成型压力是指压力机通过压注柱塞对加料腔内的塑料熔体施加的压力。由于熔体通过浇注系统时有压力损失，故压注时的成型压力一般为压缩时的 2～3 倍。例如，酚醛塑料粉和氨基塑料粉所需的成型压力通常为 50～80 MPa，有纤维填料的塑料为 80～160 MPa。

部分热固性塑料的压注成型压力见表 3—2—2，供选择参考。

表 3—2—2　部分热固性塑料压注成型压力

塑料	填料	成型压力（MPa）
环氧双酚 A 模塑料	玻璃纤维	7～34
	矿物填料	0.7～21
环氧酚醛模塑料	矿物和玻璃纤维（成型温度：121～193℃）	1.7～21
	矿物和玻璃纤维（成型温度：190～196℃）	2～17.2
	玻璃纤维	17～34
三聚氰胺	纤维素	55～138
酚醛	织物和回收料	13.8～138
聚酯（BMC，TMC①）	玻璃纤维	1.4～3.4
聚酯（SMC，TMC）	导电护套料②	1.4～3.4
聚酯（BMC）	导电护套料	1.4～3.4
醇酸树脂	矿物质	13.8～138
聚酰亚胺	50%玻璃纤维	20.7～69
脲醛塑料	α－纤维素	13.8～138

注：1. TMC 指黏稠状模塑料。

2. 在聚酯中添加导电性填料和增强材料的电子材料工业用护套料。

2）成型温度。压注成型温度是指压注成型时所需的模具温度，它通常要比压缩成型温度低一些，一般为 130～190℃，这是因为塑料通过浇注系统时能从摩擦中获得一部分热量。

需要注意的是，压注模具的加料腔和下模的温度要低一些，而中框的温度要高一些，以保证塑料进入通畅，而不会出现溢料现象，同时也可以避免制品产生缺料、起泡、接缝等缺陷。

部分热固性塑料的压注成型温度见表 3—2—3，供选择参考。

表 3—2—3　部分热固性塑料压注成型温度

塑料	填料	成型温度（℃）
环氧双酚 A 模塑料	玻璃纤维	138～193
	矿物填料	121～193
环氧酚醛模塑料	矿物和玻璃纤维（成型压力：1.7～21 MPa）	121～193
	矿物和玻璃纤维（成型压力：2～17.2 MPa）	190～196
	玻璃纤维	143～165
三聚氰胺	纤维素	149
酚醛	织物和回收料	149～182

续表

塑料	填料	成型温度（℃）
聚酯（BMC，TMC[①]）	玻璃纤维	138～160
聚酯（SMC，TMC）	导电护套料[②]	138～160
聚酯（BMC）	导电护套料	138～160
醇酸树脂	矿物质	160～182
聚酰亚胺	50%玻璃纤维	199
脲醛塑料	α－纤维素	132～182

注：1. TMC指黏稠状模塑料。

2. 在聚酯中添加导电性填料和增强材料的电子材料工业用护套料。

3）成型时间

与压缩成型一样，压注成型必须在一定温度和一定压力下保持一定的时间，才能使塑料充分交联固化，成为性能良好的制品，这一时间就是成型时间。成型时间包括加料时间、充满时间、交联固化时间、脱模取制件时间、清模时间等。一般要求塑料必须在10～30 s内迅速充满模具型腔。

二、压注成型模具

1. 模具分类

压注成型模具通常可根据固定形式、加料腔结构特征进行分类。

类似于压缩模，按照是否固定在压力机上，压注模可分为固定式压注模和移动式压注模。固定式压注模的整个生产过程（包括分模、装料、合模、成型、出件）在压力机上进行。移动式压注模通常不固定在压力机上，它具有模具结构简单、造价低廉的优点，一般采用普通压机，主要用于小型塑料制品成型。

按照加料腔结构特征，通常将压注模分为柱塞式压注模和罐式压注模（也称料腔式压注模），相关内容介绍见表3—2—4。

表3—2—4　按加料腔结构特征分类的压注模

结构特征	说明
柱塞式	柱塞式压注模没有主流道，事实上主流道已经扩大成为了圆柱状的加料腔，此时，注料的压力不能压紧模具，因此，柱塞式压注模要安装在专用压力机上使用。这种专用压力机有两个液压缸，一个是起锁模作用的主液压缸，一个是起推料作用的辅液压缸 为了防止溢料，主液压缸要比辅液压缸压力大得多

续表

结构特征	说明
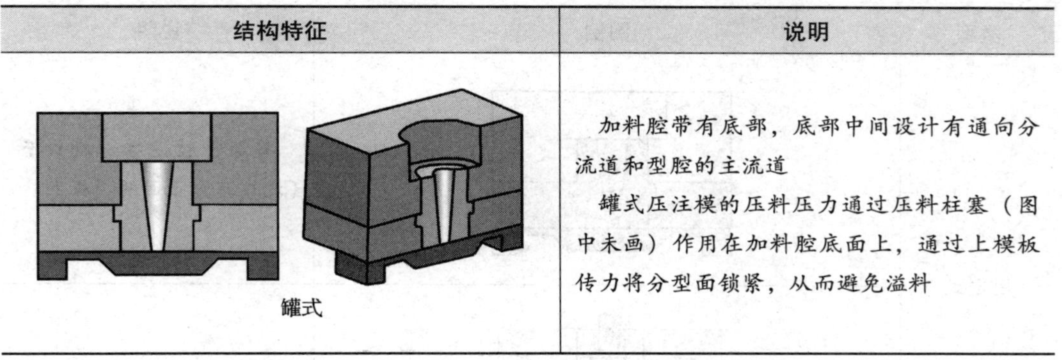 罐式	加料腔带有底部，底部中间设计有通向分流道和型腔的主流道 罐式压注模的压料压力通过压料柱塞（图中未画）作用在加料腔底面上，通过上模板传力将分型面锁紧，从而避免溢料

2. 结构组成

压注模综合了注射模与压缩模的特点，从总体结构来说，典型结构的压注模可分成柱塞、上模、下模三个部分，主要由加料腔与柱塞、型腔、浇注系统、导向机构、侧向分型抽芯机构、脱模机构和加热系统等组成。鉴于压注模与注射模和压缩模两类模具相似或相同，下面仅简单讨论其特殊结构部分：加料腔、柱塞、浇注系统及排气系统。

（1）加料腔

加料腔的作用犹如注射机的料筒。热固性塑料粉放入加料腔内，进行预热、加压，并熔化成流体。

1）加料腔结构。加料腔一般为圆筒形，以便于加工及定位。加料腔的定位及固定形式依模具结构及使用的压力机而异，其形式见表 3—2—5。

表 3—2—5　加料腔一般形式

类型	图例	说明
移动式	2~4	需在模具上做出与加料腔外径成间隙配合的沉孔 在使用中容易有溢料存在沉孔中，每次必须清理干净
	40°~45° 4~6 3°	加料腔与上模板的台肩相配合，配合部位的溢料清除较容易

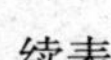
续表

类型	图例	说明
固定式		将加料腔设在进料口套（浇口套）上面的模板上
		专用压力机上的加料腔

2）加料腔与型腔的位置分布。对于单腔压注模，加料腔中心应与进料口中心一致。如果浇口设在塑料制品的侧面时，会产生压力偏斜，此时应考虑采用多腔结构。

对于多腔压注模，如果各型腔的形状相同，加料腔应位于各型腔浇口位置的中心；如果型腔的形状不同，加料腔必须大体设在各型腔投影面的重心处。

3）加料腔尺寸。压注模加料腔尺寸的计算内容包括加料腔截面积的确定、加料腔容积的确定、加料腔高度的确定，有关内容可参阅《塑料模设计手册》或相关资料。

需要指出的是，加料腔工作时承受着很大的压力，所以应保证有足够的强度。加料腔一般选择 T10A 等碳素工具钢或 CrWMn、Cr12 等合金工具钢制作，通常要求淬火回火后硬度为 52～56HRC，加料腔内壁最好进行镀铬、抛光。

（2）柱塞

作为对塑料的加压工具，柱塞承受着较大的压力，常用的柱塞结构见表 3—2—6。

表 3—2—6　常用柱塞结构

类型	图例	说明
移动式模具用		用于普通液压机，下面的斜面锥度必须与加料腔的锥度一致 柱塞外周及底面的表面粗糙度 Ra 值应≤0.2 μm

续表

类型	图例	说明
固定式模具用		用于普通液压机，柱塞固定于液压机的动梁上 柱塞上部的直径略为减小的目的在于减少柱塞与加料腔的摩擦
专用压力机用		专用压注成型液压机用柱塞为可更换结构 柱塞用螺纹与液压机的液压缸柱塞连接。端面设计成球形凹面，为的是使塑料向中心集中而不向侧面溢料

注：1. 加料腔与柱塞采用间隙配合 H9/f 9 或 H8/f 9，也可取单边配合间隙 0.05 ~ 0.10 mm。若柱塞上开设环形沟槽，则间隙可以取得更大些。

2. 柱塞的选材、热处理、硬度要求等与加料腔相同。

为了便于从加料腔中拉出余料，柱塞的端面上一般开设如图 3—2—4 所示的楔形沟槽。其中，贯通式沟槽便于用工具将余料推出。

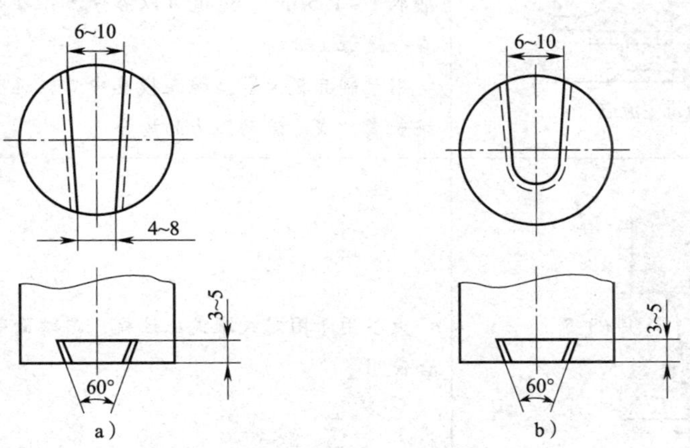

图 3—2—4　柱塞端面的拉料槽

a) 贯通式　b) 非贯通式

（3）浇注系统

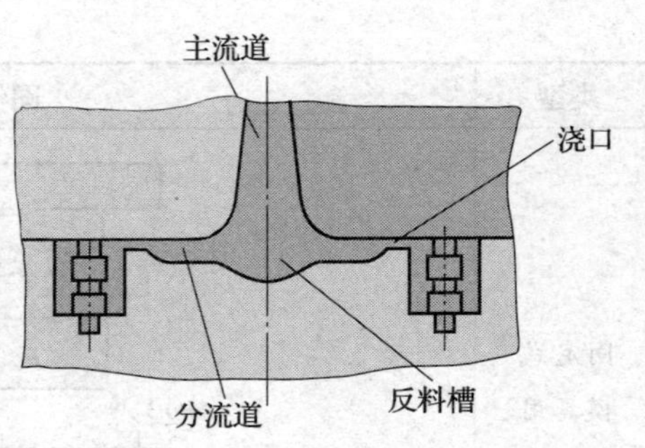

图 3—2—5　压注模的典型浇注系统

压注模浇注系统的典型组成与注射模相仿，如图 3—2—5 所示，浇注系统的总体设计要求与注射模基本类似，即希望熔融塑料在流经浇注系统时的压力损失尽可能小。但它们之间也有不同：前者要求塑料在流动时进一步塑化，并提高料温，以最佳的流动状态进入型腔；后者则要求塑料流动时减少与流道壁的热交换，使熔融塑料的温度变化尽可能小。

1）主流道。在压注模中，通常有三种形式的主流道，即正圆锥形主流道、带分流锥主流道、倒圆锥形主流道，有关内容见表 3—2—7。

表 3—2—7　　常用主流道形式

形式	说明
ϕ3.5~5　6°~10°　R3~4 正圆锥形主流道	大端与分流道相连，常用于多型腔模具，有时也设计成直接浇口形式
带分流锥主流道	分流锥的形状及尺寸按制品尺寸及型腔分布而定。型腔沿圆周分布时，分流锥可采用圆锥形；当型腔按两排并列时，分流锥可做成矩形截面的锥形。分流锥与流道间隙一般取 1 ~ 1.5 mm。流道可以沿分流锥整个表面分布，也可在分流锥上开槽 用于制品较大或型腔距模具中心较远时，以缩短浇注系统长度，减小流动阻力的场合
R3~5　6°~10°　ϕ4~5 倒圆锥形主流道	大多用于固定式罐式压注模，与端面带楔形槽的压柱配合使用

2）分流道。为了达到较好的传热效果，压注模的分流道一般都比注射模的分流道浅而宽。常用的分流道截面为梯形，其尺寸通常如图 3—2—6 所示。另外，半径为 3 ~4 mm 的半圆形分流道也经常被采用。

3）浇口。与注射模浇注系统相仿，压注模的浇口形状多为圆形或矩形，当然，根据需要也可采用扇形或环形等。

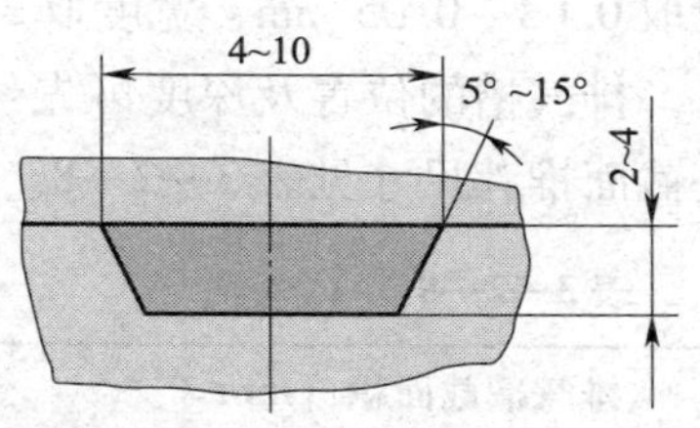

图 3—2—6 梯形截面分流道

压注模的浇口布置和尺寸大小取决于塑料种类和塑料制品与流道的连接方式（见图 3—2—7）。制品直接与倒锥形主流道相连接时，采用最小尺寸 ϕ2 ~4 mm，长度 2 ~3 mm 的圆浇口。为避免去除流道废料时损伤制品表面，对以木粉为填料的制品，应将浇口与制品连接处做成圆弧过渡，流道废料将在细颈处折断（见图 3—2—7a 所示）；对以碎布或长纤维为填料的制品，由于流动阻力大，应放大浇口尺寸。同时由于填料的连接，在浇口折断处不但会出现粗糙的断面，而且容易拉伤制品表面。为克服此缺点，通常在浇口处的制品上设一凸台或小锥台（见图 3—2—7b、c 所示），成型后再去除。

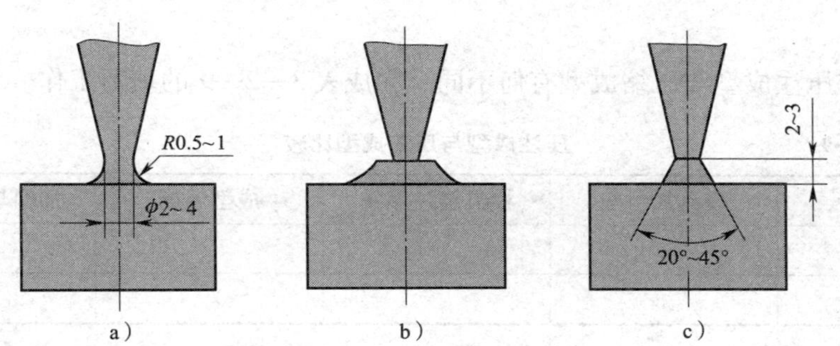

图 3—2—7 压注成型制件与浇口的连接

a）木粉填料浇口 b）、c）碎布或长纤维填料浇口

需要注意的是，浇口的位置应有利于塑料流动和补缩。热固性塑料在型腔内的流动距离应不大于 100 mm；大型制品多浇口成型时，相邻浇口的最大间距不大于 120 ~ 140 mm；壁厚不等的制品应将浇口设置在最大壁厚处，长条形制品在两端设置浇口，圆筒形制品设计成环形浇口。

（4）排气系统

压注时，由于需在极短的时间内将塑料充满型腔，故必须将型腔内的气体（腔内原有的空气和压注成型时塑料聚合反应所产生的废气）迅速排出模外，尤其当制品壁厚不匀时排气显得更为重要。

从形式上来讲，排气可利用模具零件间的配合间隙及分型面之间的间隙进行。但问题在于，这样做有时并不能满足要求，这时就需要另外开设排气槽。

排气槽最好开设在分型面上，并在塑料汇合接缝处或料流方向的末端，这样才有利于排出气体及清理飞边，排气槽深度应不超过制品塑料的溢边值，排气槽的深度一般取 0.03 ~ 0.05 mm，宽度取 3 ~ 5 mm。

排气槽的位置及深度可先经试模后决定。排气槽的截面形状一般取矩形或梯形，其截面推荐尺寸见表 3—2—8。

表 3—2—8　　压注模排气槽的推荐尺寸

排气槽截面积（mm^2）	排气槽宽度（mm）	排气槽深度（mm）
~0.2	5	0.04
>0.2 ~ 0.4	5	0.08
>0.4 ~ 0.6	6	0.10
>0.6 ~ 0.8	8	0.10
>0.8 ~ 1.0	10	0.10
>1.0 ~ 1.5	10	0.15
>1.5 ~ 2.0	10	0.20

课堂练习

1. 比较压注成型与压缩成型有何不同，完成表 3—2—9 的填写工作。

表 3—2—9　　压注成型与压缩成型比较

工艺方法	模具加料腔	模具浇注系统	成型温度	加料与闭模次序
压注成型				
压缩成型				

2. 识读图 3—2—8 所示模具装配图，按要求填写到表 3—2—10 中。

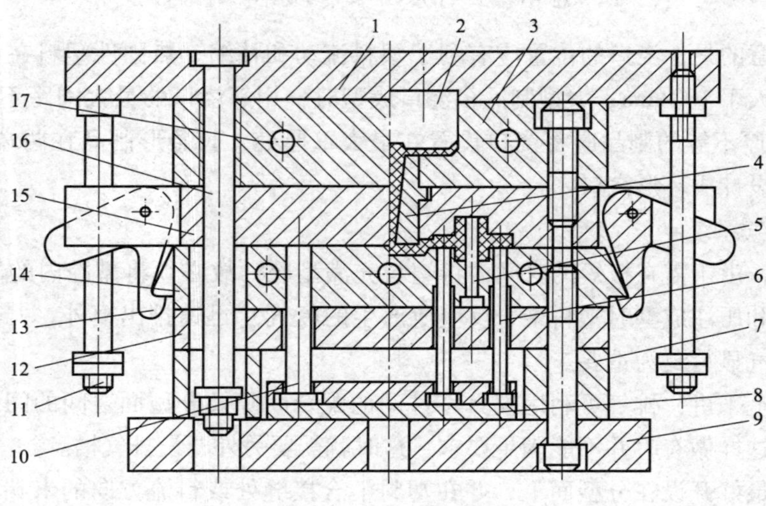

图 3—2—8　模具装配图

表 3—2—10 模具装配图识读

模具类型	
零件 2 名称	
零件 3 名称	
零件 4 作用	
零件 5 名称及作用	

第三节 挤出和吹塑成型工艺与模具

塑料制品生产除了可以采用注射成型、压缩成型、压注成型以外，根据需要，还有其他多种成型工艺可以采用，如挤出成型和吹塑成型。

一、挤出成型工艺与模具结构

挤出成型几乎能连续成型所有热塑性塑料和热固性塑料材料的截面恒定、形状简单的塑料制品，如管材、薄膜、棒材、板材、电缆及其他异型材，在塑料成型加工业中占有很重要的地位。

1. 挤出成型工艺过程

挤出成型工艺过程包括原料准备，挤出成型，定型与冷却，牵引、卷取和切割等阶段，其成型原理如图 3—3—1 所示。

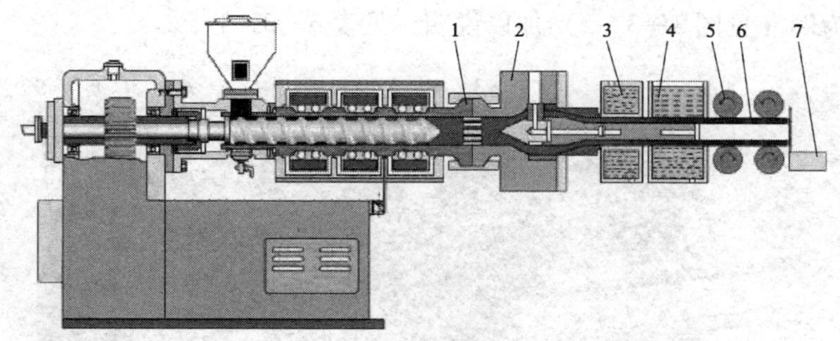

图 3—3—1 挤出成型原理

1—挤出机料筒 2—机头 3—定型装置 4—冷却装置 5—牵引装置 6—塑料制品 7—切断装置

（1）原料准备

原料准备包括原料外观检验和工艺性能测定，原料染色和对粉料的造粒等。对于易吸湿的塑料，因易产生斑纹、气泡等缺陷，应充分进行预热和干燥。另外，在该阶段还必须尽可能去除塑料中存在的杂质。

（2）挤出成型

在该阶段，将挤出机预热到规定温度后，启动电动机，料筒中的塑料在外加热和螺杆旋转产生的剪切摩擦力作用下熔融塑化。由于螺杆旋转时对塑料的不断推压，塑料经过过滤板和过滤网，由螺旋运动变成直线运动，并由机头成型为一定截面形状的连续型材。

（3）定型与冷却

对于热塑性塑料制品，在离开机头口模后，首先应通过定型装置和冷却装置，使其冷却变硬而定型。为了获取表面光洁、尺寸精确、形状准确的型材，有效冷却至关重要。挤出管材的定型方法一般为外径定型和内径定型，使管坯内外形成一定的压力差，使其紧贴在定径套上而冷却；挤出板材或片材时，则可通过若干对压辊进行压平。

挤出成型时，常采用冷却水槽和冷冻空气装置作为冷却装置，且冷却速度对塑料性能影响很大。

（4）牵引、卷取和切割

塑料从口模挤出后，一般会因压力解除而发生膨胀现象，而冷却后又会产生收缩现象，从而使塑料制品的形状和尺寸发生改变。因此，在冷却的同时，要连续均匀地将塑料制品引出，这就是牵引。通过牵引的塑料制品，可根据使用要求在切割装置上裁剪（针对棒、管、板、片等）或在卷取装置上绕制成卷（针对薄膜、单丝、电线电缆等）。

牵引通常由牵引装置来完成。牵引速度要与挤出速度相适应，且应十分均匀，并能实现无级调速。

2．挤出成型模具的结构组成

挤出成型模具的结构可以分为七大组成部分：口模和芯棒、过滤网和过滤板、分流器和分流器支架、机头体、温度调节系统、调节螺钉、定径套，现以典型的管材挤出成型机头为例（见图3—3—2）加以说明，见表3—3—1。

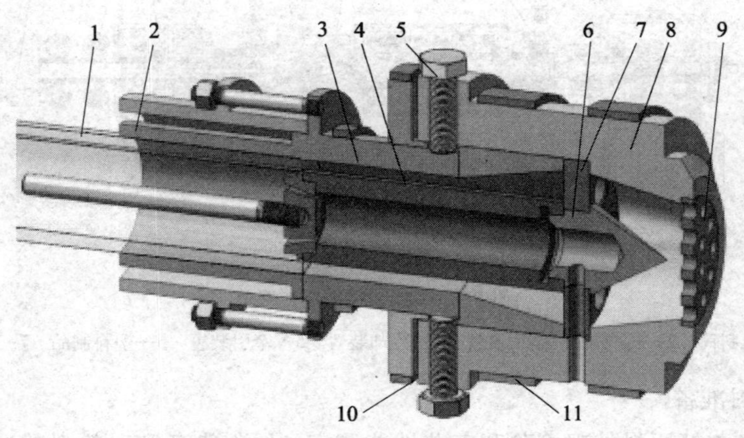

图3—3—2　管材挤出成型机头

1—管材　2—定径套　3—口模　4—芯棒　5—调节螺钉　6—分流器　7—分流器支架
8—机头体　9—过滤板（多孔板）　10、11—电加热圈（加热器）

表 3—3—1 挤出成型模具结构组成

组成部分	相关说明
口模和芯棒	口模用来成型塑料制品的外表面，芯棒用来成型塑料制品的内表面；它们决定了塑料制品的截面形状
过滤板和过滤网	过滤网的作用在于，将塑料熔体由螺旋运动转变为直线运动，过滤杂质，并形成一定的压力；过滤板又称多孔板，起支承过滤网的作用
分流器和分流器支架	分流器（俗称鱼雷头）使通过它的塑料熔体分流变成薄环状，以平稳地进入成型区，同时进一步加热和塑化；分流器支架主要用来支承分流器及芯棒，同时也能对分流后的塑料熔体加强剪切混合作用（有时会产生熔接痕而影响塑料制品的强度）。小型机头的分流器与其支架可制成一个整体
机头体	相当于模架，用来组装并支承机头的各零部件。机头体需与挤出机筒连接，连接处应密封以免塑料熔体泄漏
温度调节系统	为了保证塑料熔体在机头中正常流动及挤出成型质量，机头上一般设有可以加热的温度调节系统
调节螺钉	通常设置 4 ~8 个调节螺钉，用来调节控制成型区内口模与芯棒间的环隙及同轴度，以保证挤出塑料制品壁厚均匀
定径套	离开成型区后的塑料熔体虽已具有给定的截面形状，但因其温度仍较高，不能抵抗自重变形，因此，需要用定径套对其进行冷却定型，以使塑料制品获得良好的表面质量、准确的尺寸和几何形状

二、吹塑成型工艺与模具结构

吹塑（也称中空吹塑）成型是将处于塑性状态的型坯置于型腔内，借助压缩空气将其吹胀，使之紧贴于型腔壁上，经冷却定型得到中空塑料制品的成型方法。吹塑成型可以获得各种形状与大小的中空薄壁塑料制品，如瓶、筒、罐、箱等，在日用品工业中应用十分广泛。

1. 吹塑成型工艺过程

吹塑成型工艺包括两个不可或缺的基本阶段：一是塑料型坯制造；二是吹胀。根据生产中这两个基本阶段的不同运作方式，吹塑可分为挤出吹塑、注射吹塑、拉伸吹塑、多层吹塑等。

（1）挤出吹塑

挤出吹塑具有模具结构简单、投资少、操作容易、适用于多种热塑性塑料成型的优点，是目前成型中空塑料制品的主要方法。

挤出吹塑成型工艺过程如图 3—3—3 所示，其中包括：打开对开模具→型坯被引入对开模具→模具闭合，夹紧型坯上下两端→向型腔中吹入压缩空气，使型坯膨胀贴模成型→保压、冷却，定型后放气，取出塑料制品。

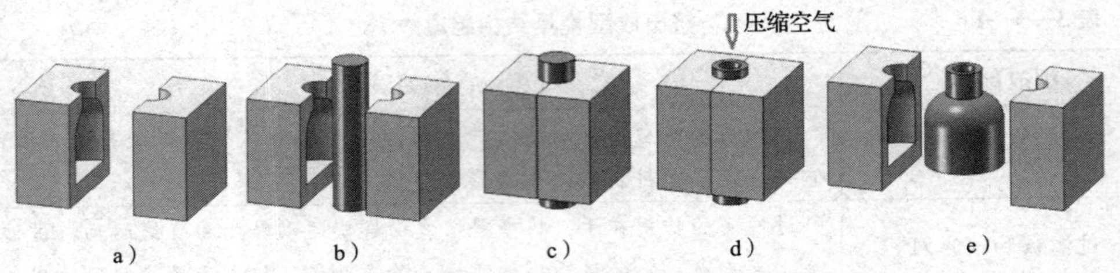

图 3—3—3　挤出吹塑成型工艺过程

a）模具就位　b）挤出管坯　c）合模切断　d）吹胀成型　e）冷却脱模

需要说明的是，挤出吹塑具有塑料制品壁厚不均匀的缺点，且需要后加工去除飞边和余料。

（2）注射吹塑

注射吹塑是一种综合注射和吹塑工艺特点的成型方法，主要用于成型容积较小的包装容器。这种成型方法的优点是塑料制品壁厚均匀，无飞边，不必进行后加工。另外，由于注射得到的型坯有底，故塑料制品底部没有结合缝，强度也高。该方法多用于小型塑料制品的大批量生产。

注射吹塑成型过程如图 3—3—4 所示，其中包括：注射机将熔融塑料注入注射模内形成型坯→趁热将型坯连同芯棒转位至吹塑模内→向芯棒内孔通入压缩空气，压缩空气经芯棒壁微孔进入型坯内孔，吹胀型坯并使之贴于吹塑模型腔壁上→经保压、冷却定型后，放出压缩空气，开模取出塑料制品。

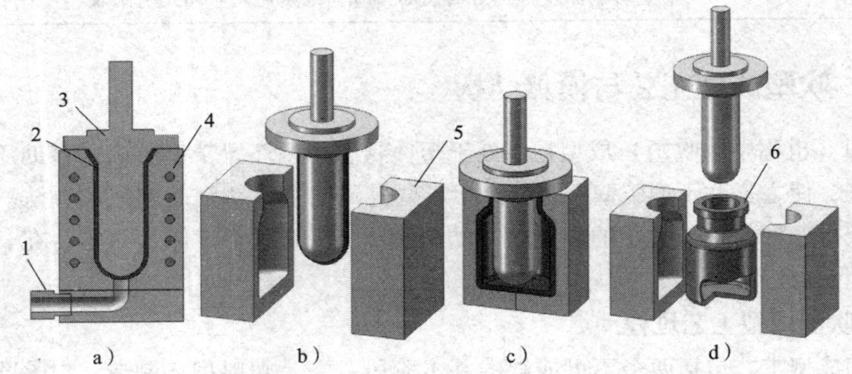

图 3—3—4　注射吹塑成型工艺过程

a）注射型坯　b）移入吹塑模内　c）通入压缩空气　d）取出塑料制品

1—注射机喷嘴　2—注射型坯　3—空心凸模　4—加热器　5—吹塑模　6—塑料制品

需要说明的是，注射吹塑需要很大的设备与模具投资。

2. 吹塑成型模具的结构组成

无论采用何种吹塑方法，在结构上所使用的吹塑模具通常由两个半模（Half）组成，所以也称哈夫模，吹塑模的外观如图 3—3—5 所示，合模时，两瓣平行移动而闭合。其一般采用螺钉直接安装在吹塑机上。

现以薄壁塑料瓶吹塑模具为例加以简单介绍。其两个半模各由三部分组成，即瓶颈部、瓶底部和瓶体部，每个半模都有单独的冷却水通路。

（1）瓶颈部

瓶颈部是与吹管配合的部位，同时也是形成不同形状瓶颈的部位。瓶颈部的形状大致可分为有螺纹与无螺纹两类。

有螺纹瓶颈用于旋上瓶盖的瓶颈。瓶盖可以是塑料的，也可以是金属的。由于普通螺纹在两半模分开时易产生干涉现象而损及螺纹，故吹塑瓶颈往往采用特殊截面形状的螺纹结构，相关内容见表3—3—2。

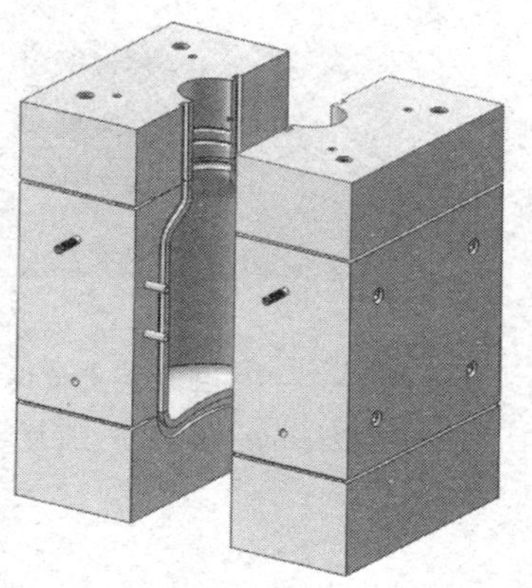

图3—3—5 吹塑模具外观

表3—3—2 螺纹截面形状结构类型

通用螺纹	修正螺纹
用于各种塑料瓶颈，截面为梯形，螺纹有一圈、一圈半和两圈三种	用于瓶盖旋紧后有一定内压的瓶口，截面为斜梯形
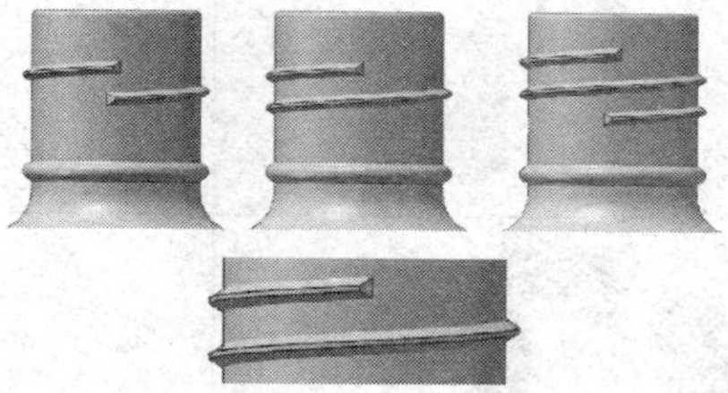	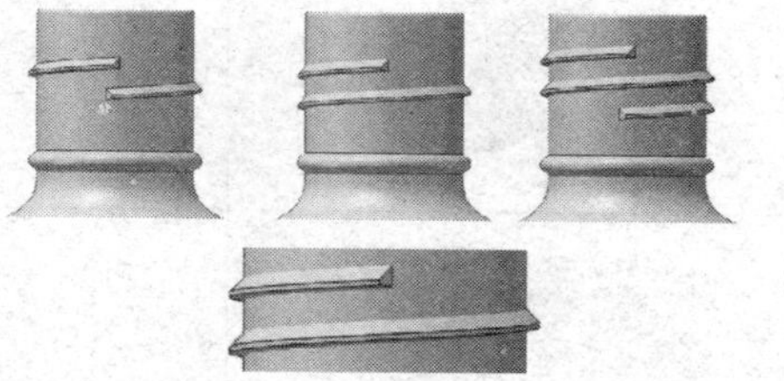

无螺纹瓶颈用于一次性使用的塑料瓶，瓶口可采用不同形式，其示例如图3—3—6所示。

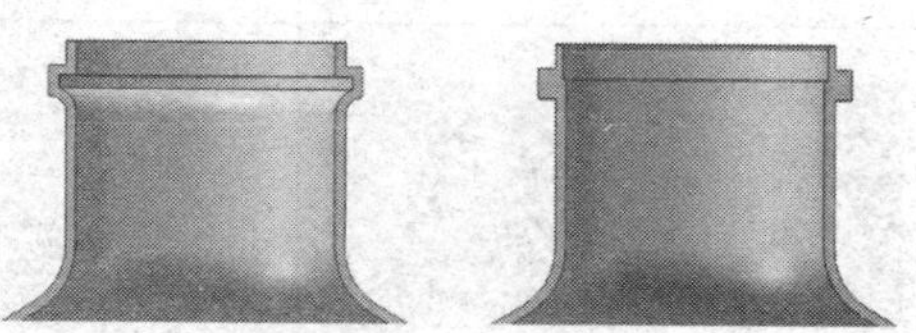

图3—3—6 无螺纹瓶颈示例

（2）瓶底部

塑料瓶的瓶底均采用凹入式结构，其目的是为了能在水平面上直立放置。当然，出于自动灌装液体的需要，可以考虑在瓶底采用止转槽的形式。

无论采用挤出吹塑或注射吹塑，瓶底部分的脱模方向必须垂直于开模方向，且采用嵌件结构。

（3）瓶体部

瓶体部分依用途不同而设计成各种形状。无论截面采用何种形状，其上不能存在妨碍脱模的部分；否则，必然造成塑料瓶脱模后的变形报废。

一般吹塑模的典型结构如图3—3—7（压入式吹塑模）和图3—3—8（螺钉固定式吹塑模）所示。

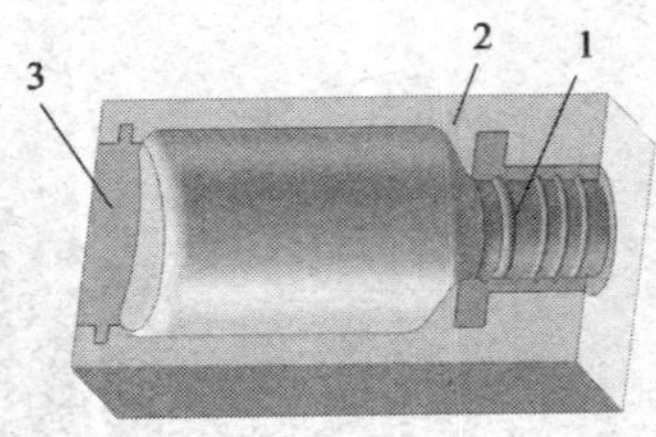

图 3—3—7　压入式吹塑模

1—颈部嵌件　2—模体　3—瓶底嵌件

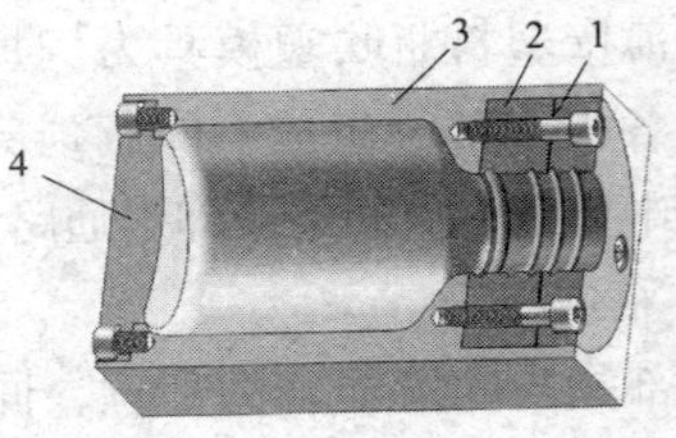

图 3—3—8　螺钉固定式吹塑模

1、2—颈部嵌件　3—模体　4—瓶底嵌件

课堂练习

1．挤出成型和吹塑成型广泛应用于日常塑料用品的生产，结合生产实际知识完成下列制品成型方法的选取。

产品图样	成型方法	产品图样	成型方法

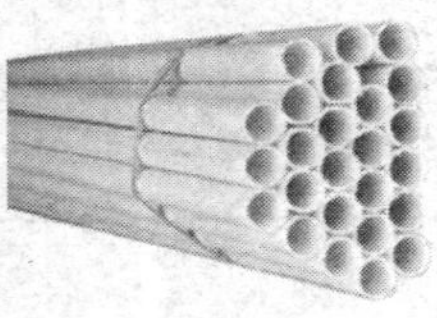			

2．根据所学知识判断图 3—3—9 中模具的类型。

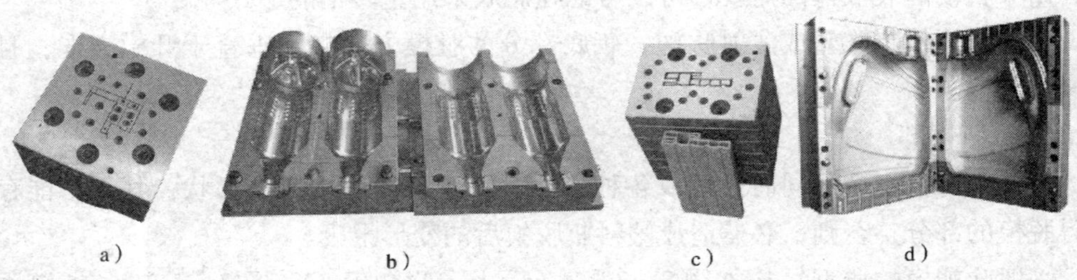

图 3—3—9　模具类型

第四章 注射成型新工艺与新技术

第一节 热流道注射成型和共注射成型

热固性塑料注射成型由于固化的浇注系统凝料无法再生利用，存在着废料多、浪费严重的问题，尤其是多型腔时废料率甚至可达50%。为克服以上缺点，注射模具设计、设备及工艺方法的改进和更新应运而生，其中热流道（也称无流道）成型（见图4—1—1）就是重要的一种。大家熟悉的手机、打印机、笔记本电脑里的许多塑料零件均采用热流道模具成型。

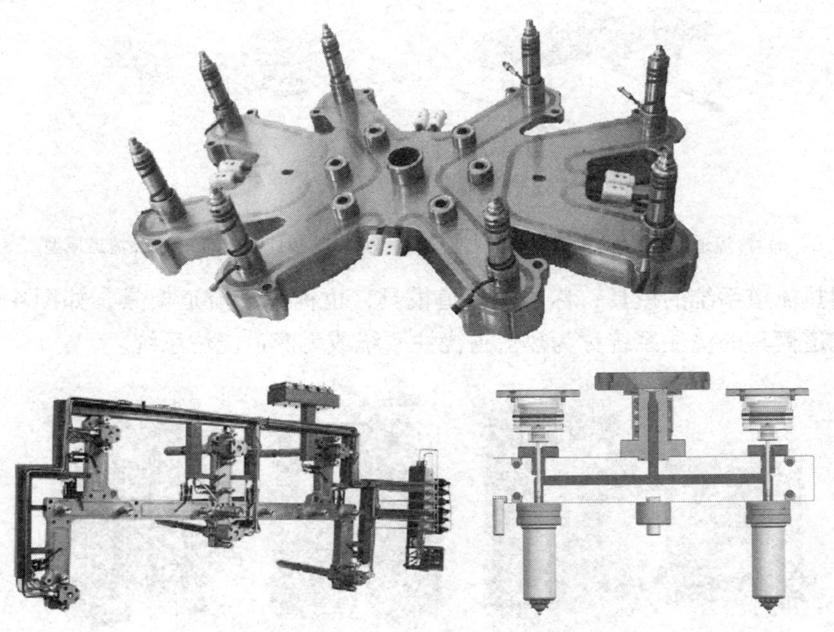

图4—1—1 热流道系统

热流道注射模具是注射成型工艺上的一次革命，是注射模具设计上的一次革新，也是今后注射模具浇注系统的一个重要发展方向。这类模具在美国、日本等制造业先进国家已普遍应用，已超过注射模具的40%。热流道工艺早先用于热塑性塑料成型，20世纪70年代开始研制应用于热固性塑料的注射成型。另外，随着热流道技术的发展，出现了许多新工艺，如多色共注、多种材料共注工艺等。

一、热流道注射成型简介

1. 概述

所谓热流道（也称无流道），是指通过在注射模中采用绝热或加热的方法，使从注射机喷嘴到型腔入口这一段流道中的塑料一直保持熔融状态，从而在开模时只需取出制品，而不必清理流道凝料，如图4—1—2所示。至于无流道的称谓，并非是真正的没有流道，只是在初次注射成型时，熔体充满模具的流道系统，而后保持流道中的物料处于流动状态，用于下一次充模，不再需要取出流道系统的凝料，而只是取出塑料制品，故称其为无流道冷料注塑成型更为贴切。

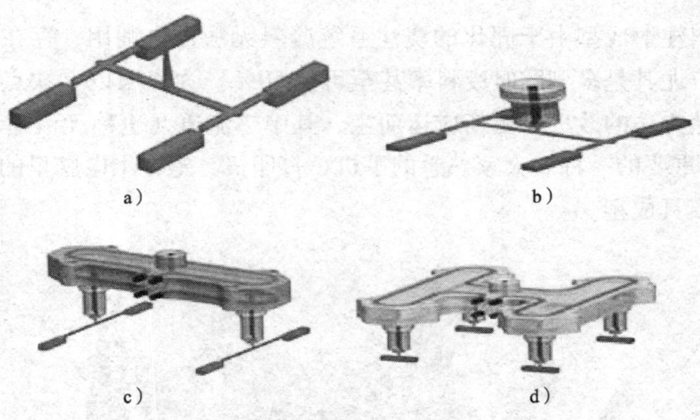

图4—1—2　冷、热流道成型比对

a）冷流道成型　b）单嘴热流道成型　c）双嘴热流道成型　d）四嘴热流道成型

采用热流道系统的模具，称为热流道模具，也称为无流道模具，如图4—1—3所示。热流道模具的浇注系统称为热流道浇注系统或无流道浇注系统。

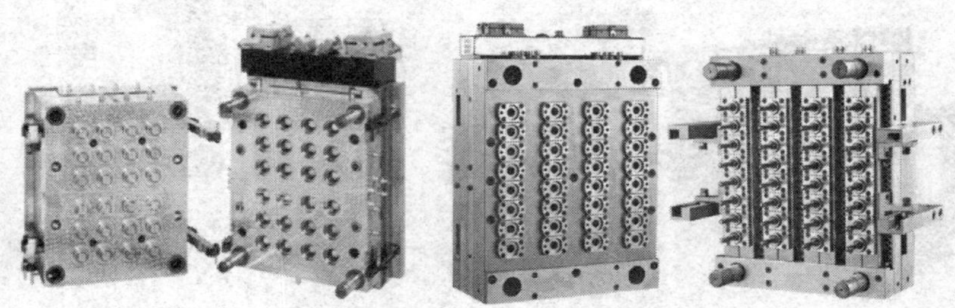

图4—1—3　热流道模具

在当今世界各工业发达国家和地区，热流道模具得到了极为广泛的应用。其应用领域主要包括电子、汽车、医疗、日用品、玩具、包装、建筑、办公设备等各工业部门。

热流道注射成型拥有鲜明的特点，采用前必须予以充分考虑，具体内容见表4—1—1。

表 4—1—1 热流道注射成型的特点

优点	缺点
基本可实现无废料加工，节约原料	模具设计与维护要求较高，生产中模具易出现各种故障
无须去除料把、修整制品、破碎回收料等工序，因而节省人力、简化设备，缩短成型周期、提高生产率、降低成本	成型准备时间长，模具费用高，小批量生产时效果不大
对于点浇口模具，可以避免采用三板式结构，避免采用顺序分型脱模机构，操作简化，有利于实现生产过程自动化	对塑料制品形状和使用材料有要求
浇注系统熔料在生产过程中始终处于熔融状态，压力损失小，可以实现多点浇口、一模多腔和大型模具的低压注射；有利于压力传递，克服因补缩不足所导致的制品缩孔、凹陷等缺陷，减小因应力集中产生的翘曲变形	对隔热、绝热有要求
由于没有浇注系统凝料，缩短了模具的开模行程，提高了设备对深腔制品的适应能力	对于多腔模具，技术要求较高

2. 成型要点

热流道注射成型对塑料原料和隔热绝热有一定的要求。

（1）原料要求

1）适宜加工的范围宽，黏度随温度的改变而变化很小，在较低的温度下具有良好的流动性，在高温下具有优良的热稳定性。

2）对压力敏感，不加注射压力时，熔料不流动，施加较低的压力时，熔料即可流动。

3）热变形温度高，制品在比较高的温度下，即可快速固化顶出，以缩短成型周期。

（2）隔热或绝热要求

1）流道和模体必须实行热隔离，在保证可靠的前提下，应尽量减少模具零件与流道的接触面积，隔离的方式可视情况选用空气绝热和绝热材料（或熔体本身）绝热，或两者兼用。

2）流道板最好选用稳定性好、膨胀系数小的材料。

3）合理选用加热元件，并确保加热功率足够。

4）在必要的部位配备温度控制系统，以便于根据工艺要求，监测和调节工作状况，确保热流道工作在理想状态。

需要说明的是，热流道模具增加了加热元件和温度控制装置，模具结构变得复杂，因而发生故障的概率相应增大，故在设计时应考虑装拆检修方便。

3. 热流道系统的组成

一个典型的热流道系统通常由如下几大部分组成：热喷嘴、分流板、温控箱和附件，如图4—1—4所示。目前，世界上有许多热流道生产厂商和多种热流道产品系列。

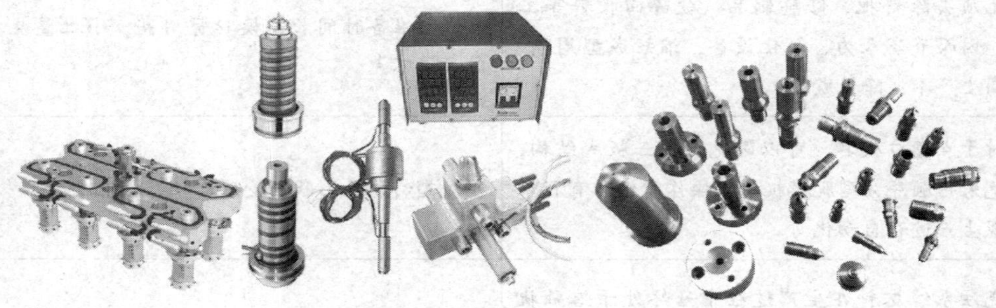

图4—1—4　热流道系统的组成

（1）热喷嘴

热喷嘴一般包括两种：开放式热喷嘴和针阀式热喷嘴，如图4—1—5所示，由于

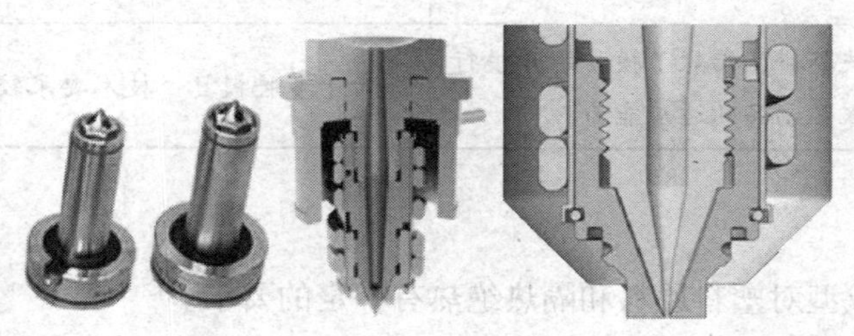

a）

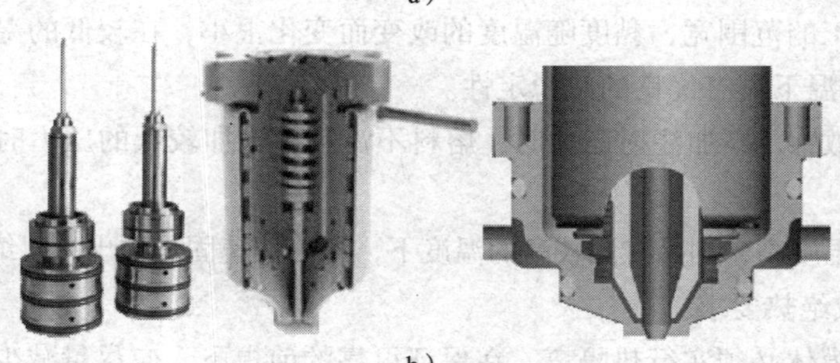

b）

图4—1—5　热喷嘴

a）开放式　b）针阀式

热喷嘴形式直接决定热流道系统的选用和模具的设计制造，因而常常相应地将热流道系统分成开放式热流道系统和针阀式热流道系统。

（2）分流板

分流板如图 4—1—6 所示，在一模多腔或者多点进料时采用，其结构形式主要由型腔的分布情况、喷嘴的排列及浇口位置来决定。

a）　　b）

图 4—1—6　分流板

a）X 型　b）H 型

（3）温控箱

温控箱如图 4—1—7 所示，它包括主机、电缆、连接器和接线装置等。

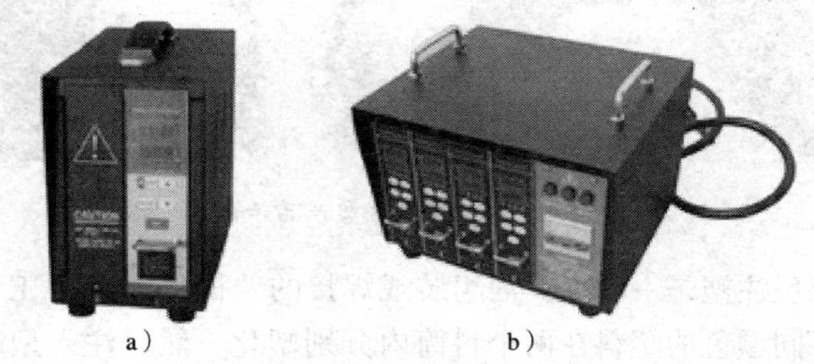

a）　　b）

图 4—1—7　温控箱

a）用于单点热流道　b）用于多点热流道

（4）附件

热流道系统附件通常包括：加热器和热电偶、流道密封圈、接插件及接线盒等，如图 4—1—8 所示。

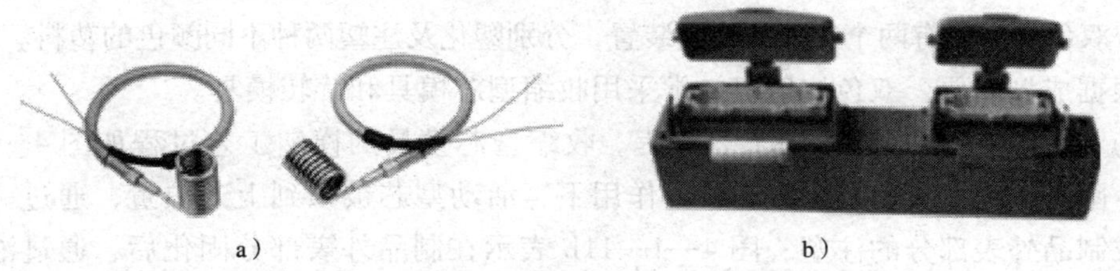

a）　　b）

图 4—1—8　附件

a）弹簧圈加热器　b）插头

二、共注射成型简介

随着塑料工业的迅速发展，人们对塑料制品的质量要求也越来越高，塑料制品的高性能化、多功能复合结构和绿色环保已成为塑料工业发展的方向。传统的注射成型技术由于其工艺特点的局限性已经很难适应这种趋势，而共注射成型技术则正好适应了这种趋势。

共注射成型是指使用两个或两个以上注射系统的注射机，将不同色泽或不同种类的塑料，同时或者顺序注射入同一模具内的成型方法。

共注射成型工艺最常见、最具有代表性的是双色注塑工艺和夹芯注塑工艺。另外，在它们的基础上还发展起来了气体辅助共注射成型技术和层状注射成型技术。

1. 双色注塑

（1）成型原理

双色注塑是一种既简单又特殊的塑料成型方式，它可以成型出两种不同颜色的塑料组成的制品，其制品示例如图 4—1—9 所示。

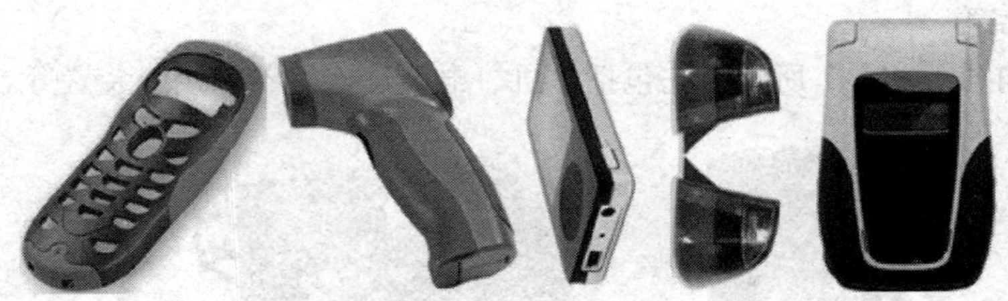

图 4—1—9　双色注塑产品示例

本质上讲，双色注塑是一种模具内组装或焊接的“嵌件成型”工艺方法。其成型原理为：将两种不同颜色的塑料在两个料筒内分别塑化，然后注入型腔，成型出表面具有两种不同颜色的塑料制品。

（2）工艺过程

双色注塑成型有两种方法：一是使用两副分别成型塑料嵌件和包封塑料的模具，在两台普通注射机上分别注塑成型，即首先在一台注射机上注塑成型塑料嵌件，然后将塑料嵌件安装固定于另一副模具中，在另一台注射机上注塑另一种颜色的塑料将嵌件进行包封，从而获得双色塑料制品；二是在专用的双色注射机（见图 4—1—10）上一次注塑成型，双色注射机有两个独立的注塑装置，分别塑化及注塑两种不同颜色的塑料。

根据成型需要，双色注射机最常采用收缩型芯模具和旋转模具。

1）收缩型芯模具的模塑工艺过程。收缩型芯模具的模塑工艺过程如图 4—1—11 所示。图 4—1—11a 表示在液压装置作用下，活动型芯被顶到上升位置，通过一个料筒完成制品外表部分的注塑；图 4—1—11b 表示在制品外表部分固化后，通过液压装置的作用，活动型芯后退，通过另一个料筒完成在型芯后退留下的空间中注塑嵌件部分塑料熔体，待其固化后开模取出塑料制品，从而完成双色注塑成型。

图 4—1—10　专用双色注射机

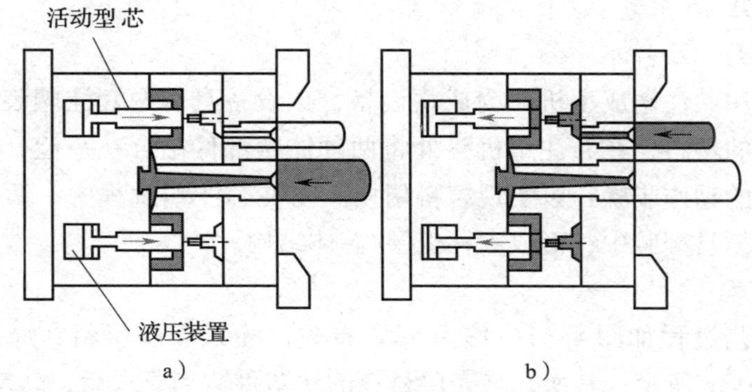

图 4—1—11　收缩型芯模具的模塑工艺过程

a）外表（包封）部分的注塑　b）嵌件部分的注塑

2）旋转模具的模塑工艺过程。旋转模具的模塑工艺过程如图 4—1—12 所示。首先，通过小型腔注塑装置向小型腔注入第一种颜色的塑料，完成双色塑料制品的第一部分；其次，进行开模，动模旋转 180°，进行合模，该部分操作使已成型的塑料制品的第一部分，转入大型腔中成为嵌件；最后，通过大型腔注塑装置向大型腔中注入另一种颜色的塑料，将塑料嵌件进行包封，从而完成双色塑料制品的成型，与此同时，小型腔注塑装置向小型腔中注入第一种颜色的塑料，成型出下一个塑料嵌件。

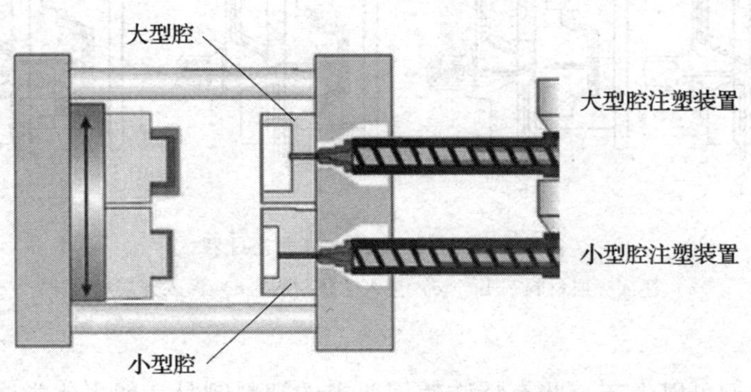

图 4—1—12　旋转模具的模塑工艺过程

除收缩型芯模具和旋转模具外，生产实际中还有脱件板旋转模具和型芯滑动式模具等双色注塑模具，限于篇幅，此处不再赘述。

（3）应用

双色注塑成型工艺可以综合利用各组分塑料的特性，生产出功能多样、外表美观、色彩鲜艳的双色塑料制品。例如，在鞋类生产中，可以采用较柔软的塑料作为内层材料，使脚部感觉柔软舒适，采用刚性较好的塑料作为外层材料，使鞋子具有较好的稳固性。此外，双色注塑还广泛应用于其他领域，如计算机及通信业中常用的塑料按键、双色电器外壳、汽车前后灯灯罩、化妆品包装、精美牙刷柄、剃须刀外壳等。

2. 夹芯注塑

（1）成型原理

夹芯注塑采用共注塑成型机作为成型设备，该设备具有两套注塑装置，分别塑化及注塑两种不同的塑料，在共注塑机头处将两种注塑部件结合在一起，并通过自动控制装置协调它们的动作步骤，以实现熔料切换。在夹芯注塑过程中，两种不同的塑料熔体被顺序注入模具型腔中，形成一种壳层/芯体结构。

（2）工艺过程

夹芯注塑工艺过程如图 4—1—13 所示。首先，注入壳层材料，局部充填模具型腔，如图 4—1—13a 所示；其次，当壳层材料的注塑量达到要求后，转动熔料切换阀，开始注塑芯体材料，芯体材料进入预先注入的壳层流体中心，推动壳层材料进入型腔的空隙部分，此时，壳层材料的外层由于与较冷的型腔壁接触已经固化，芯层熔体不能穿透，从而壳层将包覆芯体，形成壳层/芯体结构，如图 4—1—13b、c 所示；最后，转动熔料切换阀回到起始位置，继续注塑壳层材料，将流道内的芯体材料推入注塑件中并封模，从而完成一个成型周期。

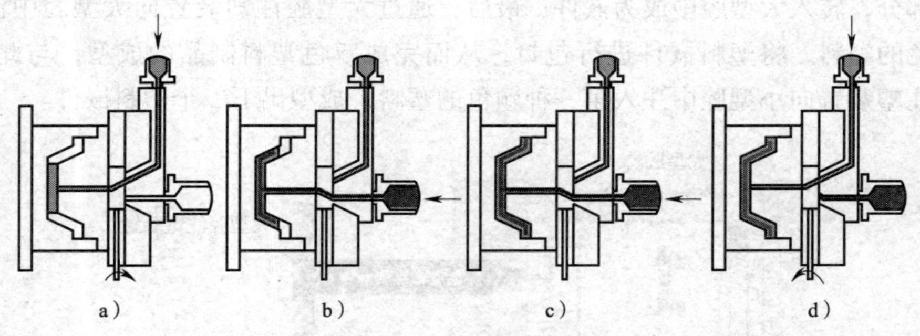

图 4—1—13 夹芯注塑工艺过程

a）注入壳层材料 b）、c）注入芯体材料 d）注入壳层材料

（3）应用

夹芯注塑成型可以生产一些有特殊使用要求的塑料制品，如耐化学腐蚀、导电、电磁波屏蔽、气体阻隔性能优良的塑料制品等，并广泛应用于汽车、电子、化工等领域。

3. 气体辅助共注射成型

（1）成型原理

气体辅助共注射成型是共注射成型与气体辅助注射成型两种技术结合的产物。与共注射成型工艺相比，气体辅助共注射成型工艺增加了注气过程，通过注入的高压惰性气体，推动熔体完成充模过程，并在共注射成型塑料熔体内部产生中空截面。

（2）工艺过程

气体辅助共注射成型工艺过程主要包括三个阶段：共注射阶段、气体辅助注射阶段和气体保压、冷却、释压脱模阶段。

1）共注射阶段。首先，向型腔中注入壳层塑料熔体，局部充填型腔；其次，转动熔料切换阀，开始注入芯层熔体，芯层熔体推动壳层熔体前行，且在壳层熔体内部穿透，形成壳层/芯体结构，当壳层与芯体材料的总注塑量达到型腔体积的一定比例时，停止注塑。

2）气体辅助注射阶段。共注射阶段结束后，经过短时延迟，直接向芯层熔体中注入高压惰性气体（一般为氮气），高压气体在芯层塑料熔体内部穿透，并在芯体内部形成中空气道，芯层熔体在高压气体的推动下又推动壳层熔体向型腔末端流动，直至塑料熔体完全充满型腔。

3）气体保压、冷却、释压脱模阶段。当填充过程完成以后，由气体继续提供保压压力，解决物料冷却过程中体积收缩的问题。随着冷却过程的完成，气体释放，气压降低，气体入口压力降为大气压。当塑料制品冷却到具有一定刚度和强度后开模将其顶出。

（3）应用

气体辅助共注射成型综合了共注射成型和气体辅助成型两种技术的优点，广泛应用于汽车、家电、仪器仪表、医疗器械、化工等行业，主要用来生产具有多种性能要求的多功能中空塑料制品，例如，以高性能材料为壳层、普通材料为芯层，或者以原生材料为壳层、废旧材料为芯层的满足使用要求的低成本中空塑料制品。

课堂练习

1. 说出图 4—1—14 所示的结构图样的名称和功用。

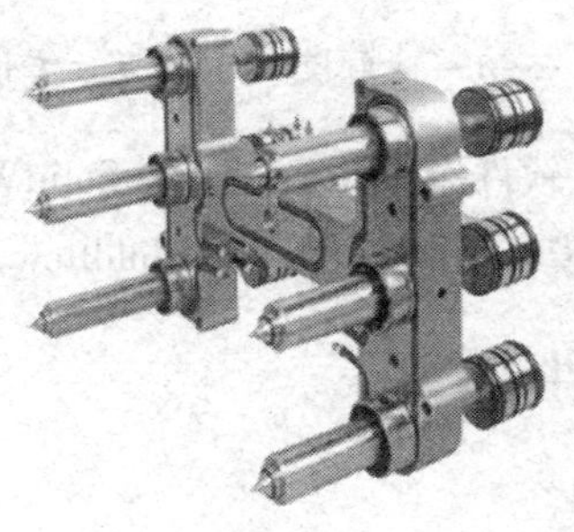

图 4—1—14 结构图样

2．根据图4—1—15所示的成型过程图样，说出制品成型原理。

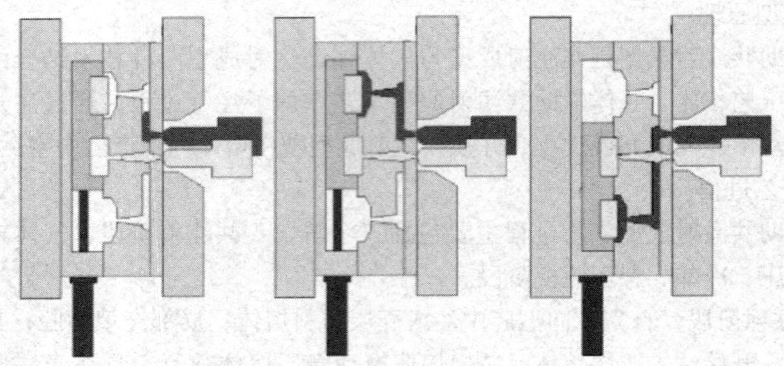

图4—1—15　成型过程图样

第二节　注射模CAD及模流分析

传统的注射模设计是一项十分烦冗的工作，不仅要依赖设计者的经验，还要借助大量的公式，工作周期长，有些差错还可能导致无法挽回的后果。注射模CAD技术（软件）的应用，模流分析软件的使用，从根本上改变了传统的注射模具设计方法，显著缩短了模具设计与制造时间，减少了对模具工作者经验和技艺的依赖，提高了模具设计的质量。

注射模CAD软件的主要功能在于辅助设计人员完成注射模具结构设计和注射模具零件设计，其大致工作流程如图4—2—1所示。

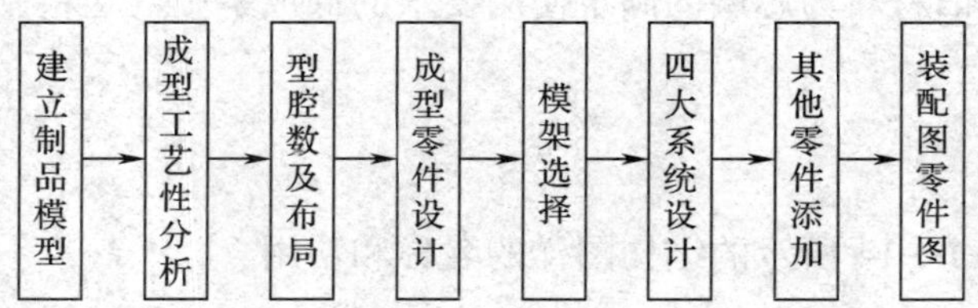

图4—2—1　注射模具CAD大致工作流程

目前常用的注射模具CAD软件有Pro/E、UG、SolidWorks等，其中也包括模流分析模块。另外，还有一些专用的模流分析软件，如Moldflow、Moldflow Plastics Insight等。

一、注射模CAD软件UG

1．UG及其组成模块

UG是一款功能强大的CAD/CAM/CAE软件，它采用了人们熟悉的Windows界面

（见图 4—2—2），以参数化和特征技术建模，广泛应用于通用机械、模具、家电、汽车及航空领域。UG 为设计人员提供了良好的设计环境，具有模具知识的初学者，经过一定时间的学习就可进行模具设计。

图 4—2—2　UG NX8 软件窗口界面

UG 软件是一个庞大的系统，由众多模块组成，主要包括：基本模块、建模模块、注射模设计模块、工程图模块、装配模块、钣金模块、冲压模设计模块、加工模块等，如图 4—2—3 所示。

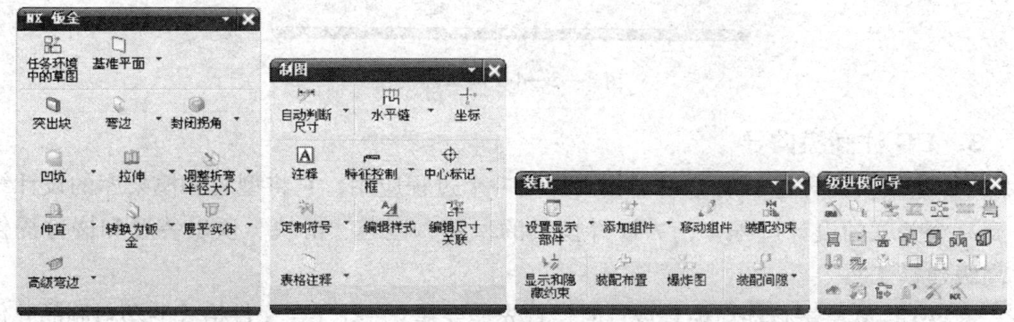

图 4—2—3　UG 部分模块工具

2. 部分模块说明

（1）建模模块

建模模块包括 UG 实体建模、UG 特征建模和 UG 自由曲面建模。UG 实体建模模块提供了草图绘制、曲线生成、编辑、布尔运算、扫掠实体、旋转实体、沿导轨扫掠、尺寸驱动、定义、编辑变量及其表达式等工具；UG 特征建模模块提供了各种标准设计特征的生成和编辑，如各种孔、键槽、矩形、圆形、异形、凸台、圆柱、方块、圆锥、球体、管道、倒圆、倒角、抽壳、拔模、特征编辑、删除、压缩、复制、粘贴、特征引用、阵列等工具；UG 自由曲面建模模块包括直纹面、扫描面、通过曲线组、曲线网

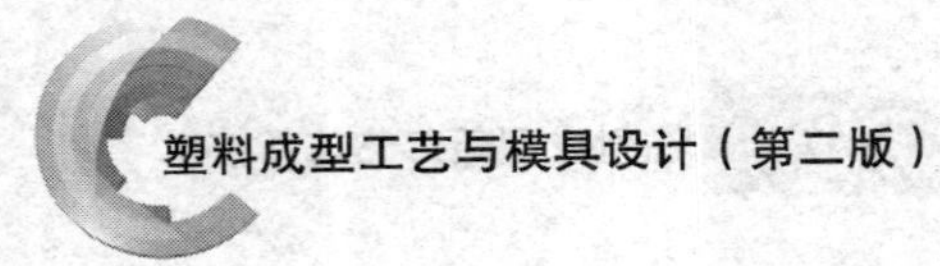

格、等半径和变半径倒圆、曲面桥接、等距和不等距偏置、曲面裁剪、编辑、点云生成等工具。

（2）工程图模块等

UG 工程图模块提供了自动视图布置、剖视图、各向视图、局部放大图、局部剖视图、尺寸标注、几何公差标注、表面粗糙度（表面结构）标注、注释、明细表生成等工具。

另外，UG 装配模块提供了自顶而下和自下而上的产品开发模式。UG 加工模块则为用户提供了模具零件数控加工自动编程、线切割加工自动编程等加工环境，如图 4—2—4 所示。

图 4—2—4　加工环境

3. UG 注塑模向导

UG 注塑模向导是针对注射模具设计的一个过程应用，它将型腔和模架库的设计统一到一个关联的设计过程中，为设计模具的型腔、型芯、滑块、顶出装置和嵌件提供了高级建模工具。

通过 UG 软件进行注射模具设计时，首先需要建立一个 UG 文件格式的塑料制品几何模型，然后调用如图 4—2—5 所示的 UG“注塑模向导”模块来进行注射模具的设计工作。

图 4—2—5　UG 注塑模向导

注塑模向导为用户提供了二十多种工具（按钮），注射模设计可以围绕这些工具（按钮）进行，它们的主要功能见表 4—2—1。

表 4—2—1　　注射模向导工具（按钮）功能

序号	工具名称	工具图标	功能介绍
1	项目初始化	初始化项目	加载需要进行模具设计的产品零件模型，并设置这个设计项目的单位、存放路径等
2	多腔模设计	多腔模设计	在一个模具中生成多个塑料制品的型芯和型腔
3	模具坐标	模具 CSYS	指定模具设计中使用的坐标系，该坐标系用于设置模具的顶出方向和电极进给方向等，以便合理地设计模具。通常 +ZC 为塑料制品的顶出方向
4	收缩率	收缩率	用于补偿塑料制品由液态塑料凝固成固态制品而产生的收缩的一个比例因子
5	工件	工件	用来加工成模具型芯和型腔的一定尺寸的模坯
6	型腔布局	型腔布局	设置型腔的数量和位置
7	注塑模工具	注塑模工具	为顺利完成分模而对产品模型进行的各种操作，包括修补各种孔、槽以及修剪修补块等
8	模具分型工具	模具分型工具	创建分型线、分型面和型芯、型腔等
9	模架库	模架库	提供符合实际要求的标准模架
10	标准部件库	标准部件库	模具设计中，提供用于固定、导向等标准组件，包括螺钉、导柱、定位环等
11	顶杆后处理	顶杆后处理	提供开模时将制成塑件顶出型腔的器件

续表

序号	工具名称	工具图标	功能介绍
12	滑块和浮升销库	滑块和浮升销库	用于设计抽芯滑块装置
13	子镶块库	子镶块库	用于设计成型细长形状，或者难以加工部位的镶块结构
14	浇口库	浇口库	用于浇口的设计
15	流道	流道	用于流道的设计
16	模具冷却工具	模具冷却工具	用于冷却系统的设计
17	电极	电极	用于需要采用电火花等特种加工用电极（俗称铜公）的设计
18	修边模具组件	修边模具组件	将型芯或者型腔表面上的镶块或其他标准件修剪去除
19	腔体	腔体	在型芯或型腔上需要安装标准件的区域建立空腔并且留出间隙
20	物料清单	物料清单	根据模具的装配状态产生的与装配信息有关的模具部件列表，即明细表
21	装配图纸	装配图纸	根据实际工艺需要，创建出模具工程图

4. UG 注射模设计流程

运用注塑模向导设计注射模具的过程与通常的模具设计过程相似，同样需要遵循模具设计的一般规律，其基本流程见表 4—2—2。

表 4—2—2 运用 UG 注塑模向导进行注射模具设计的基本流程

基本流程	说明或图示
制品建模	在 UG 中建立制品三维实体模型 
产品分析与修改	检测、分析制品结构有无问题，若不便于模具成型应进行修改
产品放缩水及排位	通过多方位观察，考虑制品在模具上的摆放
定义模具坐标方位、确定毛坯（模仁）尺寸	确定模仁长度、宽度和高度，为后面的分模做准备 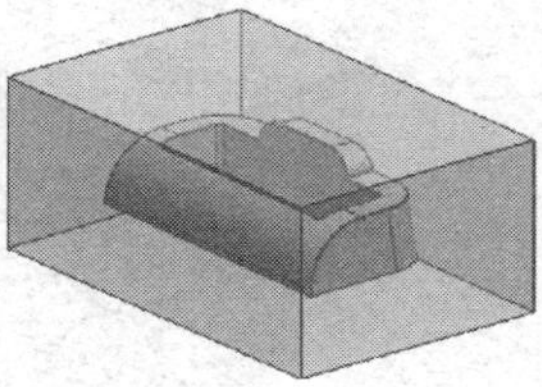
破孔修补	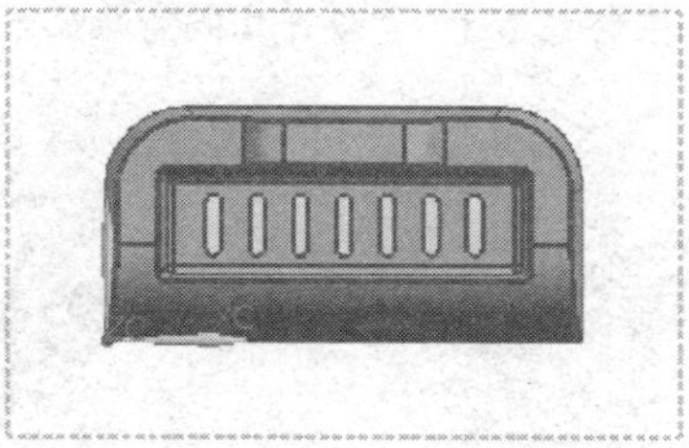
定义分型线、分型面；生成型芯、型腔	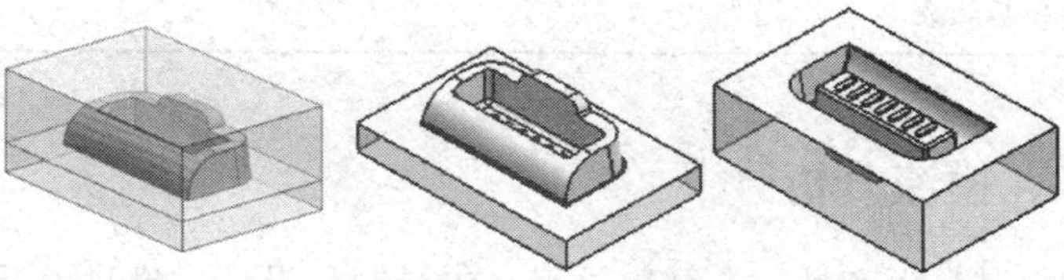

续表

基本流程	说明或图示
加入模架	根据模仁大小及制品结构，确定模架类型、型号及规格尺寸 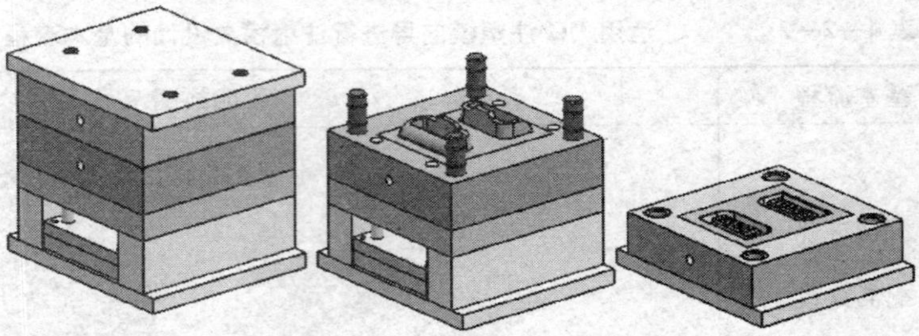
添加顶出装置、滑块、镶件等	根据产品结构需要进行 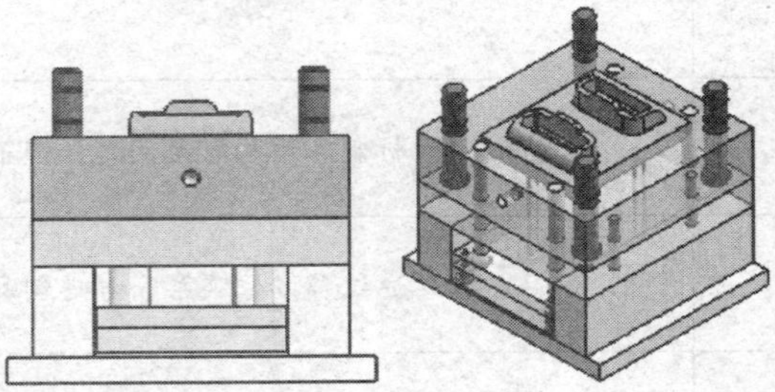
完成浇注系统、冷却系统设计	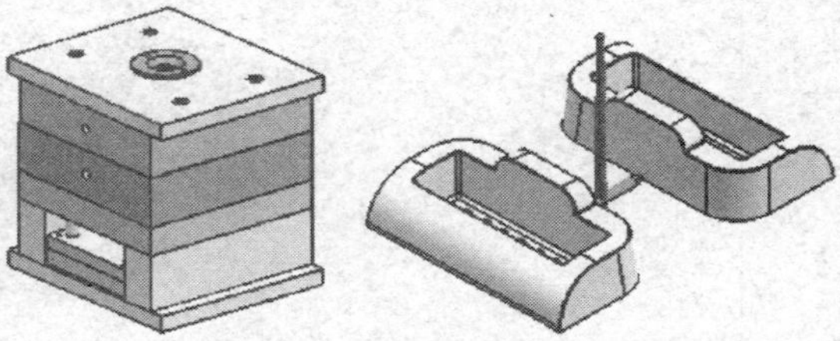
添加标准件	根据需要进行，设计其他辅助零部件，如弹簧、限位钉（垃圾钉）、吊钩等 
生成模具工程图样和明细表	完成模具总装图及相关零件图的绘制

二、模流分析

塑料制品生产是一个复杂过程，包括制品设计、模具设计、模具制造和注射生产等阶段，需要相关人员协同完成。可以说，它是一个设计、修改、再设计的反复迭代、不断优化的过程。其中，模具的填充性能是塑料注射成型模具设计的基本问题，也是关键问题。

1. 初级流动模拟

CAD 软件 SolidWorks 模具工具中的 MoldflowXpress 提供了填充性能初级解决方案。作为一个初级的塑料制品设计检验工具，MoldflowXpress 可根据制品模型的几何形状和尺寸、材料特性、注射温度、浇口位置等对塑料制品及其模具进行分析，并允许用户执行塑料流动模拟，帮助用户选出合适的注射点。

“MoldflowXpress” 对话框如图 4—2—6 所示，它可引导用户完成浇注位置确定、材料类型选择、工艺条件设定、模型分析和结果查看等工作，其使用流程如图 4—2—7所示。

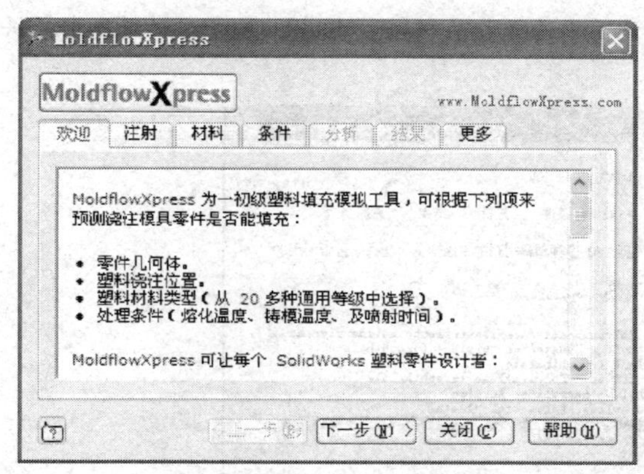

图 4—2—6 “MoldflowXpress” 对话框

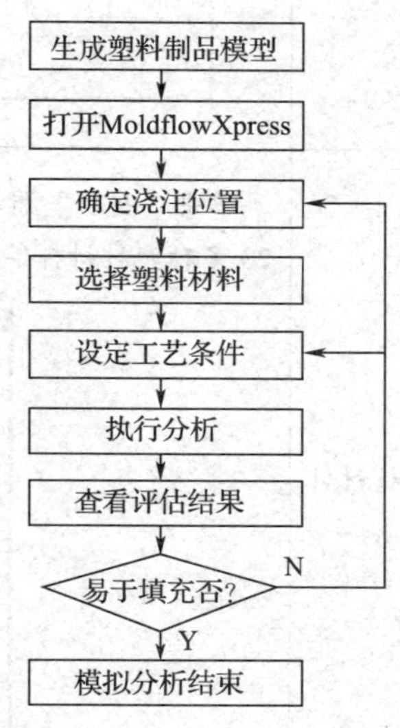

图 4—2—7 MoldflowXpress 使用流程

数码相机面壳制品模型 MoldflowXpress 分析过程见表 4—2—3。

表 4—2—3 数码相机面壳制品模型 MoldflowXpress 分析过程

项目	操作说明
生成模型	在 SolidWorks 软件中生成塑料制品模型，或者打开一个已生成的塑料制品模型
打开分析工具	选择菜单“工具”→“MoldflowXpress”，或者单击“模具工具”中按钮

续表

项目	操作说明
确定浇注位置	单击“注射”标签，根据系统提示，指定一注射位置
选择塑料材料	单击“材料”标签，从材料清单中选择相应材料。MoldflowXpress 材料库中提供 20 多种塑料材料供用户选用
设定工艺条件	系统自动根据所选择的塑料材料指定工艺条件。单击“熔化温度”或“铸模温度”框可输入温度新值。根据需要，可以取消选择“自动注射时间”选项，即激活“所指定的注射时间”文本框，并输入一个新值 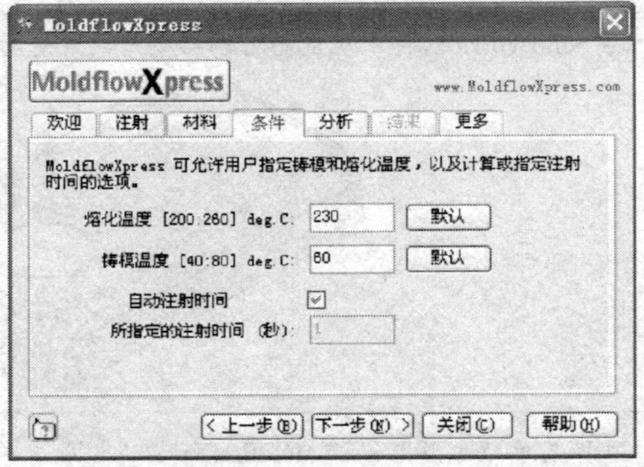

续表

项目	操作说明
执行分析	单击“分析”标签，单击“运行”按钮，系统开始分析评估塑料填充到模型中的情况 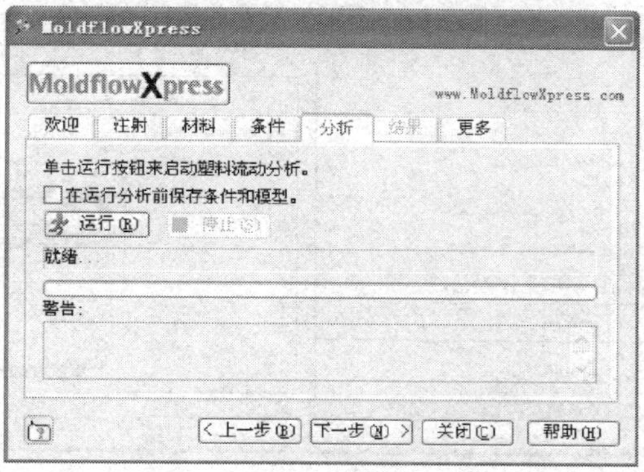
查看评估结果	单击“结果”标签，显示分析结果。系统提供了塑料填充过程的动画，以帮助用户直观了解塑料填入型腔时的流动情况 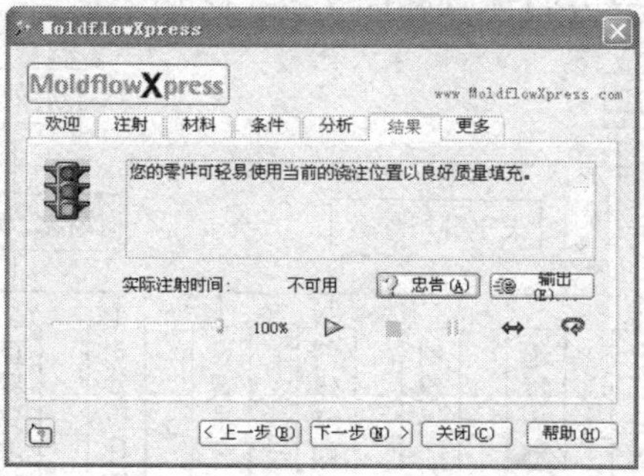 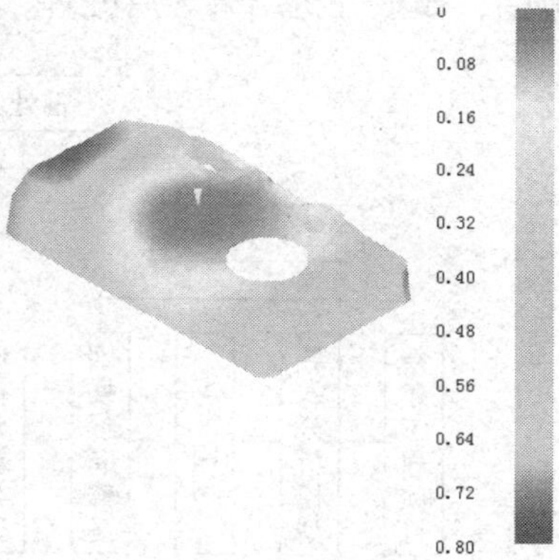
更改设计再次执行	依据系统结论和建议，对模型及浇注位置、工艺条件等进行改进，再次执行分析，直到满意为止

2. 专业模流分析

专业模流分析软件的问世，为模具的填充性能提供了更为完善的解决方案。专业模流分析的结果对产品设计、模具设计与制造及注射生产具有更为准确的指导意义，并将提高现代模具设计与制造从业人员的技术水平，提高企业的竞争力。图 4—2—8 所示为专业模流分析软件 Moldflow Plastics Insight6. 1 的操作界面窗口。

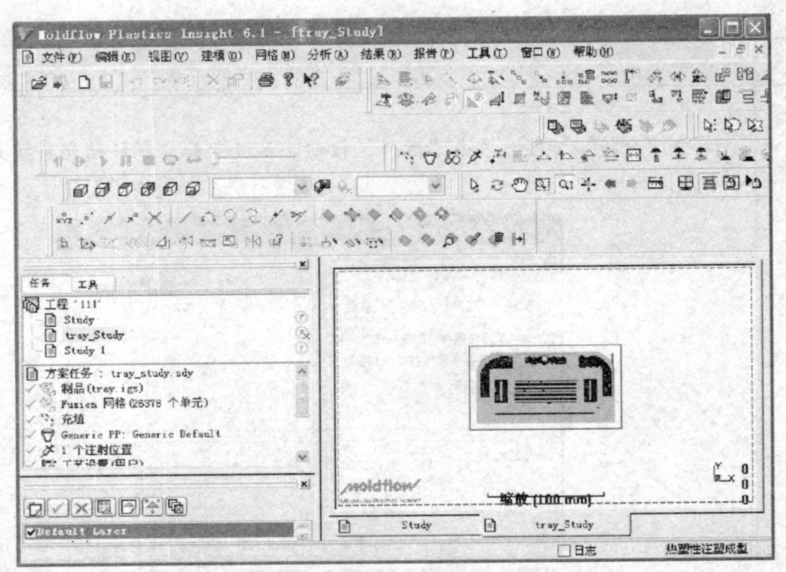

图 4—2—8　Moldflow Plastics Insight 6.1 操作界面

对于注射成型制品进行模流分析包括三个主要步骤：第一，建立网格模型；第二，设定工艺参数；第三，模拟分析结果。其中，建立网格模型和设定分析参数属于前处理范围，模拟分析结果为后处理，其分析流程如图 4—2—9 所示。

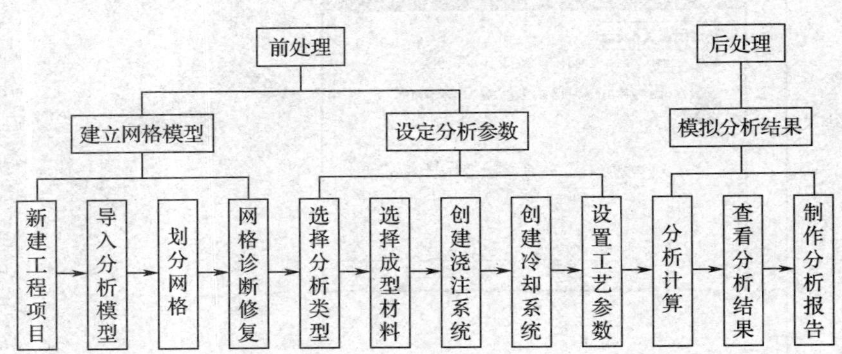

图 4—2—9　模流分析流程

（1）建立网格模型

建立网格模型包括：新建工程项目、导入或新建 CAD 模型、划分网格和网格检查与修复。Moldflow Plastics Insight6.1 接受多种格式的模型，包括 NX、Pro/E、CATIA、ANSYS、NASTRAN 等建模模型，在导入 CAD 模型时，往往要做一定的简化。网格划分时可根据需要设置网格类型、尺寸等参数。网格要进行诊断，删除面积为零和多余的网格，修复有缺陷的网格。

（2）设定分析参数

设定分析参数包括：分析类型、成型材料和工艺参数的设定。

参数设置中首先要根据分析的类型选择相应的分析模块。成型材料既可在材料库中选择，也可以设定材料的各种物理参数。工艺参数设定是指按照注射成型的不同阶段，设置相应的温度、压力和时间等参数。

选择分析类型后，需要设定浇口的位置，创建浇注系统和冷却系统。

（3）模拟分析结果

根据模型的大小、网格的质量、分析类型的不同，模拟分析时间的长短不一。分析结束后，可以得到设定分析类型的结果，如充填过程、温度场、压力场的变化和分布，产品成型后的形状等信息。

课堂练习

1. UG 注塑模向导为用户提供了图 4—2—10 所示的注塑模工具，以方便塑料模具设计。了解各工具的功用，完成表 4—2—4 的填写工作。

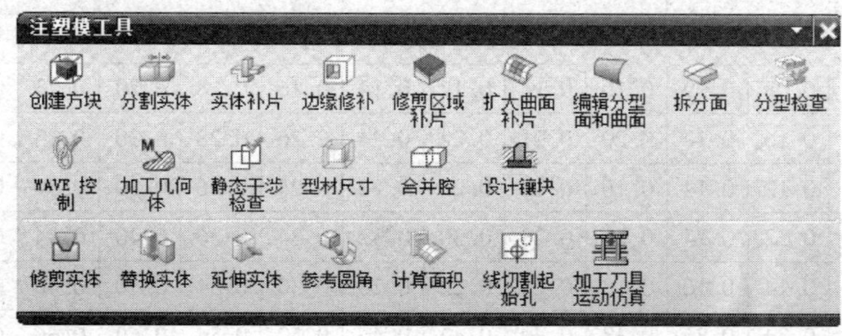

图 4—2—10　注塑模工具

表 4—2—4　　注塑模工具的功用

工具名称	工具功用	工具名称	工具功用
创建方块		边缘修补	
实体补片		修剪区域补片	
分型检查		编辑分型面和曲面	

2. 采用专用模流分析软件进行塑料制品模流分析前，必须首先选择要使用的网格类型。查阅资料，完成表 4—2—5 的填写工作。

表 4—2—5　　模型网格类型及应用场合

网格类型	特点	应用场合
中性面网格		
双层面网格		
实体网格		

附录一　　　塑料模塑件尺寸公差表（GB/T 14486—2008）　　　mm

公差等级	公差种类	基本尺寸												
		>0～3	>3～6	>6～10	>10～14	>14～18	>18～24	>24～30	>30～40	>40～50	>50～65	>65～80	>80～100	>100～120
标注公差的尺寸公差值														
MT1	*a*	0.07	0.08	0.09	0.10	0.11	0.12	0.14	0.16	0.18	0.20	0.23	0.26	0.29
	b	0.14	0.16	0.18	0.20	0.21	0.22	0.24	0.26	0.28	0.30	0.33	0.36	0.39
MT2	*a*	0.10	0.12	0.14	0.16	0.18	0.20	0.22	0.24	0.26	0.30	0.34	0.38	0.42
	b	0.20	0.22	0.24	0.26	0.28	0.30	0.32	0.34	0.36	0.40	0.44	0.48	0.52
MT3	*a*	0.12	0.14	0.16	0.18	0.20	0.22	0.26	0.30	0.34	0.40	0.46	0.52	0.58
	b	0.32	0.34	0.36	0.38	0.40	0.42	0.46	0.50	0.54	0.60	0.66	0.72	0.78
MT4	*a*	0.16	0.18	0.20	0.24	0.28	0.32	0.36	0.42	0.48	0.56	0.64	0.72	0.82
	b	0.36	0.38	0.40	0.44	0.48	0.52	0.56	0.62	0.68	0.76	0.84	0.92	1.02
MT5	*a*	0.20	0.24	0.28	0.32	0.38	0.44	0.50	0.56	0.64	0.74	0.86	1.00	1.14
	b	0.40	0.44	0.48	0.52	0.58	0.64	0.70	0.76	0.84	0.94	1.06	1.20	1.34
MT6	*a*	0.26	0.32	0.38	0.46	0.52	0.60	0.70	0.80	0.94	1.10	1.28	1.48	1.72
	b	0.46	0.52	0.58	0.66	0.72	0.80	0.90	1.00	1.14	1.30	1.48	1.68	1.92
MT7	*a*	0.38	0.46	0.56	0.66	0.76	0.86	0.98	1.12	1.32	1.54	1.80	2.10	2.40
	b	0.58	0.66	0.76	0.86	0.96	1.06	1.18	1.32	1.52	1.74	2.00	2.30	2.60
未注公差的尺寸允许偏差														
MT5	*a*	±0.10	±0.12	±0.14	±0.16	±0.19	±0.22	±0.25	±0.28	±0.32	±0.37	±0.43	±0.50	±0.57
	b	±0.20	±0.22	±0.24	±0.26	±0.29	±0.32	±0.35	±0.38	±0.42	±0.47	±0.53	±0.60	±0.67
MT6	*a*	±0.13	±0.16	±0.19	±0.23	±0.26	±0.30	±0.35	±0.40	±0.47	±0.55	±0.64	±0.74	±0.86
	b	±0.23	±0.26	±0.29	±0.33	±0.36	±0.40	±0.45	±0.50	±0.57	±0.65	±0.74	±0.84	±0.96
MT7	*a*	±0.19	±0.23	±0.28	±0.33	±0.38	±0.43	±0.49	±0.56	±0.66	±0.77	±0.90	±1.05	±1.20
	b	±0.29	±0.33	±0.38	±0.43	±0.48	±0.53	±0.59	±0.66	±0.76	±0.87	±1.00	±1.15	±1.30

续表

公差等级	公差种类	基本尺寸											
		>120~140	>140~160	>160~180	>180~200	>200~225	>225~250	>250~280	>280~315	>315~355	>355~400	>400~450	>450~500
标注公差的尺寸公差值													
MT1	*a*	0. 32	0. 36	0. 40	0. 44	0. 48	0. 52	0. 56	0. 60	0. 64	0. 70	0. 78	0. 86
	b	0. 42	0. 46	0. 50	0. 54	0. 58	0. 62	0. 66	0. 70	0. 74	0. 80	0. 88	0. 96
MT2	*a*	0. 46	0. 50	0. 54	0. 60	0. 66	0. 72	0. 76	0. 84	0. 92	1. 00	1. 10	1. 20
	b	0. 56	0. 60	0. 64	0. 70	0. 76	0. 82	0. 86	0. 94	1. 02	1. 10	1. 20	1. 30
MT3	*a*	0. 64	0. 70	0. 78	0. 86	0. 92	1. 00	1. 10	1. 20	1. 30	1. 44	1. 60	1. 74
	b	0. 84	0. 90	0. 98	1. 06	1. 12	1. 20	1. 30	1. 40	1. 50	1. 64	1. 80	1. 94
MT4	*a*	0. 92	1. 02	1. 12	1. 24	1. 36	1. 48	1. 62	1. 80	2. 00	2. 20	2. 40	2. 60
	b	1. 12	1. 22	1. 32	1. 44	1. 56	1. 68	1. 82	2. 00	2. 20	2. 40	2. 60	2. 80
MT5	*a*	1. 28	1. 44	1. 60	1. 76	1. 92	2. 10	2. 30	2. 50	2. 80	3. 10	3. 50	3. 90
	b	1. 48	1. 64	1. 80	1. 96	2. 12	2. 30	2. 50	2. 70	3. 00	3. 30	3. 70	4. 10
MT6	*a*	2. 00	2. 20	2. 40	2. 60	2. 90	3. 20	3. 50	3. 90	4. 30	4. 80	5. 30	5. 90
	b	2. 20	2. 40	2. 60	2. 80	3. 10	3. 40	3. 70	4. 10	4. 50	5. 00	5. 50	6. 10
MT7	*a*	2. 70	3. 00	3. 30	3. 70	4. 10	4. 50	4. 90	5. 40	6. 00	6. 70	7. 40	8. 20
	b	2. 90	3. 20	3. 50	3. 90	4. 30	4. 70	5. 10	5. 60	6. 20	6. 90	7. 60	8. 40
未注公差的尺寸允许偏差													
MT5	*a*	±0. 64	±0. 72	±0. 80	±0. 88	±0. 96	±1. 05	±1. 15	±1. 25	±1. 40	±1. 55	±1. 75	±1. 95
	b	±0. 74	±0. 82	±0. 90	±0. 98	±1. 06	±1. 15	±1. 25	±1. 35	±1. 50	±1. 65	±1. 85	±2. 05
MT6	*a*	±1. 00	±1. 10	±1. 20	±1. 30	±1. 45	±1. 60	±1. 75	±1. 95	±2. 15	±2. 40	±2. 65	±2. 95
	b	±1. 10	±1. 20	±1. 30	±1. 40	±1. 55	±1. 70	±1. 85	±2. 05	±2. 25	±2. 50	±2. 75	±3. 05
MT7	*a*	±1. 35	±1. 50	±1. 65	±1. 85	±2. 05	±2. 25	±2. 45	±2. 70	±3. 00	±3. 35	±3. 70	±4. 10
	b	±1. 45	±1. 60	±1. 75	±1. 95	±2. 15	±2. 35	±2. 55	±2. 80	±3. 10	±3. 45	±3. 80	±4. 20

续表

公差等级	公差种类	基本尺寸		
		>500～630	>630～800	>800～1 000
标注公差的尺寸公差值				
MT1	*a*	0.97	1.16	1.39
	b	1.07	1.26	1.49
MT2	*a*	1.40	1.70	2.10
	b	1.50	1.80	2.20
MT3	*a*	2.00	2.40	3.00
	b	2.20	2.60	3.20
MT4	*a*	3.10	3.80	4.60
	b	3.30	4.00	4.80
MT5	*a*	4.50	5.60	6.90
	b	4.70	5.80	7.10
MT6	*a*	6.90	8.50	10.60
	b	7.10	8.70	10.80
MT7	*a*	9.60	11.90	14.80
	b	9.8	12.10	15.00
未注公差的尺寸允许偏差				
MT5	*a*	±2.25	±2.80	±3.45
	b	±2.35	±2.90	±3.55
MT6	*a*	±3.45	±4.25	±5.30
	b	±3.55	±4.35	±5.40
MT7	*a*	±4.80	±5.95	±7.40
	b	±4.90	±6.05	±7.50

注：*a*——不受模具活动部分影响的尺寸。

b——受模具活动部分影响的尺寸。

不受模具活动部分影响的尺寸，是指模具中由同一个模具零件所成型的尺寸，例如，由整体型腔成型塑料制品的径向尺寸；受模具活动部分影响的尺寸，是指由相对位置可发生变化的两个或更多模具零件共同成型的尺寸，例如，壁厚和底厚尺寸，受嵌件或滑块位置影响的尺寸。

附录二

常用热塑性塑料注射成型工艺参数

名称		硬聚氯乙烯	软聚氯乙烯	低密度聚乙烯	高密度聚乙烯	聚丙烯	共聚聚丙烯	玻璃纤维聚丙烯	苯乙烯	改性聚苯乙烯	丙烯腈－丁二烯－苯乙烯共聚物		
材料	代号	UPVC	SPVC	LDPE	HDPE	PP	PP	FRPP	PS	HIPS	ABS	耐热级 ABS	阻燃级 ABS
材料	收缩率（%）	0.5～0.7	1～3	1.5～4	1.3～3.5	1.2～2.5	1～2	0.6～1	0.4～0.7		0.4～0.7		
材料	密度（g/cm³）	1.35～1.45	1.16～1.35	0.91～0.925	0.941～0.965	0.90～0.91	0.91	—	1.04～1.06	1.02～1.16	1.02～1.16		
设备	类型	螺杆式											
设备	螺杆转速（r/min）	20～40	40～80	60～100	40～80	30～80	30～60		40～80		30～60	20～50	
设备	喷嘴形式	直通式											
温度	料筒一区（℃）	150～160	140～150	140～160	150～160	150～170	160～170	160～180	140～160	150～160	150～170	180～200	170～190
温度	二区（℃）	165～170	155～165	150～170	170～180	180～190	180～200	190～200	170～180	170～190	180～190	210～220	200～210
温度	三区（℃）	170～180		160～180	180～200	190～205	190～220	210～220	180～190	180～200	200～210	220～230	210～220
温度	喷嘴（℃）	150～170	145～155	150～170	160～180	170～190	180～220	190～200	160～170	170～180	180～190	200～220	180～190
温度	模具（℃）	30～60	30～40	30～45	30～50	40～60	40～70	30～80	30～50	20～50	50～70	60～85	50～70

续表

名称		硬聚氯乙烯	软聚氯乙烯	低密度聚乙烯	高密度聚乙烯	聚丙烯	共聚聚丙烯	玻璃纤维聚丙烯	苯乙烯	改性聚苯乙烯	丙烯腈－丁二烯－苯乙烯共聚物		
压力	注塑（MPa）	80～130	40～80	60～100	80～100	60～100	70～120	80～120	60～100			85～120	60～100
	保压（MPa）	40～60	20～30	40～50	50～60		50～80		30～40	30～50	40～60	50～80	40～60
时间	注塑（s）	2～5	1～3	1～5				2～5	1～3	1～5	2～5	3～5	
	保压（s）	10～20	5～15		10～30	5～10	5～15		10～15		5～15	5～10	15～30
	冷却（s）	10～30	10～20	15～20	15～25	10～20			5～15			15～30	
	周期（s）	20～55	10～38	20～40	25～60	15～35	15～40		20～30	15～30		30～60	
后处理	方法	—							红外线烘箱	—	红外线烘箱		—
	温度（℃）								70～80		70	70～90	
	时间（h）								2～4		0.3～1		
备注		—							材料预干燥 0.5 h 以上				

续表

	名称	丙烯腈－氯化聚乙烯－苯乙烯	丙烯腈－苯乙烯共聚物	有机玻璃		聚甲醛	共聚聚甲醛	聚碳酸酯	玻纤增强聚碳酸酯		聚砜	改性聚砜	玻纤增强聚砜
材料	代号	ACS	AS(SAN)	PMMA		POM		PC		FRPC	PSU	改性 PSU	FRPSU
材料	收缩率(%)	0.5～0.8	0.4～0.7	0.5～1.0		2～3		0.5～0.8		0.4～0.6	0.4～0.8		0.3～0.5
材料	密度(g/cm^3)	1.07～1.10	—	1.17～1.20		1.41～1.43	—	1.18～1.20		—	1.24	—	1.34～1.40
设备	类型	螺杆式		柱塞式	螺杆式	柱塞式	螺杆式	柱塞式	螺杆式				
设备	螺杆转速(r/min)	20～30	20～50	—	20～30	—	20～40	—	20～40	20～30			
设备	喷嘴形式	直通式											
温度	料筒一区(℃)	160～170	170～180	180～200		170～180	170～190	260～290	240～270	260～280	280～300	260～270	290～300
温度	二区(℃)	180～190	210～230	—	190～230	—	180～200	—	260～290	270～310	300～330	280～300	310～330
温度	三区(℃)	170～180	200～210	210～240	180～210	170～190		270～300	240～280	260～290	290～310	260～280	300～320

续表

<table>
<tr><th colspan="2">名称</th><th>丙烯腈－氯化聚乙烯－苯乙烯</th><th>丙烯腈－苯乙烯共聚物</th><th colspan="2">有机玻璃</th><th>聚甲醛</th><th>共聚聚甲醛</th><th>聚碳酸酯</th><th colspan="2">玻纤增强聚碳酸酯</th><th>聚砜</th><th>改性聚砜</th><th>玻纤增强聚砜</th></tr>
<tr><td rowspan="2">温度</td><td>喷嘴(℃)</td><td>160～180</td><td>180～190</td><td colspan="2">180～210</td><td>180～200</td><td>170～180</td><td>240～250</td><td>230～250</td><td>240～270</td><td>280～290</td><td>250～260</td><td>280～300</td></tr>
<tr><td>模具(℃)</td><td>50～60</td><td>50～70</td><td colspan="2">40～80</td><td colspan="2">80～100</td><td colspan="3">90～110</td><td>130～150</td><td>80～100</td><td>130～150</td></tr>
<tr><td rowspan="2">压力</td><td>注塑(MPa)</td><td colspan="2">80～120</td><td>80～130</td><td>80～120</td><td>80～130</td><td>80～120</td><td>100～140</td><td>80～130</td><td colspan="4">100～140</td></tr>
<tr><td>保压(MPa)</td><td colspan="2">40～50</td><td colspan="4">40～60</td><td>50～60</td><td colspan="2">40～60</td><td colspan="3">40～50</td></tr>
<tr><td rowspan="4">时间</td><td>注塑(s)</td><td>1～5</td><td>2～5</td><td>3～5</td><td>1～5</td><td colspan="2">2～5</td><td colspan="2">1～5</td><td>2～5</td><td colspan="2">1～5</td><td>2～7</td></tr>
<tr><td>保压(s)</td><td colspan="2">15～30</td><td colspan="2">10～20</td><td colspan="2">20～40</td><td colspan="2">20～80</td><td>20～60</td><td>20～80</td><td colspan="2">20～50</td></tr>
<tr><td>冷却(s)</td><td colspan="4">15～30</td><td colspan="2">20～40</td><td colspan="3">20～50</td><td colspan="3">20～40</td></tr>
<tr><td>周期(s)</td><td colspan="2">40～70</td><td colspan="2">35～55</td><td colspan="2">40～80</td><td colspan="2">40～130</td><td>40～110</td><td>50～130</td><td colspan="2">40～100</td></tr>
<tr><td rowspan="3">后处理</td><td>方法</td><td colspan="9">红外线烘箱</td><td colspan="3">热风烘箱</td></tr>
<tr><td>温度(℃)</td><td>70～80</td><td>70～90</td><td colspan="2">60～70</td><td colspan="2">140～150</td><td colspan="3">100～110</td><td>170～180</td><td>70～80</td><td>170～180</td></tr>
<tr><td>时间(h)</td><td colspan="4">2～4</td><td colspan="2">1</td><td colspan="3">8～12</td><td>2～4</td><td>1～4</td><td>2～4</td></tr>
<tr><td colspan="2">备注</td><td colspan="2">材料预干燥 0.5 h 以上</td><td colspan="2">材料预干燥 1 h 以上</td><td colspan="2">材料预干燥 2 h 以上</td><td colspan="3">材料预干燥 6 h 以上</td><td colspan="3">材料预干燥 2～4 h</td></tr>
</table>

附录三 常见注射成型塑料制品的缺陷及原因分析

缺陷	产生原因	解决措施
塑料不足 形状有欠缺	料筒、喷嘴温度偏低	提高料筒、喷嘴温度
	模具温度太低	提高模具温度
	加料量不够	增加料量
	注射压力低	提高注射压力
	进料速度太慢	调节进料速度
	锁模力不够	增加锁模力
	型腔无适当排气孔	修整模具，增加排气孔
	注射时间太短，柱塞或螺杆回退过早	增加注射时间
	杂物堵塞喷嘴	清理喷嘴
	流道浇口太小，浇口数量不够，位置不当	正确设置浇注系统
存在溢边（俗称“批锋”）	注射压力太大	降低注射压力
	锁模力不足	调节锁模力
	模具密封不严，有杂物或模板弯曲变形	修整模具
	型腔排气不良	修整模具
	料筒、喷嘴及模具温度过高	调节温度
	原料流动性太大	考虑更换原料
存在明显的熔接痕	料温太低，塑料流动性差	提高料温
	注射压力太小	提高注射压力
	注射速度太慢	提高注射速度
	模温太低	提高模温
	型腔排气不良	改善型腔排气
	脱模剂过多	减少脱模剂量
表面存在黑点及条纹	料温高，塑料分解	降低料温
	喷嘴与主流道不吻合，产生积料	修整结合处，除去死角
	模具排气不良	修整模具排气装置
	染色不均匀	重新染色
	原料污染或带进杂料	更换、处理原料

续表

缺陷	产生原因	解决措施
表面存在银丝及斑纹	料温过高，分解物进入型腔	降低料温
	原料含水量高，成型时汽化	原材料预热或干燥
	物料中含有易挥发物	原材料预热或干燥
存在明显变形	冷却时间短	延长冷却时间
	顶出力不均	改变顶出位置
	模温太高	降低模温
	内应力太大	设法消除内应力
	通水不良，冷却不均	改良水路
	制品壁厚不均	正确设计制品
存在脱皮、分层	原料不纯	净化处理原料
	不同级别或牌号原料混用	严格使用原料
	润滑剂配入过量	减少润滑剂用量
	塑化不均匀	增加塑化能力
	混入异物	清除异物
	浇口过小，摩擦力太大	增大浇口，减小摩擦力
	保压时间过短	延长保压时间
存在裂纹	模温过低	调高模温
	冷却时间过长	缩减冷却时间
	塑料和金属嵌件收缩不一	预热金属嵌件
	顶出装置倾斜或不平衡，顶出面积小或分布不当	合理安排顶出装置
	脱模斜度不够	正确设计脱模斜度
表面存在波纹	物料温度低，黏度大	提高料温
	模温低	提高模温
	注射速度过慢	提高注射速度
	浇口过小	适当扩大浇口
性脆、强度下降	料温过高，塑料分解	降低料温，控制塑料在料筒内滞留时间
	塑料和嵌件内应力过大	预热嵌件，保证嵌件周围有一定厚度的塑料
	塑料回用次数过多	控制回料配比
	塑料含水	塑料预热干燥

续表

缺陷	产生原因	解决措施
脱模困难	模具顶出装置结构不良	改进顶出装置
	型腔脱模斜度不够	正确选择脱模斜度
	型腔温度不合适	适当控制模温
	型腔有接缝或存料	清理模具
	成型周期太短或太长	适当控制成型周期
	芯模无进气孔	修整芯模
尺寸不稳定	注射机电路或油路系统不稳定	维修注射机电路或油路系统
	成型周期不一	严格控制成型周期
	温度、时间、压力变化	调节温度、时间、压力，使之稳定
	塑料颗粒大小不一	使用均一塑料
	回收下脚料与新料混合比例不均	均匀混合比例
	加料不均	控制或调节加料，使之均匀